高等职业教育课程改革项目研究成果

电工电子技术

（第4版）

主　编　凌艺春　刘昌亮

副主编　李仕游

北京理工大学出版社
BEIJING INSTITUTE OF TECHNOLOGY PRESS

内 容 简 介

本书主要内容包括直流电路、单相交流电路、三相交流电路、模拟电子电路、数字电路基础、电力电子电路、变压器、电动机、电动机控制电路、可编程序控制器、电工测量、供电与用电。

本书紧扣高职培养高等技术应用型人才的大目标，教材的编写突出了高职特色，以应用为目的，以必需、够用为度，把握适用性、科学性、先进性、应用性，并采用最新国家标准。在选材和内容编排上，为体现该课程与工程的紧密联系，采用项目编排，每一章作为一个项目，注重项目的过程行为导向。在使用文字语言和插图上尽量做到简明易懂。每章后附有填空题、选择题、判断题、问答题、计算题等多种类型习题来帮助学生巩固所学内容。

本书在内容上涵盖了较全面的电工电子技术基本知识，可作为"非电类"工科专业的高职高专教材，也可作为爱好电工电子技术知识的广大读者的参考书。

版权专有　侵权必究

图书在版编目（CIP）数据

电工电子技术 / 凌艺春，刘昌亮主编 . -- 4 版 . -- 北京：北京理工大学出版社，2021.1（2021.7重印）
ISBN 978-7-5682-9481-2

Ⅰ. ①电… Ⅱ. ①凌… ②刘… Ⅲ. ①电工技术－高等职业教育－教材②电子技术－高等职业教育－教材
Ⅳ. ①TM②TN

中国版本图书馆 CIP 数据核字（2021）第 019006 号

出版发行 /	北京理工大学出版社有限责任公司
社　　址 /	北京市海淀区中关村南大街5号
邮　　编 /	100081
电　　话 /	（010）68914775（总编室）
	（010）82562903（教材售后服务热线）
	（010）68944723（其他图书服务热线）
网　　址 /	http://www.bitpress.com.cn
经　　销 /	全国各地新华书店
印　　刷 /	三河市天利华印刷装订有限公司
开　　本 /	787毫米×1092毫米　1/16
印　　张 /	18
字　　数 /	425千字
版　　次 /	2021年1月第4版　2021年7月第2次印刷
定　　价 /	52.00元

责任编辑 / 王艳丽
文案编辑 / 王艳丽
责任校对 / 周瑞红
责任印制 / 施胜娟

图书出现印装质量问题，请拨打售后服务热线，本社负责调换

前 言

本书根据教育部有关高等职业院校人才培养要求编写而成。每一章都体现为项目实施，编写上力求突出高职特色，教材以应用为目的，以必需、够用为度，把握适用性、科学性、先进性、应用性，并采用最新国家标准。在选材和内容编排上为了体现该课程与工程的紧密联系，在每一章的开头都插有一幅与该章节内容相符的电路实物图，并含有导读，各章均设置有任务训练模块和实践活动模块。每章后附有填空题、选择题、问答题、计算题（判断题分析）等多种类型习题来帮助学生巩固所学内容。

本书共分为12章。第1章为直流电路，第2章为单相交流电路，第3章为三相交流电路，第4章为模拟电子电路，第5章为数字电路基础，第6章为电力电子电路，第7章为变压器，第8章为电动机，第9章为电动机控制电路，第10章为可编程序控制器，第11章为电工测量，第12章为供电与用电。

本书由广西工业职业技术学院凌艺春任第一主编，广西工业职业技术学院刘昌亮任第二主编。第1章、第2章、第6章由凌艺春编写，第4章、第5章由南通大学电气工程学院刘惠娟编写，第3章、第7章、第8章由广西工业职业技术学院李仕游编写，第9章、第10章由广西工业职业技术学院刘昌亮编写，第11章、第12章由黄东编写。

本书由广西机电技术学院冯守汉教授和广西大学黄必均教授主审，两位教授对书稿进行了详细的审阅，并提出了许多宝贵意见。在此对他们表示衷心的感谢。

由于编者水平有限，书中难免存在疏漏及不妥之处，殷切希望使用本书的师生和读者批评指正。

编 者

目　　录

第 1 章　直流电路 …… 1
1.1　电路的基本概念 …… 2
1.2　电阻、欧姆定律及电阻连接 …… 7
1.3　基尔霍夫定律及其应用 …… 10
1.4　电气设备的额定值、电路的几种状态 …… 11
任务训练：单股导线连接与绝缘层恢复 …… 14
本章小结 …… 15
思考与练习 …… 15

第 2 章　单相交流电路 …… 18
2.1　基本概念 …… 20
2.2　纯电阻、纯电感、纯电容正弦电路 …… 26
2.3　电阻、电感串联电路 …… 30
2.4　正弦交流电路的功率及功率因数 …… 32
任务训练：单股导线 T 形分支连接与绝缘层恢复 …… 39
知识拓展：电线接触不良引起火灾警示教育 …… 39
本章小结 …… 40
思考与练习 …… 41

第 3 章　三相交流电路 …… 44
3.1　基本概念 …… 46
3.2　三相电源绕组的连接 …… 47
3.3　三相负载的连接 …… 50
3.4　三相电路的功率 …… 55
任务训练：三相电度表的连接 …… 56
本章小结 …… 57

思考与练习 ·· 58

第 4 章　模拟电子电路 ·· 61
　4.1　基本概念 ·· 62
　4.2　直流稳压电源 ·· 67
　4.3　信号放大电路 ·· 73
　4.4　功率放大电路 ·· 84
　4.5　集成运算放大器及其应用电路 ·· 87
　任务训练：利用万用表判定三极管的好坏 ··· 92
　知识拓展：电子器件的焊接 ··· 92
　本章小结 ··· 93
　思考与练习 ··· 94

第 5 章　数字电路基础 ·· 97
　5.1　基本概念 ·· 98
　5.2　逻辑函数 ·· 100
　5.3　逻辑门电路 ·· 106
　5.4　组合逻辑电路 ·· 109
　5.5　触发器 ·· 115
　5.6　时序逻辑电路 ·· 120
　5.7　脉冲波形的产生、整形及分配电路 ·· 125
　5.8　应用实例——数字电子钟 ·· 126
　任务训练：用万用表检查 TTL 系列电路 ··· 130
　本章小结 ··· 131
　思考与练习 ··· 131

第 6 章　电力电子电路 ·· 135
　6.1　晶闸管基本知识 ·· 136
　6.2　晶闸管的典型应用 ·· 141
　任务训练：单向晶闸管的判定 ··· 146
　知识拓展：电子器件焊接质量控制和焊点质量分析 ························· 146
　本章小结 ··· 147
　思考与练习 ··· 148

第 7 章　变压器 ·· 149
　7.1　铁磁材料 ·· 150
　7.2　磁路基本知识 ·· 152
　7.3　交流铁芯线圈 ·· 154
　7.4　变压器的基本知识 ·· 155

7.5 单相变压器 …… 157
7.6 三相变压器 …… 160
7.7 其他常用变压器简介 …… 163
任务训练：变压器的检修 …… 165
知识拓展：电磁共振 …… 168
本章小结 …… 168
思考与练习 …… 169

第 8 章 电动机 …… 171

8.1 三相异步电动机结构和工作原理 …… 173
8.2 三相异步电动机的运行特性 …… 179
8.3 三相异步电动机的启动 …… 180
8.4 三相异步电动机的调速、反转和制动 …… 182
8.5 单相异步电动机 …… 185
8.6 直流电动机 …… 186
8.7 控制电动机 …… 189
任务训练：三相异步电动机的拆装 …… 191
知识拓展：电动机常见故障 …… 194
本章小结 …… 195
思考与练习 …… 195

第 9 章 电动机控制电路 …… 198

9.1 常用低压电器 …… 200
9.2 直接启动控制电路 …… 206
9.3 三相异步电动机降压启动控制电路 …… 209
9.4 三相异步电动机电气制动控制电路 …… 211
9.5 三相异步电动机调速控制电路 …… 213
9.6 直流电动机控制电路 …… 215
任务训练：能耗制动控制电路的安装接线 …… 216
知识拓展：电动机控制线路常见故障 …… 216
本章小结 …… 217
思考与练习 …… 217

第 10 章 可编程序控制器 …… 220

10.1 PLC 的结构 …… 228
10.2 S7 – 200 系列 PLC 的常用指令 …… 230
10.3 PLC 的编程方法 …… 233
10.4 PLC 的应用实例 …… 235
任务训练：电动机正、反转的 PLC 控制系统设计 …… 239

知识拓展：续流二极管消除浪涌电流保护 PLC ·················· 240
　　本章小结 ··· 241
　　思考与练习 ··· 241

第 11 章　电工测量 ··· 243
　11.1　电工仪表的基本知识 ·· 245
　11.2　电流与电压测量 ··· 247
　11.3　电阻的测量 ·· 251
　11.4　万用表 ··· 255
　11.5　电功率及电能的测量 ·· 257
　　任务训练：用单相功率表测量三相电路的功率 ················· 260
　　知识拓展：使用万用表的不良习惯 ···································· 261
　　本章小结 ··· 261
　　思考与练习 ··· 263

第 12 章　供电与用电 ··· 266
　12.1　发电、输电与配电 ··· 267
　12.2　常用照明电路 ··· 268
　12.3　安全用电 ·· 272
　　任务训练：触电急救 ·· 277
　　知识拓展：乱接电线的典型案例 ·· 278
　　本章小结 ··· 278
　　思考与练习 ··· 278

参考文献 ·· 280

第1章

直 流 电 路

 导　读

在传统的各类电路中直流电路最为简单,但是在实际应用中,由于直流电源大多不是电池或直流发电机,而是能将交流电转换成直流电的电子整流装置,故直流电路也变得相当复杂。本章只讨论含有电池或直流发电机的直流电路。

 知识目标

1. 了解电路模型及电路连接。
2. 掌握描述电路的基本物理量及相关定理、定律。
3. 掌握电路故障分析的基本方法。

 技能目标

1. 能阅读电路图。
2. 能使用电工仪表测量直流电流、直流电压和直流功率。

直流电路应用图如图1-1所示。

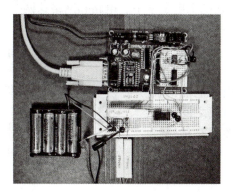

图1-1　直流电路应用图

实践活动：电路故障性断路判断

1. 实践活动任务描述

如图 1-2 所示，电源电动势 E 为 12 V，当电路接通后，发现电压表的读数为 12 V，电流表的读数为零，外电路断路，试确定电路的断点。

2. 实践仪器与元件

电池组、元器件及连线、直流电压表、直流电流表、万用表。

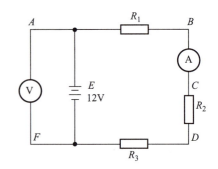

图 1-2 故障性电路判断

3. 活动提示

在实际应用中，电路运行久了就会出现这样或那样的故障。一般来说，电路最常见的故障是由接触不良引起的断路。分析和判断这类故障的方法有两种。

（1）电压法。

将电路保持通电状态，然后用万用表电压挡测量电路中各段实际电压，最后根据实际测量的各段电压推断出断点的位置。

（2）电阻法。

将电路的电源断开，然后将万用表置于 $R \times 100 \ \Omega$ 挡，分别测量电路中各段电路的电阻值，接着将测出的电阻值与对应电路段的实际状况相比较，推断出该段电路是否正常，正常的电路段可排除，不正常的电路段挑出来。按照这一方法，最终可找出故障点。

1.1 电路的基本概念

1.1.1 电路及电路模型

1. 实际电路

电路是电流的流通路径，它是由一些电气设备和元器件按一定方式连接而成的。复杂的电路呈网状，又称网络。在电工电子学中，电路和网络这两个术语是通用的。

电路的作用有两个，一个是实现电能的传输和转换；另一个是实现信号的处理。电路中提供电能或信号的器件称为电源，电路中吸收电能的器件称为负载。在电源和负载之间引导和控制电流的导线和开关等是传输控制器件。图 1-3 和图 1-4 所示的就是两个实际电路的例子。

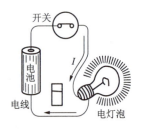

图 1-3 手电筒及其电路

 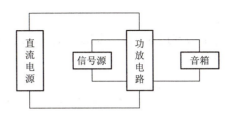

图 1-4　功放机、音箱及其相应电路框图

2. 电路模型

为了便于研究各类具体的电路，电工技术中，在一定条件下对实际器件加以理想化，只考虑其中起主要作用的电性能，这种电路元件简称为理想电路元件。其中，电阻元件是一种只表示消耗电能的元件；电感元件是表示其周围空间存在着磁场而可以储存磁场能量的元件；电容元件是表示其周围空间存在着电场而可以储存电场能量的元件等。表 1-1 列出了几种常用的电路元件及其图形符号。

表 1-1　几种常用的电路元件及其图形符号

元件名称	图形符号	元件名称	图形符号
电阻	—[R]—	理想电压源	$-\bigcirc+$ U_S
电感	—⌒⌒⌒— L	理想电流源	$\bigcirc\uparrow$ I_S
电容	—‖— C	开关一般符号	—/ S—
电池	—$\mid\mid$— $-E+$	灯的一般符号	—⊗— EL

（1）负载不是理想电路元件，但在电路图中通常用电阻符号来表示。

（2）电池是具体实物，不是理想电路元件，如果不考虑内阻，可视为理想直流电压源。

今后学习的各种电路图都是用电路元件和连线来表示的，认识好电路元件是识别电路图的关键。图 1-3 的电路，其电路图如图 1-5 所示。

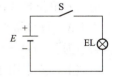

图 1-5　手电筒电路

1.1.2　电路的连接

在实际应用中，常将许多电路按不同的方式连接起来，组成一个电路网络。本章借助中学物理课程学习过的串联电路、并联电路及由串并联电路组成的混联电路引出常用的简单电路连接，其余复杂的电路连接留在后面的章节介绍。

1. 负载的串联

由若干个负载按顺序地连接成一条无分支的电路，称为串联。图 1-6 所示电路是由三负载串联组成的。

2. 负载的并联

将几个负载都接在两个共同端点之间的连接方式称为并联。图 1-7 所示电路是由三负载并联组成的。

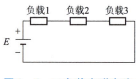

图 1-6 三负载串联电路

图 1-7 三负载并联电路

3. 负载的混联

如图 1-8 所示的电路,有的负载采用串联,有的负载采用并联,这种在同一电路中既有负载串联又有负载并联的电路连接方式称为负载混联。

负载串联和负载并联的特点与电阻串联和电阻并联的特点相同,这一内容将在下一节介绍,在这里只介绍负载连接的概念。

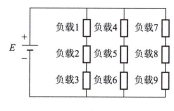

图 1-8 负载混联电路

1.1.3 电路的基本物理量

1. 电流、电压与电动势

1) 电流

电流是由电荷的定向移动形成的。当金属导体处于电场之内时,自由电子要受到电场力的作用,逆着电场的方向做定向移动,这就形成了电流。

大小和方向均不随时间变化的电流叫恒定电流,简称直流。

电流的强弱用电流强度来表示,对于直流,电流强度 I 用单位时间内通过导体截面的电量 Q 来表示,即

$$I = \frac{Q}{t} \tag{1-1}$$

电流的单位是 A(安[培])。在 1 s 内通过导体横截面的电荷为 1 C(库仑)时,其电流则为 1 A。计算微小电流时,电流的单位用 mA(毫安)、μA(微安)或 nA(纳安),其换算关系为:$1\text{ mA} = 10^{-3}\text{ A}$,$1\text{ μA} = 10^{-6}\text{ A}$,$1\text{ nA} = 10^{-9}\text{ A}$。

习惯上,规定用正电荷的移动方向表示电流的实际方向。在简单电路中,电流的实际方向可由电源的极性确定,在复杂电路中,电流的方向有时事先难以确定。为了分析电路的需要,我们引入电流的参考正方向的概念。在进行电路计算时,先任意选定某一方向作为待求电流的正方向,并根据此正方向进行计算,若计算得到结果为正值,说明电流的实际方向与选定的正方向相同;若计算得到结果为负值,说明电流的实际方向与选定的正方向相反。图 1-9 表示电流的参考正方向(图中实线所示)与实际方向(图中虚线所示)之间的关系。

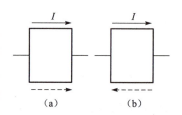

图 1-9 电流的方向

(a) 参考正方向与实际方向一致;
(b) 参考正方向与实际方向相反

2）电压

电场力把单位正电荷从电场中点 A 移到点 B 所做的功 W_{AB} 称为 A、B 间的电压，用 U_{AB} 表示，即

$$U_{AB} = \frac{W_{AB}}{Q} \tag{1-2}$$

电压的单位为 V（伏 [特]）。如果电场力把 1 C 电荷从点 A 移到点 B 所做的功是 1 J（焦耳），则 A 与 B 两点间的电压就是 1 V。计算较大的电压时用 kV（千伏），计算较小的电压时用 mV（毫伏）。其换算关系为：1 kV = 10^3 V，1 mV = 10^{-3} V。

电压的实际方向规定为从高电位点指向低电位点，即由"+"极指向"-"极，因此，在电压的方向上电位是逐渐降低的。电压总是相对于两点之间的电位而言的，所以用双下标表示，前一个下标（如 A）代表起点，后一个下标（如 B）代表终点。电压的方向则由起点指向终点，有时用箭头在图上标明。当标定的参考方向与电压的实际方向相同时 [图 1-10（a）]，电压为正值；当标定的参考方向与实际电压方向相反时 [图 1-10（b）]，电压为负值。

3）电动势

为了使电路中有持续不断的电流，必须有一种外力，把正电荷从低电位处（如负极 B）移到高电位处（如正极 A）。在电源内部就存在着这种外力。如图 1-11 所示，外力克服电场力把单位正电荷由低电位 B 点移到高电位 A 点，所做的功称为电动势，用 E 表示。电动势的单位也是 V。如果外力把 1 C 的电荷从点 B 移到点 A，所做的功是 1 J，则电动势就等于 1 V。电动势的方向规定为从低电位指向高电位，即由"-"极指向"+"极。

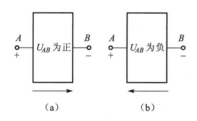

图 1-10 电压的正负与实际方向

（a）参考正方向与实际方向一致；

（b）参考正方向与实际方向相反

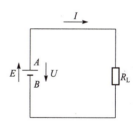

图 1-11 电动势

2. 电压源与电流源

1）电压源

铅蓄电池及一般直流发电机等都是电源，它们是具有不变的电动势和较低内阻的电源，称其为电压源，如图 1-12（a）所示。如果电源的内阻 $R_0 \approx 0$，当电源与外电路接通时，其端电压 $U = E$，端电压不随电流变化而变化，电源外特性曲线是一条水平线。这是一种理想情况，通常把具有不变电动势且内阻为零的电源称为理想电压源或恒压源，如

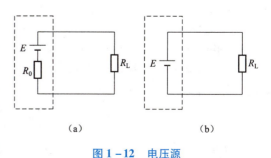

图 1-12 电压源

（a）电压源与负载连接；（b）恒压源与负载连接

图 1-12（b）所示。

理想电压源是实际电源的一种理想模型。例如，在电力供电网中，对任何一个用电器（如一盏灯）而言，整个电力网中，该用电器以外的部分就可以近似地看成是一个理想电压源。

当电源电压稳定在它的工作范围内时，该电源就可认为是一个恒压源。例如，如果电源的内电阻远小于负载电阻 R_L，那么随着外电路负载电流的变化，电源的端电压可基本保持不变，这种电源就接近于一个恒压源。

2）电流源

对实际电源可以建立另一种理想模型，叫电流源。如果电源输出恒定的电流，即电流的大小与端电压无关，这种电流源叫理想电流源。对于直流电路来说，理想电流源输出恒定不变的电流 I_S，它与外电路负载大小无关，其端电压由负载决定。理想电流源简称电流源或恒流源，如图 1-13 所示。

当电流源与外电路接通时，回路电流是恒定的。实际的电流源即使没有与外电路接通，其内部也有电流流动；与负载接通后，电源内部仍有一部分电流流动，另一部分电流则通过负载，因此，实际电流源可以用理想电流源 I_S 与一个电阻 R_i 并联表示，如图 1-14 所示。

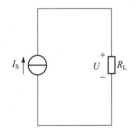
图 1-13 恒流源与负载连接

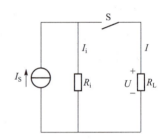
图 1-14 实际的电流源与负载连接

空载时，S 断开，通过 R_i 的电流 I_i 等于 I_S，端电压为 $I_S R_i$，外电路电流 $I=0$；外电路短路时，端电压等于 0，$I=I_S$，$I_i=0$；有负载时，$U=I_i R_i = I R_L$，$I_i + I = I_S$，即

$$I = I_S - I_i \tag{1-3}$$

$$I = I_S - \frac{U}{R_L} \tag{1-4}$$

由上式可知：① 负载电流 I 总是小于恒流源的输出电流 I_S；② 负载电流增大，端电压增大；③ 负载电流愈小，内阻上的电流就愈大，内部损耗也就愈大，所以，电流源不能处于空载状态。

3. 电功率与电能

1）电功率

在直流电路中，根据电压的定义，电场力所做的功是 $W=QU$。把单位时间内电场力所做的功称为电功率，则有

$$P = \frac{QU}{t} = UI \tag{1-5}$$

功率的单位是 W（瓦[特]）。对于大功率，采用 kW（千瓦）或 MW（兆瓦）为单位，对于小功率则用 mW（毫瓦）或 μW（微瓦）为单位。在电源内部，外力做功，正电荷由低

电位移向高电位,电流逆着电场方向流动,将其他能量转变为电能,其电功率为
$$P = EI \tag{1-6}$$
若计算结果 $P>0$,说明该元件是耗能元件;若计算结果 $P<0$,则该元件为供能元件。

2)电能

当已知设备的功率为 P 时,在 t s 内消耗的电能为 $W=Pt$,电能就等于电场力所做的功,单位为 J(焦[耳])。在电工技术中,往往直接用 W·s(瓦特秒)为单位,实际生活中则用 kW·h(千瓦时)为单位,俗称 1 度电。1 kW·h $= 3.6 \times 10^6$ W·s。

1.2 电阻、欧姆定律及电阻连接

1.2.1 电阻

电流在导体中流动通常要受到阻碍作用,反映这种阻碍作用的物理量称为电阻。在电路图中常用理想电阻元件来表示物质对电流的这种阻碍作用。电阻元件的图形符号和文字符号如表 1-1 所示。

1. 线性电阻

在温度一定的条件下,把加在电阻两端的电压与通过电阻的电流之间的关系称为伏安特性。一般金属电阻的阻值不随所加电压和通过电流的改变而改变,即在一定的温度下其阻值是常数,这种电阻的伏安特性是一条经过原点的直线,如图 1-15 所示。这种电阻称为线性电阻。

2. 非线性电阻

电阻的阻值随电压和电流的变化而变化,其电压与电流的比值不是常数,这类电阻称为非线性电阻。例如,半导体二极管的正向电阻就是非线性的,它的伏安特性如图 1-16 所示。

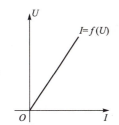

图 1-15 线性电阻的伏安特性

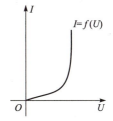

图 1-16 二极管正向伏安特性

1.2.2 欧姆定律

欧姆定律指出:导体中的电流 I 与加在导体两端的电压 U 成正比,与导体的电阻 R 成反比。

1. 一段电路的欧姆定律

图 1-17 所示电路是不含电动势而只含电阻的一段电路。

若 U 与 I 方向一致,则欧姆定律可表示为

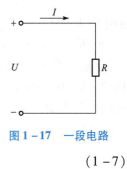

图 1-17 一段电路

$$U = IR \tag{1-7}$$

若 U 与 I 方向相反,则欧姆定律表示为

$$U = -IR \qquad (1-8)$$

电阻的单位是 Ω(欧[姆]),计量大电阻时用 kΩ(千欧)或 MΩ(兆欧)。其换算关系为 $1\ \text{k}\Omega = 10^3\ \Omega$,$1\ \text{M}\Omega = 10^6\ \Omega$。

电阻的倒数 $1/R = G$,称为电导,它的单位为 S(西[门子])。

2. 全电路的欧姆定律

图 1-18 所示是简单的闭合电路,R_L 为负载电阻,R_0 为电源内阻,若导线电阻忽略不计,则此段电路用欧姆定律表示为

$$I = \frac{E}{R_L + R_0} \qquad (1-9)$$

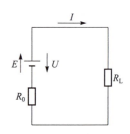

图 1-18 简单闭合电路

公式的意义是:电路中流过的电流,其大小与电动势成正比,与电路的全部电阻之和成反比。电源的电动势和内电阻一般认为是不变的,所以,改变外电路电阻就可以改变回路中的电流大小。

1.2.3 电阻连接

1. 电阻的串联

由若干个电阻按顺序地连接成一条无分支的电路,称为串联电路,如图 1-19 所示。

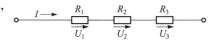

图 1-19 电阻的串联

电阻元件串联有以下几个特点:

(1) 流过串联各元件的电流相等,即 $I_1 = I_2 = I_3 = I$;
(2) 等效电阻 $R = R_1 + R_2 + R_3$;
(3) 总电压 $U = U_1 + U_2 + U_3$;
(4) 总功率 $P = P_1 + P_2 + P_3$;
(5) 电阻串联具有分压作用,即

$$U_1 = \frac{R_1 U}{R} \qquad (1-10)$$

$$U_2 = \frac{R_2 U}{R} \qquad (1-11)$$

$$U_3 = \frac{R_3 U}{R} \qquad (1-12)$$

在实际中,利用串联分压的原理,可以扩大电压表的量程,还可以制成电阻分压器。

【例 1-1】 现有一表头,满刻度电流 $I_g = 50\ \mu\text{A}$,表头的电阻 $R_G = 3\ \text{k}\Omega$,若要改装成量程为 10 V 的电压表,如图 1-20 所示,试问应串联一个多大的电阻?

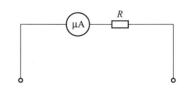

图 1-20 例 1-1 图

【解】 当表头满刻度时,它的端电压为:$U_G = 50 \times 10^{-6} \times 3 \times 10^3 = 0.15$(V)。设量程扩大到 10 V 时所需串联的电阻为 R,则 R 上分得的电压为:$U_R = 10 - 0.15 = 9.85$(V),故有

$$R = \frac{U_R R_G}{U_G} = \frac{9.85 \times 3 \times 10^3}{0.15}\ (\Omega) = 197\ (\text{k}\Omega)$$

即应串联 197 kΩ 的电阻，方能将表头改装成量程为 10 V 的电压表。

2. 电阻的并联

将几个电阻元件都接在两个共同端点之间的连接方式称为并联。图 1-21 所示电路是由三个电阻并联组成的。

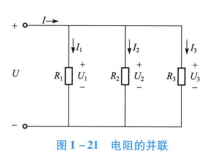

图 1-21 电阻的并联

并联电路的基本特点：

（1）并联电阻承受同一电压，即 $U = U_1 = U_2 = U_3$；

（2）总电流 $I = I_1 + I_2 + I_3$；

（3）总电阻的倒数为

$$\frac{1}{R} = \frac{1}{R_1} + \frac{1}{R_2} + \frac{1}{R_3} \quad (1-13)$$

即总电导为

$$G = G_1 + G_2 + G_3 \quad (1-14)$$

若只有两个电阻并联，其等效电阻 R 可用下式计算，即

$$R = R_1 // R_2 = \frac{R_1 \times R_2}{R_1 + R_2}$$

式中，符号"//"表示电阻并联；

（4）总功率 $P = P_1 + P_2 + P_3$；

（5）分流作用，有

$$I_1 = \frac{RI}{R_1}, \quad I_2 = \frac{RI}{R_2}, \quad I_3 = \frac{RI}{R_3}$$

利用电阻并联的分流作用，可扩大电流表的量程。在实际应用中，用电器在电路中通常都是并联运行的，属于相同电压等级的用电器必须并联在同一电路中，这样才能保证它们都在规定的电压下正常工作。

【例 1-2】有三盏电灯接在 110 V 电源上，其额定值分别为"110 V 100 W""110 V 60 W""110 V 40 W"，求灯泡正常发光时，电路总功率 P、总电流 I、通过各灯泡的电流及电路等效电阻。

【解】（1）因外接电源符合各灯泡额定值，各灯泡正常发光，故总功率为

$$P = P_1 + P_2 + P_3 = 100 + 60 + 40 = 200 \text{ (W)}$$

（2）总电流与各灯泡电流为

$$I = \frac{P}{U} = \frac{200}{110} \approx 1.82 \text{ (A)}$$

$$I_1 = \frac{P_1}{U_1} = \frac{100}{110} \approx 0.91 \text{ (A)}$$

$$I_2 = \frac{P_2}{U_2} = \frac{60}{110} \approx 0.55 \text{ (A)}$$

$$I_3 = \frac{P_3}{U_3} = \frac{40}{110} \approx 0.36 \text{ (A)}$$

（3）等效电阻为

$$R = \frac{U}{I} = \frac{110}{1.82} \approx 60.4 \text{ (Ω)}$$

1.3 基尔霍夫定律及其应用

1.3.1 概念

1. 支路

电路中每一段不分支的电路,称为支路,如图 1-22 中,BAFE、BCDE、BE 等都是支路。

2. 节点

电路中三条或三条以上支路相交的点,称为节点,如图 1-22 中的 B、E 都是节点。

3. 回路

电路中任一闭合路径,称为回路,如图 1-22 中 ABEFA、BCDEB、ABCDEFA 等都是回路。

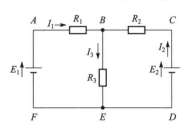

图 1-22 复杂电路

1.3.2 基尔霍夫电流定律(KCL)

在电路中,任何时刻对于任一节点而言,流入节点电流之和等于流出节点电流之和,即

$$\sum I_i = \sum I_o \tag{1-15}$$

如图 1-22 所示,对节点 B 有

$$I_1 + I_2 = I_3$$

1.3.3 基尔霍夫电压定律(KVL)

沿任一回路绕行一周,回路中所有电动势的代数和等于所有电阻压降的代数和,即

$$\sum E = \sum IR \tag{1-16}$$

如图 1-22 所示,沿 ABCDEFA 回路,有

$$E_1 - E_2 = I_1 R_1 - I_2 R_2$$

应用 KVL 定律时,先假定绕行方向,当电动势的方向与绕行方向一致时,则此电动势取正号,反之取负号;当电阻上的电流方向与回路绕行方向一致时,取此电阻上的电压降为正,反之取负号。

1.3.4 基尔霍夫定律的应用——支路电流法

分析、计算复杂电路的方法很多,本节介绍一种最基本的方法——支路电流法。支路电流法是以支路电流为未知量,应用基尔霍夫定律列出与支路电流数目相等的独立方程式,再联立求解。应用支路电流法解题的方法步骤(假定某电路有 m 条支路、n 个节点):

(1) 首先标定各待求支路的电流参考正方向及回路绕行方向;

(2) 应用基尔霍夫电流定律列出 $n-1$ 个节点方程;

(3) 应用基尔霍夫电压定律列出 $m-(n-1)$ 个独立的回路电压方程式;

(4) 由联立方程组求解各支路电流。

【例 1-3】 如图 1-23 所示电路,$E_1 = 10 \text{ V}$,$R_1 = 6 \text{ Ω}$,$E_2 = 26 \text{ V}$,$R_2 = 2 \text{ Ω}$,$R_3 = 4 \text{ Ω}$,求各支路电流。

【解】假定各支路电流方向如图 1-23 所示,根据基尔霍夫电流定律(KCL),对节点 A 有

$$I_1 + I_2 = I_3$$

设闭合回路的绕行方向为顺时针方向,对回路 ACBDA,有

$$E_1 - E_2 = I_1 R_1 - I_2 R_2$$

对回路 ABCA,有

$$E_2 = I_2 R_2 + I_3 R_3$$

联立方程组

$$\begin{cases} I_1 + I_2 = I_3 \\ 10 - 26 = 6I_1 - 2I_2 \\ 26 = 2I_2 + 4I_3 \end{cases}$$

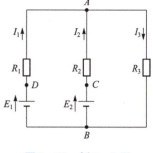

图 1-23 例 1-3 图

解方程组,得

$$I_1 = -1 \text{ A}, \quad I_2 = 5 \text{ A}, \quad I_3 = 4 \text{ A}$$

这里解得 I_1 为负值,说明实际方向与假定方向相反,同时说明 E_1 此时相当于负载。

1.4 电气设备的额定值、电路的几种状态

1.4.1 电气设备的额定值

1. 额定电流(I_N)

电气设备长时间运行而稳定温度达到最高允许温度时的电流,称为额定电流。

2. 额定电压(U_N)

为了限制电气设备的电流并考虑绝缘材料的绝缘性能等因素,允许加在电气设备上的电压限值,称为额定电压。

3. 额定功率(P_N)

在直流电路中,额定电压与额定电流的乘积就是额定功率,即

$$P_N = U_N I_N$$

电气设备的额定值都标在铭牌上,使用时必须遵守。例如,一盏日光灯,标有"220 V 60 W"的字样,表示该灯在 220 V 电压下使用,消耗功率为 60 W,若将该灯泡接在 380 V 的电源上,则会因电流过大将灯丝烧毁;反之,若电源电压低于额定值,虽能发光,但灯光暗淡。

电路计算与电路建立的关系

在电工电子技术课程学习中,常碰到学生提出这样一个问题:

求解电路在实际应用中有什么用?

回答是:在实际应用中,建立电路需要求解电路,需要将每条支路的电流计算出来以作

为电路导线规格和电器规格选择的依据。

下面简单介绍一种电路建立的方法，其包含以下五个步骤。

（1）根据负载的额定功率来确定电源的容量。

（2）确定负载的连接。在大多数情况下，负载采用并联连接方式，只有在特定的场合才采用串联连接方式。

（3）选择连接导线和所需的电器。一般来说，导线和电器的选择是根据电路计算出的各支路电流来确定，保证选择的导线或电器的额定允许电流值大于实际计算出来的相应支路电流值。

（4）根据具体情况确定采用导线的长度。

（5）施工。

1.4.2 电路的几种状态

电路在工作时有三种工作状态，分别是通路、短路、断路。

1. 通路（有载工作状态）

如图 1-24 所示，当开关 S 闭合时，电源与负载接成闭合回路，电路便处于通路状态。在实际电路中，负载大都采用并联方式，用 R_L 代表等效负载电阻。

电路中的用电器是由用户控制的，而且是经常变动的。当并联的用电器增多时，等效电阻 R_L 就会减小，而电源电动势 E 通常为一恒定值，且内阻 R_0 很小，电源端电压 U 变化很小，则电源输

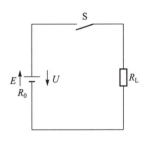

图 1-24 电路状态

出的电流和功率将随之增大，这时称为电路的负载增大。当并联的用电器减少时，等效负载电阻 R_L 增大，电源输出的电流和功率将随之减小，这种情况称为负载减小。

可见，所谓负载增大或负载减小，是指增大或减小负载电流，而不是增大或减小电阻值。

电路中的负载是变动的，所以，电源端电压的大小也随之改变。电源端电压 U 随电源输出电流 I 的变化关系，即 $U=f(I)$，称为电源的外特性，外特性曲线如图 1-25 所示。

根据负载大小，电路在通路时又分为三种工作状态：当电气设备的电流等于额定电流时，称为满载工作状态；当电气设备的电流小于额定电流时，称为轻载工作状态；当电气设备的电流大于额定电流时，称为过载工作状态。

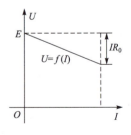

图 1-25 电源的外特性

2. 断路

所谓断路，就是电源与负载没有构成闭合回路。在图 1-25 所示电路中，当 S 断开时，电路即处于断路状态。断路状态的特征为

$$R = \infty, \quad I = 0$$

电源内阻消耗功率为

$$P_E = 0$$

负载消耗功率为

$$P_L = 0$$

路端电压为

$$U_0 = E$$

此种情况也称为电源的空载。

3. 短路

所谓短路,就是电源未经负载而直接由导线接通成闭合回路,如图1-26所示。图中折线是指明短路点的符号。短路的特征为

$$R_L = 0$$
$$U = 0$$
$$I_S = \frac{E}{R_0}$$
$$P_L = 0$$
$$P_E = I_S^2 R_0 \text{(电源内阻消耗功率)}$$

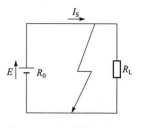

图1-26 短路的示意图

因为电源内阻 R_0 一般都很小,所以短路电流 I_S 总是很大。如果电源短路事故未迅速排除,很大的短路电流将会烧毁电源、导线及电气设备。所以,电源短路是一种严重事故,应严加防范。

为了防止发生短路事故,以免损坏电源,常在电路中串接熔断器。熔断器中装有熔丝。熔丝是由低熔点的铅锡合金丝或铅锡合金片做成的。一旦短路,串联在电路中的熔丝将因发热而熔断,从而保护电源免于烧坏。熔断器的符号如图1-27所示,熔断器在电路中的接法如图1-28所示。

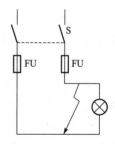

图1-27 熔断器符号　　　　图1-28 熔断器在电路中的接法

电容器充放电

电容器是由两片(或两组)既相互靠近又彼此绝缘的金属片组成的。容器这个名称的概念是盛放东西的器具。在电工学里,电容器是储藏电荷的器件。容器盛放东西的多少用容量来表示,电容器储藏电荷的能力用电容量来表示。常用电容量的单位有法(F)、微法(μF)、皮法(pF)。$1 F = 10^6 \mu F$,$1 \mu F = 10^6 pF$。

电容器在电工电子技术领域得到了广泛的应用,通常在电路中担任重要的角色,其原因就是电容器自身的充放电特性。

1. 电容器充电

当把电容器的两个电极板分别接到直流电源的正、负极上时,正、负电荷就会聚集在电容器的两个电极板上,在两个极板间形成电压。随着电容器两极板上电荷的不断增加,电容

器上的电压也由小逐渐增大,直到等于直流电源电压时,电路中便不会有电流通过,充电过程就停止了,这就是电容器的充电作用。

电容器的电容越小,则充电完成就越快,完成充电的电容器由于两个极板是绝缘介质隔开的,所以电荷不能从电极间通过,电容器具有隔断直流的作用。

2. 电容器放电

如果把储存有电荷的电容器的两个电极用导线相连,在连接的瞬间,电容器极板上的正负电荷便会通过导线中和,这就是电容器的放电作用。

在电工电子技术中使用电容器时,若电路上的电压高于电容器两端的电压,电容器就充电,直到电容器上建立的电压与电路的电压相等为止;如果电路上的电压低于电容器两端的电压,电容器则进行放电。

单股导线连接与绝缘层恢复

1. 任务描述

在实际应用中,常常会碰到导线连接,导线连接与绝缘层恢复的好坏关系到电气设备和线路能否安全可靠地运行。

1)导线连接

常用绝缘导线的芯线有1股、7股、19股等多种,其连接方法各不相同。常用单股芯线的连接方法有两种,一种是直接连接;另一种是T形分支连接。此处先介绍单股导线直接连接与绝缘层恢复,单股导线的T形分支连接与绝缘层恢复放在下一章介绍。

单股导线直接连接时,先将两导线芯线线头呈X形相交,如图1-29(a)所示;相互绞合2~3圈后扳直两线头,如图1-29(b)所示;将每个线头在另一芯线上紧贴并绕6圈,用钢丝钳剪去余下的芯线,并钳平芯线末端,如图1-29(c)所示。

2)导线绝缘层恢复

这里只介绍常用的绝缘带包缠方法。包缠时,将包带从导线左边完整的绝缘层上开始,包缠两个带宽后就可进入连接处的芯线部分。包至连接处的另一端

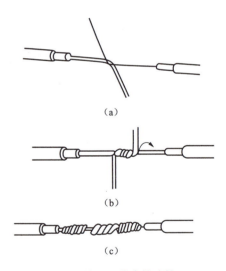

图1-29 单股导线直接连接

时,也同样包入完整绝缘层上两个带宽的距离,过程如图1-30所示。

2. 任务提示

(1)恢复380 V线路上的导线绝缘层时,必须先包缠1~2层黄蜡带(或涤纶薄蜡带),然后再包缠一层黑胶带。

(2)恢复220 V线路上的导线绝缘层时,可包缠2层黑胶带。

(3)包缠包带时,不可过松或过疏,更不允许露出芯线,以免发生短路或触电事故。

(4)绝缘带不可保存在温度或湿度很高的地方,也不可被油脂浸染。

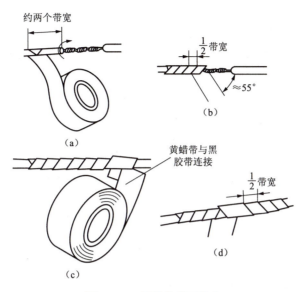

图 1-30 导线绝缘层恢复

本 章 小 结

本章介绍了直流电路的基本概念和组成,讨论了电路所包含的基本原理和分析方法。

1. 直流电路就是直流电流通过的路径,它是由直流电流和一些电气设备和元器件按一定方式连接而成的。
2. 电路的基本连接有并联、串联、混联。
3. 本章介绍的基本电路物理量有电阻、电导、电流、电压、电动势、电功率、电能等。
4. 本章介绍的基本原理有欧姆定律、基尔霍夫定律。
5. 电路通常有三种状态,分别是通路、短路、断路。

思考与练习

一、填空题

1-1　电路主要由_____、_____、_____三个基本部分组成。

1-2　负载是取用电能的装置,它的功能是_____。

1-3　电源是提供能量的装置,它的功能是_____。

1-4　所谓理想电路元件,就是忽略实际电器元件的次要性质,只表征它_____的"理想"化的元件。

1-5　用特定的符号代表元件连接成的图形叫_____。

1-6　电压是衡量电场_____本领大小的物理量。电路中某两点的电压等于_____。

1-7 电流是_____形成的，大小用_____表示。

1-8 电压的实际方向是由____电位指向____电位。

1-9 表征电流强弱的物理量叫_____，简称_____。电流的方向，规定为____电荷定向移动的方向。

1-10 单位换算：6 mA = _____ A；0.08 A = _____ μA；0.05 V = ____ mV；10 V = ____ kV。

1-11 选定电压参考方向后，如果计算出的电压值为正，说明电压实际方向与参考方向_____；如果电压值为负，电压实际方向与参考方向_____。

1-12 导体对电流的_____叫电阻。电阻大，说明导体导电能力_____，电阻小，说明导体导电能力_____。

1-13 题图 1-1 所示电路中，U = _____ V。

1-14 题图 1-2 所示电路中，I = _____ A。

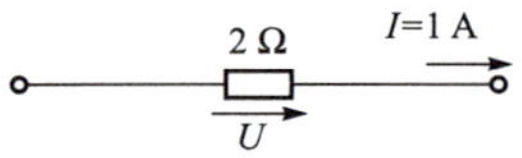

题图 1-1

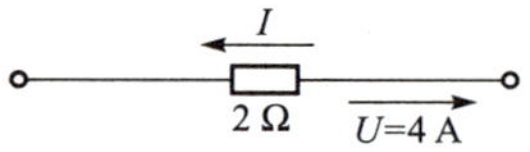

题图 1-2

1-15 阻值不随端电压和流过它的电流的改变而改变，这样的电阻称为_____，它的伏安特性曲线是_____。

1-16 电流在_____时间内所做的功叫功率。

1-17 1 度电 = _____ kW·h。

1-18 一个"220 V 40 W"的灯泡，其额定电流为_____，电阻为_____。

1-19 1 度电可供"220 V 40 W"的灯泡正常发光的时间为_____ h。

1-20 电路的运行状态一般分为_____、_____、_____。

1-21 当负载被短路时，负载上电压为_____、电流为_____、功率为_____。

1-22 理想电压源又称为恒压源，它的端电压是_____，流过它的电流由_____来决定。

1-23 实际的电压源总有内阻，因此实际的电压源可以用_____与_____串联的组合模型来表示。

1-24 流入节点 A 的电流分别为 I_1，I_2，I_3，则根据基尔霍夫_____定律，流出节点 A 的电流 I 应为_____。

1-25 题图 1-3 所示电路中，I = _____ A。

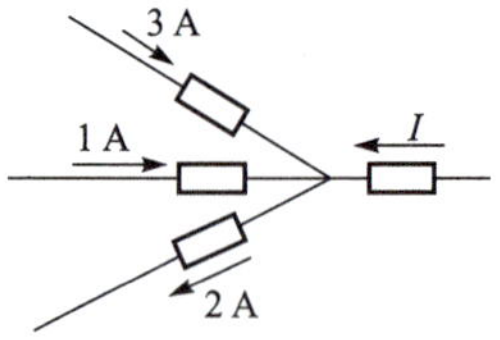

题图 1-3

二、选择题

1-26 直流电源中电动势方向是（　　）。
A. 从正极指向负极 B. 从负极指向正极
C. 电动势无方向 D. 不确定

1-27 负载获得最大功率的条件是（　　）。
A. 负载电阻大于电源内阻 B. 负载电阻小于电源内阻
C. 负载电阻等于电源内阻 D. 与负载电阻和电源内阻无关

1-28 电容器在充、放电过程中（　　）。

A. 电压不能突变　　　　　　B. 电流不能突变
C. 电流不变　　　　　　　　D. 电压不变

1-29　在串联电路中,以下说法不正确是(　　)。
A. 各电阻中流过的电流相等
B. 总电压等于各电阻上的电压降之和
C. 各电阻上的压降与其电阻值成反比
D. 总电阻等于各电阻之和

三、判断题

1-30　欧姆定律能解决单电源及多电源的电路问题。　　　　　　　　　(　　)
1-31　在金属导体中,电流的方向与自由电子的实际运动方向相同。　(　　)
1-32　导体的电阻率仅与导体的材料有关。　　　　　　　　　　　　　(　　)
1-33　同一段导体,温度越高其阻值越大。　　　　　　　　　　　　　(　　)
1-34　欧姆定律仅限于直流电路。　　　　　　　　　　　　　　　　　(　　)
1-35　在串联电路中,电流处处相等。　　　　　　　　　　　　　　　(　　)
1-36　电流所做的功叫电功率,其单位是瓦或千瓦。　　　　　　　　　(　　)

四、问答题

1-37　叙述电路的定义及其主要组成部分。
1-38　举例说明,若按工作任务划分,电路的功能有哪两类。
1-39　题图 1-4 所示电路中,支路、节点、网孔、回路各为多少?

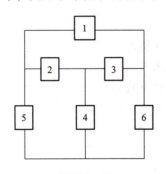

题图 1-4

1-40　基尔霍夫定律 KVL 又称为什么定律?其内容是什么?
1-41　什么叫电功率?什么叫电动势?

第 2 章

单相交流电路

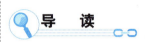

单相交流电路被广泛应用于工业控制及民用生活当中，主要表现在照明和动力电路，作为理论学习必备的知识，它是电路理论知识当中最基础的部分，并成为电工基础学习最简单、最基本环节的内容。本章不涉及其实际应用方面的详细介绍，而只是就应掌握的单相交流电路的基础理论知识给予讨论。

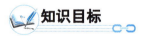

1. 掌握单相交流电路的基本概念。
2. 了解单相交流电路的基本表示方法。
3. 掌握简单单相交流电路的电路分析。
4. 掌握功率因数及其在电力系统中的应用。

1. 能使用电工仪表测量交流电流、交流电压和交流功率。
2. 能安装日光灯电路。
3. 能使用单相电度表。

日光灯电路实物及电路图如图 2-1 所示。

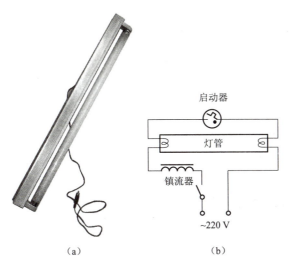

图 2-1 日光灯电路实物及电路图
(a) 日光灯；(b) 电路图

实践活动：日光灯安装调试

1. 实践活动任务描述

日光灯的发展已经经历了几代，目前最为常用的是电子镇流器加灯管（灯管有节能型的灯管和非节能型的灯管），也有少量的传统镇流器加灯管，如图 2-2 所示。试根据图进行安装调试。

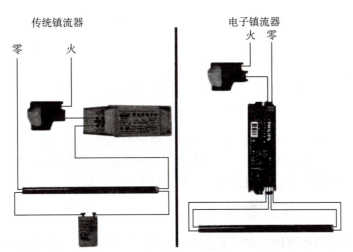

图 2-2 日光灯安装示意图

2. 实践仪器与元件

开关、导线、电子镇流器、传统镇流器、灯管、启辉器、万用表。

3. 活动提示

注意两种电路接入交流电源方式的区别。

2.1 基 本 概 念

2.1.1 正弦交流电的概念

交流电与直流电的区别在于：直流电的方向、大小不随时间变化，而交流电的方向、大小都随时间做周期性的变化，如果其变化按正弦规律进行，则它在一周期内的平均值为零，图2-3所示为直、交流电的电流波形图。

电压、电流的方向、大小按正弦规律变化的交流电称为正弦交流电，正弦交流电路中的电流、电压等物理量统称为正弦量。图2-3（c）所示为正弦交流电流的波形图。

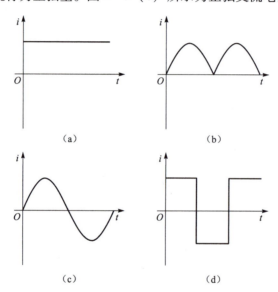

图 2-3 直流电和交流电的电流波形图
（a）恒定直流电；（b）脉动直流电；（c）正弦交流电；（d）交流方波

与直流电情形相同，为了确定交流电在某一瞬间的实际方向，必须选定其参考方向。一般规定，当交流电实际方向与参考方向一致时，其值为正，在波形图上为正半周；当交流电实际方向与参考方向相反时，其值为负，在波形图上为负半周。

2.1.2 正弦交流电的三要素

一个正弦量在数学中可用相应的表达式来表示，常用 e、u、i 分别表示正弦交流电的电动势、电压、电流的瞬时值，则有

$$\begin{cases} e = E_m \sin(\omega t + \varphi) \\ u = U_m \sin(\omega t + \varphi) \\ i = I_m \sin(\omega t + \varphi) \end{cases} \quad (2-1)$$

实际上，正弦交流电的主要特征已经通过表达式中的三个特征量表示出来了，即变化的

快慢（ω）、变化的大小（E_m，U_m，I_m）、变化的初相位（φ）。这三个量一旦被确定，则一个正弦量就完全被确定下来，并且可以用波形图和瞬时表达式表示出来。这三个量分别称为正弦交流电的三要素，以下分别予以讨论。

1. 变化的快慢

正弦交流电的变化快慢可以通过以下三个量中任何一个量表示。

1）周期 T

正弦量变化一次所需的时间称为周期，用字母 T 表示，单位为秒（s）。正弦交流电流波形图如图 2-4 所示。

2）频率 f

每秒内波形重复变化的次数称为频率，用字母 f 表示，单位是赫兹（Hz）。频率和周期互为倒数，即

$$f = \frac{1}{T} \qquad (2-2)$$

我国电网所供给的交流电的频率是 50 Hz，周期为 0.02 s。

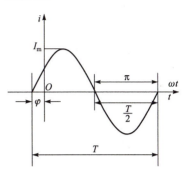

图 2-4 正弦交流电流波形图

3）角频率 ω

交流电量角度的变化率称为角频率，用字母 ω 表示，单位是弧度/秒（rad/s），即

$$\omega = \frac{2\pi}{T} = 2\pi f \qquad (2-3)$$

式（2-3）表明，周期 T、频率 f 和角频率 ω 三者之间可以互相换算。它们都从不同角度表示了正弦交流电的同一物理实质，即变化的快慢。

2. 相位

1）相位和初相位

正弦电量的表达式中的 $\omega t + \varphi$ 称为交流电的相位。$t = 0$ 时，$\omega t + \varphi = \varphi$ 称为初相位，这是确定交流电量初始状态的物理量。在波形上，φ 表示零点到 $t = 0$ 的计时起点之间所对应的最小电角度，如图 2-5 所示。不知道 φ 就无法画出交流电量的波形图，也写不出完整的表达式。

2）相位差

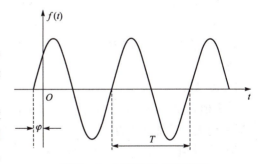

图 2-5 正弦交流电波形图

相位差是指两个同频率的正弦电量在相位上的差值。由于讨论的是同频率正弦交流电，因此相位差实际上等于两个正弦电量的初相位之差。若

$$u = U_m \sin(\omega t + \varphi_1)$$
$$i = I_m \sin(\omega t + \varphi_2)$$

则相位差为

$$\Delta\varphi = (\omega t + \varphi_1) - (\omega t + \varphi_2) = \varphi_1 - \varphi_2 \qquad (2-4)$$

当 $\varphi_1 > \varphi_2$ 时，u 比 i 先达到正的最大值或先达到零值，此时它们的相位关系是 u 超前于 i（或 i 滞后于 u）。

当 $\varphi_1 < \varphi_2$ 时，u 滞后于 i（或 i 超前于 u）。

当 $\varphi_1 = \varphi_2$ 时，u 与 i 同相。

当 $\Delta\varphi = \pm\pi/2$ 时，称为 u 与 i 正交。
当 $\Delta\varphi = \pm\pi$ 时，称 u 与 i 反相。
以上五种情况如图 2-6 所示。

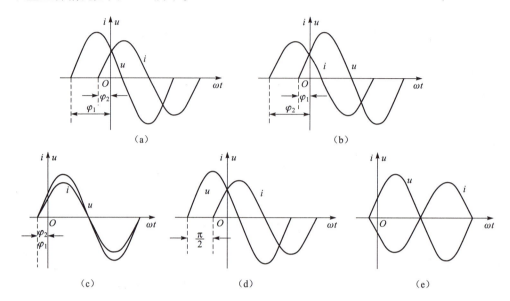

图 2-6 正弦量的相位关系
(a) u 超前；(b) u 滞后；(c) 同相；(d) 正交；(e) 反相

3. 交流电的大小

交流电的大小有三种表示方式，即瞬时值、最大值和有效值。

1) 瞬时值

瞬时值指任一时刻交流电量的大小。例如，i、u 和 e 都用小写字母表示，它们都是时间的函数。

2) 最大值

最大值指交流电量在一个周期中最大的瞬时值，它是交流电波形的振幅，如 I_m、U_m 和 E_m 通常用大写并加注下标 m 表示。

3) 有效值

引入有效值的概念是为了研究交流电量在一个周期中的平均效果。有效值的定义是：让正弦交流电和直流电分别通过两个阻值相等的电阻，如果在相同时间 T 内（T 可取为正弦交流电的周期），两个电阻消耗的能量相等，则把该直流电的大小称为交流电的有效值，如图 2-7 所示。

当直流电流 I 流过电阻 R 时，该电阻在时间 T 内消耗的电能为

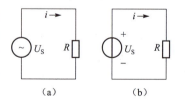

图 2-7 有效值的概念
(a) 交流；(b) 直流

$$W_- = I^2RT$$

根据有效值的定义，有

$$W_- = W_\sim$$

则有

$$I^2RT = \int_0^T Ri^2 dt$$

$$I = \sqrt{\frac{1}{T}\int_0^T i^2 dt}$$

此式称为均方根值,也即为有效值的定义式。设 $i = I_m\sin(\omega t + \varphi)$,代入上式,得到

$$I = \sqrt{\frac{1}{T}\int_0^T I_m^2\sin^2(\omega t + \varphi)dt} = \frac{I_m}{\sqrt{2}} = 0.707I_m \tag{2-5}$$

同理有

$$U = \frac{U_m}{\sqrt{2}} = 0.707U_m \tag{2-6}$$

$$E = \frac{E_m}{\sqrt{2}} = 0.707E_m \tag{2-7}$$

即正弦量的最大值等于有效值的$\sqrt{2}$倍。有效值是一个非常重要的概念,所有用电设备铭牌上标注的都是有效值。

【例 2-1】 已知:正弦交流电流 $i_1 = 10\sqrt{2}\sin100\pi t$ A,$i_2 = 20\sin\left(100\pi t + \frac{2\pi}{3}\right)$ A,分别求出它们的:

(1) 振幅;
(2) 周期;
(3) 频率;
(4) 画出它们的波形图。

【解】(1) 从 $i_1 = 10\sqrt{2}\sin100\pi t$ A 可知

$$I_{1m} = 10\sqrt{2} \text{ A}$$
$$\omega_1 = 100\pi \text{ rad/s}$$

从 $i_2 = 20\sin\left(100\pi t + \frac{2\pi}{3}\right)$ A 可知

$$I_{2m} = 20 \text{ A}$$
$$\omega_2 = 100\pi \text{ rad/s}$$

(2) 由 $\omega = \frac{2\pi}{T}$ 得

$$T_1 = \frac{2\pi}{\omega_1} = \frac{2\pi}{100\pi} = 0.02(\text{s})$$

$$T_2 = \frac{2\pi}{\omega_2} = \frac{2\pi}{100\pi} = 0.02(\text{s})$$

(3) 由 $f = \frac{1}{T}$ 得

$$f_1 = \frac{1}{T_1} = 50 \text{ Hz}$$

$$f_2 = \frac{1}{T_2} = 50 \text{ Hz}$$

（4）波形图如图2-8所示。

【例2-2】一个正弦交流电流在$t=0$时刻，它的瞬时值为$i(0)=1$ A，其初相$\varphi_0=\dfrac{\pi}{6}$，试求它的有效值。

【解】设正弦交流电流的瞬时表达式为
$$i=I_m\sin(\omega t+\varphi_0)$$
将$t=0$，$i(0)=1$，$\varphi_0=\dfrac{\pi}{6}$代入上式，得到
$$i(0)=I_m\sin\left(\omega\times 0+\dfrac{\pi}{6}\right)=I_m\sin\dfrac{\pi}{6}=1\text{ A}$$
则
$$I_m=\dfrac{1}{\sin\dfrac{\pi}{6}}=\dfrac{1}{\dfrac{1}{2}}=2\text{（A）}$$

根据有效值与最大值的关系式，求出有效值为
$$I=\dfrac{I_m}{\sqrt{2}}=\dfrac{2}{\sqrt{2}}=1.414\text{（A）}$$

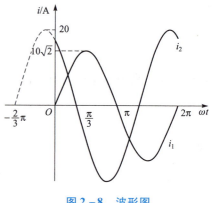

图2-8 波形图

2.1.3 正弦量的相量表示

由前面的讨论可以知道，正弦量可以用瞬时值表达式及波形法表示，因此在分析计算电路时，就会碰到正弦量的加减和乘除的运算问题，如用解析方法就会显得相当繁琐，实际运用采用的是一些间接求解法，可使电路的计算变得简单。这里只介绍正弦量的相量图表示法和相量复数表示法。

1. 正弦量的相量图表示法

可以将正弦量用旋转相量来表示。设有一正弦量$i=I_m\sin(\omega t+\varphi)$，它可以用一个旋转相量来表示，如图2-9所示。

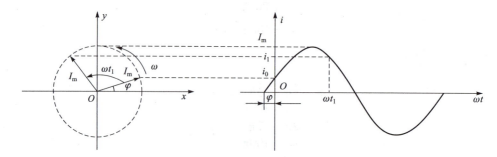

图2-9 正弦量用旋转相量来表示

可在直角坐标系中作一有向线段，长度表示正弦量最大值I_m，该有向线段的初始位置（$t=0$时的位置）与横轴正向的夹角等于正弦量的初相位φ，该有向线段以角频率ω沿逆时针方向旋转。在任一时刻，该有向线段在纵轴上的投影即为该时刻正弦量的瞬时值。这样的有向线段则表示一个相量，该相量为一旋转相量，可见该旋转相量具备正弦量的三要素，用

它就可以表示正弦量。如果有两个或两个以上同频率的正弦量,可以在同一坐标系中作出它们的相量图。由此可见,交流电路中,在进行同频率正弦量的加减运算时,可直接采用平行四边形法则。

2. 相量复数表示法

根据掌握的数学知识,一个有向线段在复平面内可以用复数表示。如图 2-10 所示,该复数可以用以下三种形式表示。

直角坐标式,即

$$A = a + jb = r\cos\varphi + jr\sin\varphi$$
$$= r(\cos\varphi + j\sin\varphi) \quad (2-8)$$

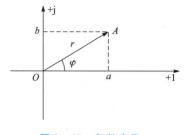

图 2-10 复数表示

指数形式,即

$$A = re^{j\varphi} \quad (2-9)$$

极坐标形式,即

$$A = r\underline{/\varphi} \quad (2-10)$$

以上三种形式可以相互转换,并可以方便实现加减及乘除运算。

设两复数,即

$$A_1 = a_1 + jb_1 \quad A_2 = a_2 + jb_2$$

可转换为

$$A_1 = r_1\underline{/\varphi_1} = r_1 e^{j\varphi_1} \quad A_2 = r_2\underline{/\varphi_2} = r_2 e^{j\varphi_2}$$

实现加减运算:用直角坐标式,即

$$A_1 \pm A_2 = (a_1 \pm a_2) + j(b_1 \pm b_2)$$

实现乘除运算:可采用指数式或极坐标式,即

$$A_1 \cdot A_2 = r_1 r_2 \underline{/\varphi_1 + \varphi_2} = r_1 r_2 e^{j(\varphi_1 + \varphi_2)}$$

$$\frac{A_1}{A_2} = \frac{r_1\underline{/\varphi_1}}{r_2\underline{/\varphi_2}} = \frac{r_1}{r_2}\underline{/\varphi_1 - \varphi_2} = \frac{r_1}{r_2}e^{j(\varphi_1 - \varphi_2)}$$

前面讲过,可以用一个有向线段(相量)表示一个正弦量,而线段可以在某平面内用复数表示,可见一个正弦量可用相量的复数形式表示。

设:

$$i = I_m\sin(\omega t + \varphi)$$

其最大值相量表示式为

$$\dot{I}_m = I_m\underline{/\varphi} \quad (2-11)$$

其有效值相量表示式为

$$\dot{I} = I\underline{/\varphi} \quad (2-12)$$

这样就可以采用复数的计算方式来计算正弦量了。可见,一个正弦量可根据实际情况确定采用相量图表示,或用复数形式表示,从而使繁杂的运算简化。

【例 2-3】 试写出表示 $u_A = 220\sqrt{2}\sin 314t$ V、$u_B = 220\sqrt{2}\sin(314t - 120°)$ V 和 $u_C = 220\sqrt{2}\sin(314t + 120°)$ V 的相量,并画出相量图。

【解】 分别用有效值相量 $\dot{U}_A$、$\dot{U}_B$ 和 $\dot{U}_C$ 表示正弦电压 u_A、u_B 和 u_C,则

$$\dot{U}_A = 220\underline{/0°}\text{ V} = 220\text{ V}$$

$$\dot{U}_B = 220\underline{/-120°}\text{ V} = 220\left(-\frac{1}{2} - j\frac{\sqrt{3}}{2}\right)\text{V}$$

$$\dot{U}_C = 220\underline{/120°}\text{ V} = 220\left(-\frac{1}{2} + j\frac{\sqrt{3}}{2}\right)\text{V}$$

相量图如图 2-11 所示。

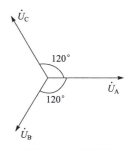

图 2-11 相量图

【例 2-4】 正弦电压 $u_1 = 311\sin\omega t\text{ V}$，$u_2 = 311\sin(\omega t + 90°)\text{ V}$，用相量的复数计算 $u_1 + u_2$ 和 $u_1 - u_2$。

【解】 $\dot{U}_m = \dot{U}_{1m} + \dot{U}_{2m} = (311\underline{/0°} + 311\underline{/90°})\text{ V}$

$= [311(\cos 0° + j\sin 0°) + 311(\cos 90° + j\sin 90°)]\text{ V}$

$= (311 + j311)\text{ V} = \sqrt{311^2 + 311^2}\underline{/45°}\text{ V}$

$= 311\sqrt{2}\underline{/45°}\text{ V}$

所以 $u_1 + u_2 = 311\sqrt{2}\sin(\omega t + 45°)\text{ V}$

$\dot{U}'_m = \dot{U}_{1m} - \dot{U}_{2m} = (311\underline{/0°} - 311\underline{/90°})\text{ V}$

$= [311(\cos 0° + j\sin 0°)] - 311(\cos 90° + j\sin 90°)\text{ V}$

$= (311 - j311)\text{ V} = \sqrt{311^2 + 311^2}\underline{/-45°}\text{ V}$

$= 311\sqrt{2}\underline{/-45°}\text{ V}$

所以 $u_1 - u_2 = 311\sqrt{2}\sin(\omega t - 45°)\text{ V}$

运用相量复数方法可以把相量的几何分析转化为代数计算。在分析比较复杂的正弦交流电路中，显得更为方便。此题也可用平行四边形法则进行运算。

2.2 纯电阻、纯电感、纯电容正弦电路

在第 1 章电路模型中已经讲到，理想的电路元件有三种，即电阻元件、电感元件和电容元件。各种实际的电工、电子元件及设备在进行电路分析时均可用这三种电路元件来等效。本节讨论这三种元件分别在交流电源作用下的电压与电流关系。

2.2.1 纯电阻正弦交流电路

纯电阻正弦交流电路是指以电阻元件作为单一参数的电源作用下的电路，如图 2-12 所示。下面讨论电压与电流的关系。

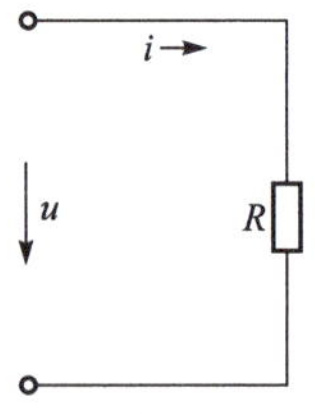

设：

$$i = I_m\sin(\omega t + \varphi)$$

在关联参考方向下，对于线性电阻，在正弦交流电作用下，其伏安关系在任一瞬间仍服从欧姆定律。

$$u = Ri = RI_m\sin(\omega t + \varphi) = U_m\sin(\omega t + \varphi) \quad (2-13)$$

图 2-12 纯电阻正弦交流电路

其中

$$U_m = I_m R \text{ 或 } I_m = \frac{U_m}{R} \quad (2-14)$$

有效值

$$I = \frac{U}{R} \text{ 或 } U = IR \tag{2-15}$$

由此可以得到以下结论。

（1）电压、电流为同频率的正弦量。
（2）纯电阻交流电路中，电压与电流同相位。
（3）电压与电流的最大值、有效值和瞬时值之间都服从欧姆定律。

因此，电压、电流可以分别用相量式表示。

最大值为

$$\dot{I}_m = I_m \underline{/\varphi_i}, \quad \dot{U}_m = U_m \underline{/\varphi_u}$$

有效值为

$$\dot{I} = I \underline{/\varphi_i}, \quad \dot{U} = U \underline{/\varphi_u}$$

$$\frac{\dot{U}}{\dot{I}} = R \text{ 或 } \dot{U} = \dot{I} R \tag{2-16}$$

式（2-16）为欧姆定律相量形式，这样纯电阻元件交流电路的电压与电流的关系可以用图 2-13（a）（b）（c）来表示。

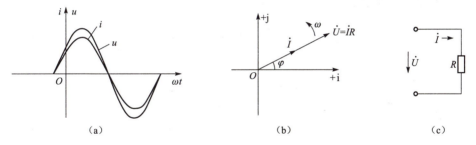

图 2-13 纯电阻交流电路的电压与电流的关系
（a）电压与电流的正弦波形；（b）电压与电流的相量图；（c）电路图

2.2.2 纯电感正弦交流电路

纯电感正弦交流电路是指以电感元件作为单一参数的电源作用下的电路，如图 2-14 所示。下面讨论电压与电流的关系。

设

$$i = I_m \sin(\omega t + \varphi_i)$$

在电压、电流和电动势均采用关联参考方向时，有

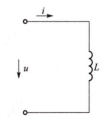

图 2-14 纯电感电路

$$u_L = -e = L\frac{di}{dt} = \omega L I_m \sin\left(\omega t + \varphi_i + \frac{\pi}{2}\right) = U_m \sin(\omega t + \varphi_u) \tag{2-17}$$

其中

$$U_m = \omega L I_m \text{ 或 } U = \omega L I$$

定义

$$X_L = \omega L = 2\pi f L \tag{2-18}$$

式（2-18）中的 X_L 称为感抗，其物理含义为对交流电流的阻碍作用。即在含电感元

件的交流电路中，当 f 增大时，其感抗也增大；反之亦然。在直流电路中，X_L 为零，可见，电感元件在直流电路中可视为短路元件。

由

$$\varphi_u = \varphi_i + \frac{\pi}{2}$$

可得到以下结论。

（1）在纯电感的交流电路中，电流和电压是同频率的正弦量。

（2）电压在相位上超前电流 $\frac{\pi}{2}$ 或电流滞后电压 $\frac{\pi}{2}$。

（3）电压、电流最大值和有效值之间都服从欧姆定律，即

$$U_m = I_m X_L \quad 或 \quad I_m = \frac{U_m}{X_L} \qquad (2-19)$$

$$U = I X_L \quad 或 \quad I = \frac{U}{X_L} \qquad (2-20)$$

与纯电阻交流电路不同的是，纯电感交流电路中电压、电流瞬时值不服从欧姆定律，即

$$X_L \neq \frac{u}{i}$$

电压、电流可分别用相量式表示为

$$\dot{I}_m = I_m \underline{/\varphi_i}, \quad \dot{U}_m = U_m \underline{/\varphi_i + \frac{\pi}{2}}$$

或

$$\dot{I} = I \underline{/\varphi_i}, \quad \dot{U} = U \underline{/\varphi_i + \frac{\pi}{2}}$$

则有

$$\frac{\dot{U}}{\dot{I}} = \frac{U \underline{/\varphi_i + \frac{\pi}{2}}}{I \underline{/\varphi_i}} = X_L \underline{/\frac{\pi}{2}} = jX_L$$

或

$$\dot{U} = j\dot{I} X_L \qquad (2-21)$$

式（2-21）为欧姆定律的相量形式。这样，纯电感交流电路的电压与电流关系可以分别用图 2-15（a）（b）（c）表示。

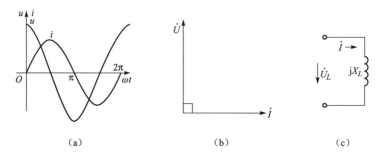

图 2-15 纯电感交流电路的电压与电流关系

(a) 电压与电流的正弦波形；(b) 电压与电流的相量图；(c) 电路图

2.2.3 纯电容正弦交流电路

纯电容正弦交流电路是指以电容元件作为单一参数的电源作用下的电路,如图 2-16 所示。

下面讨论电压与电流的关系。

设

$$u = U_m \sin(\omega t + \varphi_u)$$

在电压、电流均为关联参考方向时,有

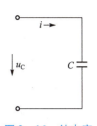

图 2-16 纯电容正弦交流电路

$$i = C\frac{du}{dt} = \omega C U_m \cos(\omega t + \varphi_u) = I_m \sin(\omega t + \varphi_i) \quad (2-22)$$

其中

$$I_m = \omega C U_m \quad 或 \quad I = \omega C U \quad (2-23)$$

定义

$$\frac{U}{I} = \frac{1}{\omega C} = \frac{1}{2\pi f C} = X_C \quad (2-24)$$

式(2-24)中的 X_C 称为容抗,其物理含义为对交流电的阻碍作用,即在含电容元件的交流电路中,当电容 C 一定时,频率越高,X_C 越小,表明电容对交流电的阻碍作用越小;反之亦然。当 $f=0$ 时,$X_C \to \infty$,可见,电容元件在直流电路中可视为开路元件。

由

$$\varphi_i = \varphi_u + \frac{\pi}{2}$$

可得到如下结论:

(1) 在纯电容的交流电路中,电流和电压为同频率的正弦量。

(2) 电流在相位上超前电压 $\frac{\pi}{2}$ 或电压滞后电流 $\frac{\pi}{2}$。

(3) 电压、电流最大值和有效值之间都服从欧姆定律,即:

$$U_m = X_C I_m \quad 或 \quad I_m = \frac{U_m}{X_C} \quad (2-25)$$

$$U = I X_C \quad 或 \quad I = \frac{U}{X_C} \quad (2-26)$$

与纯电感元件电路情况相同,其瞬时值不服从欧姆定律,即 $X_C \neq \frac{u}{i}$。

电压、电流可以分别用相量式表示如下。

最大值为

$$\dot{U}_m = U_m \underline{/\varphi_u} \qquad \dot{I}_m = I_m \underline{/\varphi_u + \frac{\pi}{2}}$$

有效值为

$$\dot{U} = U \underline{/\varphi_u} \qquad \dot{I} = I \underline{/\varphi_u + \frac{\pi}{2}}$$

则有

$$\frac{\dot{U}}{\dot{I}} = \frac{U\underline{/\varphi_u}}{I\underline{/\varphi_u + \frac{\pi}{2}}} = X_C \underline{/-\frac{\pi}{2}} = -jX_C \quad (2-27)$$

式（2-27）为欧姆定律相量形式，因此纯电容交流电路的电压与电流关系可以用图 2-17（a）（b）（c）表示。

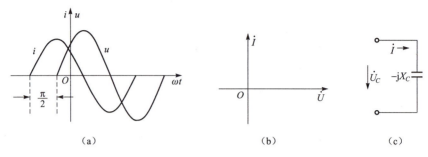

图 2-17　纯电容交流电路的电压与电流关系
（a）电压与电流的正弦波形；（b）电压与电流的相量图；（c）电路图

2.3　电阻、电感串联电路

在实际生活和生产的电气设备电路当中，单一参数模型的元件电路实际上是不存在的，而往往是由具有多种参数性质的元件组成。例如，日光灯的照明电路，它同时具有 R、L 特性，因此它可以看成是由 R、L 串联组合来模拟的电路，并且由这种情形模拟的电路具有一定的代表性，可以通过对这种电路的讨论来掌握 R、L 两种元件组合电路的问题分析方法。我们仍从电路的电流与电压关系方面来讨论。

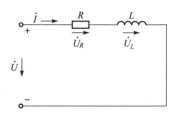

图 2-18　电阻与电感串联电路

图 2-18 所示为电阻与电感串联的交流电路，以电流为参考正弦量。

设
$$i = I_m \sin(\omega t)$$

由前面讨论可得
$$u_R = I_m R \sin(\omega t)$$
$$u_L = I_m X_L \sin\left(\omega t + \frac{\pi}{2}\right)$$

应有
$$u = u_R + u_L$$

采用相量分析方法，有
$$\dot{U} = \dot{U}_R + \dot{U}_L = \dot{I}R + \mathrm{j}\dot{I}X_L = \dot{I}(R + \mathrm{j}X_L) = \dot{I}\dot{Z} \tag{2-28}$$

其中
$$\dot{Z} = R + \mathrm{j}X_L \tag{2-29}$$

式（2-29）称为电路的复阻抗；式（2-28）称为 RL 串联电路欧姆定律的相量形式，表明在交流电路当中，电路中的电压与电流在关系上能服从欧姆定律，但其间的几个关系必须弄清楚。

2.3.1 电路中的电压关系

RL 串联交流电路中，由于各量之间存在着相位关系，因此其电压关系应采用相量关系来分析。可以通过前面学习的知识作出电压的相量图，如图 2-19 所示。

可见，电路中电压有以下关系，用相量式表示为

$$\dot{U} = \dot{U}_R + \dot{U}_L \tag{2-30}$$

因此，各量的电压之间在数值上有

$$U = \sqrt{U_R^2 + U_L^2} \tag{2-31}$$

$\dot{U}$、$\dot{U}_L$、$\dot{U}_R$ 之间可构成一电压三角形，如图 2-20 所示。

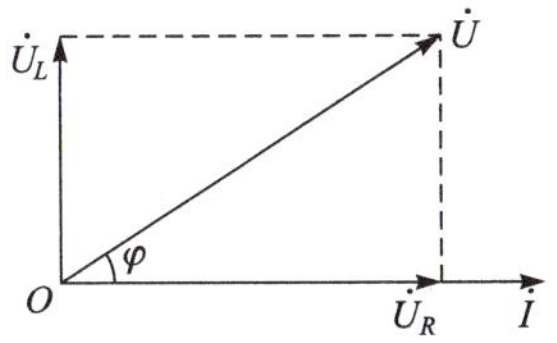

图 2-19 RL 串联交流电路的相量图 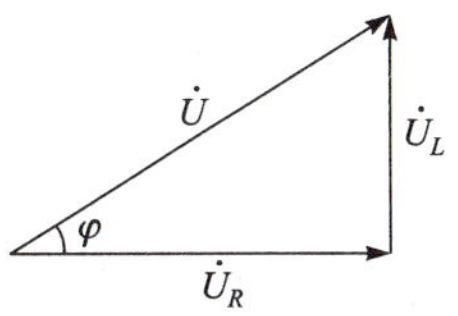　　图 2-20 电压三角形

从电压三角形中，还可以得到总电压与各部分电压之间的数值关系，即

$$\begin{aligned} U_R &= U\cos\varphi \\ U_L &= U\sin\varphi \\ \varphi &= \arctan\frac{U_L}{U_R} \end{aligned} \tag{2-32}$$

φ 为总电压超前总电流的相位角。

2.3.2 RL 串联电路的阻抗

在式（2-29）中，$\dot{Z}$ 为电路中的复阻抗，它实际上是一个复数，应用前面的知识，在数值上应有

$$|Z| = \sqrt{R^2 + X_L^2} \tag{2-33}$$

$\dot{Z}$ 称为电路的阻抗，它表示 RL 串联电路对交流电呈现的阻碍作用，由前面讨论可知其大小决定于电路的参数 R、L 和电源频率 f，实际上 $\dot{Z}$ 与 R、X_L 的关系可以用阻抗三角形表示，该阻抗三角形也可以通过电压三角形变换得到，如图 2-21 所示。

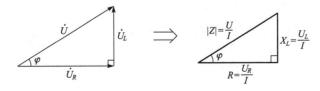

图 2-21 阻抗三角形

并且从图中可得出

$$\varphi = \arctan\frac{X_L}{R} \tag{2-34}$$

$$R = |Z|\cos\varphi \quad (2-35)$$
$$X_L = |Z|\sin\varphi \quad (2-36)$$

2.3.3 RL 串联电路电压与电流关系

由上面讨论关系式（2-20）、式（2-26）、式（2-28）和式（2-31）可以得出以下关系。

（1）RL 串联电路的电压与电流的有效值服从欧姆定律，即

$$U = I|Z| \quad 或 \quad I = \frac{U}{|Z|} = \frac{U}{\sqrt{R^2 + X_L^2}} \quad (2-37)$$

该关系也可以从电压关系推出

$$U = \sqrt{U_R^2 + U_L^2} = \sqrt{(RI)^2 + (X_L I)^2} = I\sqrt{R^2 + X_L^2}$$
$$I = \frac{U}{\sqrt{R^2 + X_L^2}} = \frac{U}{|Z|}$$

（2）RL 串联电路中，总电压在相位上超前电流 φ 角，如图 2-20 所示，且

$$\varphi = \arctan\frac{U_L}{U_R} = \arctan\frac{X_L}{R} = \arccos\frac{R}{|Z|}$$

φ 也称为 RL 电路的阻抗角。

2.4 正弦交流电路的功率及功率因数

2.4.1 正弦交流电路的功率

1. 基本元件的功率

1）电阻元件的功率

（1）瞬时功率。在纯电阻电路中，交流电 i 通过 R 时，电阻上必然有功率消耗，由于电压与电流都随时间作周期性变化，因此有

功率 $\quad p = ui \quad (2-38)$

若设电流为参考正弦量 $\quad i = I_m \sin(\omega t)$

则 $\quad u = U_m \sin(\omega t)$

有 $\quad p = ui = U_m \sin(\omega t) I_m \sin(\omega t) = UI - UI\cos(2\omega t) \quad (2-39)$

因此 p 也随时间作周期性变化，如图 2-22 所示。式（2-39）为纯电阻元件电路的瞬时功率表达式。

（2）平均功率。瞬时功率在生产过程的测量和计算中都不方便，所以实际工作中常用平均功率来表示，它是指瞬时功率在一个周期内的平均值，用大写字母 P 表示，单位为瓦（W），即

$$P = \frac{1}{T}\int_0^T p\,dt = IU \quad (2-40)$$

这样，由前面讨论还可以得出

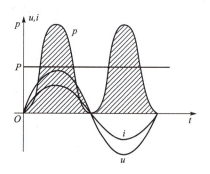

图 2-22 电阻元件瞬时功率的波形

$$P = IU = I^2 R = \frac{U^2}{R} \tag{2-41}$$

可见，它与直流电路中电阻功率的表达式相同，但式中的 U、I 不是直流电压、电流，而是指正弦交流电中电压、电流的有效值。

【例 2-5】 电路中只有电阻 $R = 2\ \Omega$，正弦电压 $u = 10\sin(314t - 60°)$ V。

(1) 试写出通过电阻的电流相量及瞬时值表达式；(2) 求电阻消耗的功率。

【解】 (1) 电压相量为

$$\dot{U} = U\underline{/\varphi_u} = \frac{10}{\sqrt{2}}\underline{/-60°}\ \text{V} = 7.07\ \underline{/-60°}\ \text{V}$$

电流相量为

$$\dot{I} = \frac{\dot{U}}{R} = \frac{7.07\ \underline{/-60°}}{2}\ \text{A} = 3.54\ \underline{/-60°}\ \text{A}$$

电流瞬时值表达式为

$$i = I_m \sin(\omega t + \varphi_u) = 5\sin(314t - 60°)\ \text{A}$$

(2) 电阻消耗的功率为

$$P = UI = \frac{10}{\sqrt{2}} \times \frac{5}{\sqrt{2}} = 25\ (\text{W})$$

2) 电感元件的功率

(1) 瞬时功率。纯电感电路中的瞬时功率等于电压与电流瞬时值的乘积，若设

$$i = I_m \sin(\omega t)$$

则由前面的讨论可知

$$u = U_m \sin\left(\omega t + \frac{\pi}{2}\right)$$

有

$$p = ui = I_m \sin(\omega t) U_m \sin\left(\omega t + \frac{\pi}{2}\right) = UI\sin(2\omega t) \tag{2-42}$$

式 (2-42) 为纯电感元件电路中瞬时功率的表达式。其功率波形如图 2-23 所示。

从波形图可见：

当 $p > 0$ 时，电感元件吸收能量；

当 $p < 0$ 时，电感元件释放能量。

因此，它在一个周期内的平均功率为零，由此表明纯电感条件下电路中仅有能量的交换而没能量的损耗，即电路中的有功功率 $P = 0$。

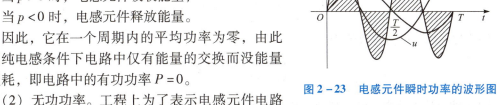

图 2-23 电感元件瞬时功率的波形图

(2) 无功功率。工程上为了表示电感元件电路中能量交换的规模大小，将电感瞬时功率的最大值定义为电感元件电路的无功功率，用大写字母 Q_L 表示，单位为乏（var）。

且有

$$Q_L = UI \tag{2-43}$$

由前面讨论可得

$$Q_L = UI = I^2 X_L = \frac{U^2}{X_L} \qquad (2-44)$$

【例 2-6】一个电感 $L = 25.5$ mH 的线圈,求在电源频率 $f = 50$ Hz 和 $f = 1\,000$ Hz 时的感抗各是多少?

【解】当 $f = 50$ Hz 时

$$X_L = \omega L = 2\pi \times 50 \times 25.5 \times 10^{-3} = 8 \ (\Omega)$$

当 $f = 1\,000$ Hz 时

$$X_L = 2\pi \times 1\,000 \times 25.5 \times 10^{-3} = 160 \ (\Omega)$$

由本例题可以看出,同一电感线圈对不同的频率 f 有不同的感抗 X_L,感抗 X_L 与频率 f 成正比。在电子技术中常用电感的这一特性进行滤波和选频。

【例 2-7】将上述线圈接在 $f = 50$ Hz 的交流电路中,测得线圈两端的电压 $U = 2$ V,求电路中的电流 I、有功功率 P 和无功功率 Q。

【解】

$$I = \frac{U}{X_L} = \frac{2}{8} = 0.25 \ (\text{A})$$

$$P = 0$$

$$Q = UI = 2 \times 0.25 = 0.5 \ (\text{var})$$

【例 2-8】把一个电阻忽略的线圈,接到 $u = 220\sqrt{2}\sin\left(100\pi t + \frac{\pi}{3}\right)$ V 的电源上,线圈的电感是 0.35 H。试求:(1)线圈的感抗;(2)电流的有效值;(3)电流的瞬时值表达式。

【解】由

$$u = 220\sqrt{2}\sin\left(100\pi t + \frac{\pi}{3}\right) \text{ V}$$

可以得到

$$U_m = 220\sqrt{2} \text{ V}, \quad \omega = 100\pi \text{ rad/s}, \quad \varphi_u = \frac{\pi}{3}$$

(1)线圈的感抗为

$$X_L = \omega L = 100\pi \times 0.35 \approx 110 \ (\Omega)$$

(2)电压的有效值为

$$U = \frac{U_m}{\sqrt{2}} = \frac{220\sqrt{2}}{\sqrt{2}} = 220 \ (\text{V})$$

则流过线圈的电流有效值为

$$I = \frac{U}{X_L} = \frac{220}{110} = 2 \ (\text{A})$$

(3)纯电感电路中,电压超前电流 $\frac{\pi}{2}$,即

$$\varphi_u - \varphi_i = \frac{\pi}{2}$$

则

$$\varphi_i = \varphi_u - \frac{\pi}{2} = \frac{\pi}{3} - \frac{\pi}{2} = -\frac{\pi}{6}$$

电流最大值为
$$I_m = \sqrt{2}\, I = 2\sqrt{2} \text{ (A)}$$

则电流瞬时值表达式为
$$i = 2\sqrt{2}\sin\left(100\pi t - \frac{\pi}{6}\right) \text{A}$$

3）电容元件功率

（1）瞬时功率。电容元件的瞬时功率与电感元件瞬时功率相同，具有相同的规律，其波形如图 2-24 所示。与电感元件电路情况相同，其平均功率 $P = 0$，因此，电容元件也是一个储能元件。

（2）无功功率。电容元件的无功功率定义为电容瞬时功率的最大值，用字母 Q_C 表示，单位为乏（var）。同样有

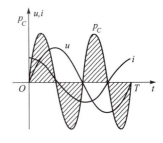

图 2-24 电容元件瞬时功率的波形

$$Q_C = UI = I^2 X_C = \frac{U^2}{X_C} \quad (2-45)$$

【例 2-9】 将 $C = 20\ \mu\text{F}$ 的电容器接在 $U = 22$ V 的交流电源上。试求：（1）电源频率 $f = 50$ Hz 时电容器的容抗、电流和无功功率；（2）当电源频率 $f = 1$ kHz 时电容器的容抗、电流和无功功率。

【解】（1）$f = 50$ Hz 时，有
$$X_C = \frac{1}{2\pi f C} = \frac{1}{2\pi \times 50 \times 20 \times 10^{-6}} = 159 \text{ （}\Omega\text{）}$$
$$I = \frac{U}{X_C} = \frac{22}{159} = 0.138 \text{ （A）}$$
$$Q_C = UI = 22 \times 0.138 = 3.04 \text{ （var）}$$

（2）当 $f = 1$ kHz 时，有
$$X_C = \frac{1}{2\pi f C} = \frac{1}{2\pi \times 10^3 \times 20 \times 10^{-6}} = 7.95 \text{ （}\Omega\text{）}$$
$$I = \frac{U}{X_C} = \frac{22}{7.95} = 2.77 \text{ （A）}$$
$$Q_C = UI = 22 \times 2.77 = 60.9 \text{ （var）}$$

【例 2-10】 电容器的电容 $C = 40\ \mu\text{F}$，把它接到 $u = 220\sqrt{2}\sin\left(314t - \frac{\pi}{3}\right)$ V 的电源上。试求：（1）电容的容抗；（2）电流的有效值；（3）电流的瞬时值表达式；（4）电路的无功功率。

【解】 由 $u = 220\sqrt{2}\sin\left(314t - \frac{\pi}{3}\right)$ V 可以得出
$$U_m = 220\sqrt{2} \text{ V}, \quad \omega = 314 \text{ rad/s}, \quad \varphi_u = -\frac{\pi}{3}$$

（1）电容的容抗为
$$X_C = \frac{1}{\omega C} = \frac{1}{314 \times 40 \times 10^{-6}} \approx 80 \text{ （}\Omega\text{）}$$

（2）电压的有效值为

$$U = \frac{U_m}{\sqrt{2}} = \frac{220\sqrt{2}}{\sqrt{2}} = 220 \text{（V）}$$

电流的有效值为

$$I = \frac{U}{X_C} = \frac{220}{80} = 2.75 \text{（A）}$$

（3）在纯电容电路中，电流超前电压 $\frac{\pi}{2}$

$$\varphi_i - \varphi_u = \frac{\pi}{2}$$

则

$$\varphi_i = \frac{\pi}{2} + \varphi_u = \frac{\pi}{2} - \frac{\pi}{3} = \frac{\pi}{6}$$

则电流的瞬时值表达式为

$$i = 2.75\sqrt{2}\sin\left(314t + \frac{\pi}{6}\right) \text{A}$$

（4）电路的无功功率为

$$Q_C = UI = 220 \times 2.75 = 605 \text{（var）}$$

2. RL 串联电路的功率

1）有功功率

前面已就单一元件的交流电路的功率进行了讨论，下面进一步讨论 RL 串联电路功率的问题。由于 R、L 串联电路中同时存在电阻 R 和电感 L 元件，所以电路中同时存在有功功率和无功功率。

消耗在电阻元件 R 上的功率应为电路中的有功功率，这样 RL 串联电路的有功功率仍由式（2-41）决定，即

$$P = IU_R = I^2R = \frac{U_R^2}{R} \tag{2-46}$$

2）无功功率

消耗在电感元件 L 上的功率应为电路中的无功功率，这样 RL 串联电路的无功功率由式（2-43）决定，即

$$Q_L = U_L I = I^2 X_L = \frac{U_L^2}{X_L} \tag{2-47}$$

3）视在功率

实际上，按照上面的关系及前面的讨论，可以通过电压、阻抗三角形继续得出功率三角形的关系，如图 2-25 所示。在功率三角形中，S 既不是有功功率也不是无功功率，称之为交流电路中的视在功率，并且由图 2-25 可得出以下关系，即

$$S = IU \tag{2-48}$$

I、U 分别为电路中电源电压 U 与电流 I 的有效值，为区别于有功功率及无功功率的单位，S 的单位为伏安（V·A）或千伏安

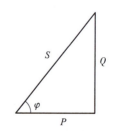

图 2-25　功率三角形

(kV·A)。从图 2 – 25 中可以看出 P、Q、S 这三个量之间有以如下关系，即

$$S = \sqrt{P^2 + Q^2} \tag{2-49}$$

有功功率 P、无功功率 Q 及视在功率 S 分别还可以用以下关系式表示，即

$$P = S\cos\varphi = UI\cos\varphi = UI\lambda \tag{2-50}$$

式（2 – 50）为单相交流电路中有功功率计算经常用到的公式。

2.4.2 交流电路的功率因数

在整个电力系统供电电路中，电感性负载占的比例相当大，如使用最广泛的电动机、电焊机、电磁铁、接触器、日光灯等都是电感性负载，电感性负载消耗的有功功率为

$$P = UI\cos\varphi$$

它们的有功功率 P、无功功率 Q 和视在功率 S 之间的关系为 $S = \sqrt{P^2 + Q^2}$。式中有功功率 P 的含义是电阻 R 消耗的功率，这是电能直接转换成光能、热能及其他能量的有效部分，而无功功率 Q 则表示电感 L 在磁场能和电源的电能不断进行相互转换时消耗的功率，它并没有做功，但是要维持电路的这种状态，电源必须供给视在功率 S，它大于 P。这说明尽管电感 L 不消耗电源的能量，但电源却需要提供和电感的磁场能进行交换的电能。在整个电路中电源实际做功的功率（有功功率 P）和电源提供的全部功率（视在功率 S）之比定义为功率因数，即

$$\lambda = \cos\varphi = \frac{P}{S} = \frac{R}{|Z|}$$

功率因数是供电系统中一个相当重要的参数，其数值取决于负载的性质。如果负载为纯电阻，则功率因数 $\lambda = \cos\varphi = 1$，它说明电源提供的功率全部转换成有用功率 P；负载的电感过大，$\cos\varphi$ 则低，有功功率则变小，电感越大，P 越小。

【例 2 – 11】 将电感为 255 mH、电阻为 60 Ω 的线圈接到 $u = 220\sqrt{2}\sin 314t$ V 的电源上。求：(1) 线圈的阻抗；(2) 电路中的电流有效值；(3) 电路中的有功功率 P、无功功率 Q 和视在功率 S；(4) 功率因数 λ。

【解】 由电压解析式 $u = 220\sqrt{2}\sin 314t$ V 可得

$$U_m = 220\sqrt{2} \text{ V}, \quad \omega = 314 \text{ rad/s}$$

(1) 线圈的感抗为

$$X_L = \omega L = 314 \times 255 \times 10^{-3} \approx 80 \text{ （Ω）}$$

由阻抗三角形，求得线圈的阻抗为

$$|Z| = \sqrt{R^2 + X_L^2} = \sqrt{60^2 + 80^2} = 100 \text{ （Ω）}$$

(2) 电压的有效值为

$$U = \frac{U_m}{\sqrt{2}} = \frac{220\sqrt{2}}{\sqrt{2}} = 220 \text{ （V）}$$

则电路中电流的有效值为

$$I = \frac{U}{|Z|} = \frac{220}{100} = 2.2 \text{ （A）}$$

(3) 电路中的有功功率为

$$P = RI^2 = 60 \times 2.2^2 = 290.4 \text{ (W)}$$

电路的无功功率为

$$Q = X_L I^2 = 80 \times 2.2^2 = 387.2 \text{ (var)}$$

电源提供的视在功率为

$$S = UI = 220 \times 2.2 = 484 \text{ (V·A)}$$

(4) 功率因数 λ 为

$$\lambda = \frac{P}{S} = \frac{R}{|Z|} = \frac{60}{100} = 0.6$$

功率因数的提高

上面讨论提及，功率因数过低，则意味着电源向电路提供的功率中有功功率减少，这样就会给电路带来以下一些不利因素。

1. 供电设备的容量不能得到充分利用

电力系统中，发电机及变压器通常都是电源设备，其正常运行时容量是由它的额定电压 U_N 及额定电流 I_N 的乘积，即 $S_N = I_N U_N$ 决定的，当电源设备的电压和电流都达到额定值时，其功率因数的高低便决定了该设备发出的有功功率大小。在容量相同的发电设备中，$\cos \varphi$ 高，发出的有功功率就多；否则便少。因此，当 $\cos \varphi$ 过低时，发电设备的潜力不能得到充分发挥。例如，容量 $S_N = 100$ kV·A 的变压器，若负载为纯电阻性质，可输出 100 kW 的电功率；若负载为感性负载（如日光灯），其功率因数为 0.5，则变压器输出的有功功率只有 50 kW。

2. 增大电源设备及输出线路上的功率损耗

负载的额定电压和额定功率均相同时，若负载的功率因数低，则电流 $I = \dfrac{P}{U\cos \varphi}$ 必然增大，从而就会使电源设备及输出线路上的电压降加大，功率损耗增加。

由此可见，功率因数的提高十分必要。提高功率因数采用的主要方法是在感性负载两端并联适当的电容器对无功功率进行补偿。图 2-26（a）（b）分别为提高功率因数的电路图及相量图。

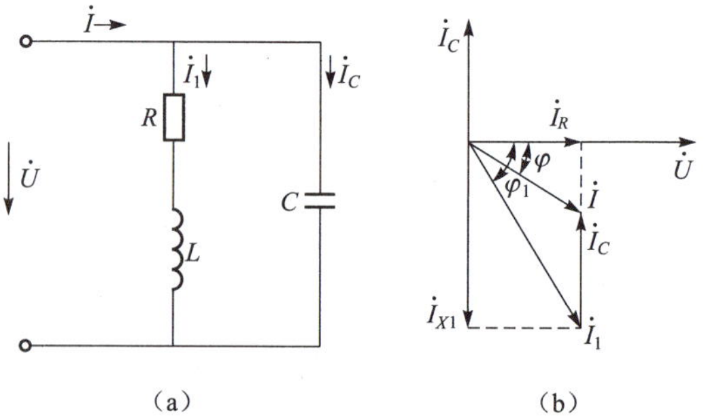

图 2-26 提高功率因数的图例
(a) 电路图；(b) 相量图

从图 2-26 知：

未并联电容前，线路电流 I_1，功率因数角 φ_1。

并联电容后，线路电流 I，功率因数角 φ。

并且 $\varphi < \varphi_1$，所以，$\cos \varphi > \cos \varphi_1$，可见并联电容后功率因数提高了。

单股导线 T 形分支连接与绝缘层恢复

1. 任务描述

1) 导线连接

单股导线 T 形分支连接时，先将去除绝缘层及氧化层的支路线芯的线头与干线线芯十字相交，使支路线芯根端留出 3~5 mm 的裸线，如图 2-27（a）所示，然后将支路线芯按顺时针方向紧贴干线线芯密绕 6~8 圈，用钢丝钳切去余下线芯，并钳平线芯末端的切口毛刺，如图 2-27（b）所示。

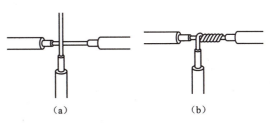

图 2-27 单股铜芯导线的 T 形连接

2) 导线绝缘层恢复

导线的绝缘层因外界因素而破损或导线在做连接后为保证安全用电，都必须恢复其绝缘层。恢复绝缘层后的绝缘强度不应低于原有的绝缘层的绝缘强度。通常使用的绝缘材料有黄蜡带、涤纶薄膜带和黑胶带等。绝缘带包缠的方法如图 2-28 所示。

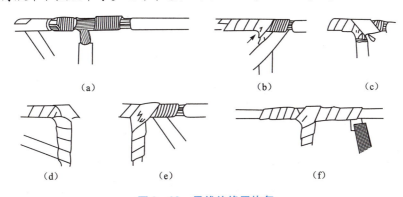

图 2-28 导线绝缘层恢复

2. 任务提示

做绝缘层恢复时，绝缘带的起点应与线芯有 2 倍绝缘带宽的距离。包缠时，黄蜡带与导线应保持一定倾角，即每圈压带宽的 1/2。包缠完第一层黄蜡带后，要用黑胶带接黄蜡带尾端再反方向包缠一层，其方法与前相同，以保证绝缘层恢复后的绝缘性能。

电线接触不良引起火灾警示教育

电线的连接要规范，要按书中第 2 章任务训练中介绍的导线连接及绝缘层恢复去做；否则导线连接不好就容易造成接触不良而出现微打火现象。在导线微打火情况下，如果导线连接的绝缘层恢复做得不好，无法将微打火部分有效地封住，就容易在有煤气、酒精、油气、液化气等环境下造成火灾甚至爆炸。图2-29至图2-31所示为一些因电线问题引起的火灾案例图片。

如图2-29所示,2015年1月云南省大理白族自治州巍山彝族回族自治县南诏镇,有600年历史的古建筑拱辰楼因电线短路被烧毁,过火面积约300 m^2,未造成人员伤亡。6名责任人分别受到行政撤职、记过、警告处分。

图2-30所示为湘潭市金泉大酒店发生特大火灾。造成12人死亡、12人受伤,烧毁建筑1 053 m^2,以及中央空调、家具等物品,直接财产损失79万元。

图2-29 火灾案例图片1

图2-30 火灾案例图片2

图2-31所示为廉江市一间旧商铺因旧线短路引发火灾,一墙之隔的另一间店铺和一幢三层高楼房均遭重创,经济损失逾40万元。

图2-31 火灾案例图片3

本 章 小 结

本章介绍了单相交流电路的基本概念、基本表示法,讨论了不同的基本单相交流电路所包含的基本原理和分析方法。

1. 单相交流电基本概念有正弦交流电的概念、正弦交流电的三要素、正弦量的相量表示。

2. 单相交流电路的基本电路有纯电阻正弦交流电路、纯电感正弦交流电路、纯电容正弦交流电路。

3. 单相交流电路的各种实际电路可用单一参数电路的串联、并联和混联模拟，本章介绍的实际电路为电阻、电感串联电路及其电压、电流、电阻、电感、阻抗计算。

4. 交流电路的功率有视在功率 S、有功功率 P、无功功率 Q。

（1）纯电阻电路：$S = P = UI = U^2/R = I^2R$，$Q = 0$。

（2）纯电感电路：$S = Q = UI = U^2/X_L = I^2X_L$，$P = 0$。

（3）纯电容电路：$S = Q = UI = U^2/X_C = I^2X_C$，$P = 0$。

（4）电阻和电感串联电路：$S = UI$，$Q = U^2/X_L = I^2X_L$，$P = U^2/R = I^2R$，$S^2 = P^2 + Q^2$。

5. 交流电路的功率因数 $\lambda = \cos\varphi = \dfrac{P}{S} = \dfrac{R}{|Z|}$，它反映了交流电路将视在功率转换成有功功率的能力。

思考与练习

一、填空题

2-1 _____和_____都随时间_____变化的电流叫做交流电路。

2-2 正弦交流电的三要素是指_____、_____、_____。

2-3 已知交流电压为 $u = 100\sin\left(314t - \dfrac{\pi}{4}\right)$ V，则该电压的最大值 $U_m =$ _____，有效值 $U =$ _____，频率 $f =$ _____，角频率 $\omega =$ _____，周期 $T =$ _____。当 $t = 0.1$ s 时，交流电压的瞬时值 $u =$ _____，初相位 $\varphi_u =$ _____。

2-4 题 2-3 中，交流电 u 的相量表示为_____。

2-5 在纯电阻电路中，电流与电压的关系用有效值可表示为_____；而在相位关系上，电流_____电压_____。

2-6 在纯电感正弦交流电路中，电流和电压的关系用欧姆定律的相量形式可表示为_____，其中有效值的相量形式为_____，电压与电流的相位关系是_____。

2-7 感抗 X_L 是表示_____对_____所呈现的阻碍作用，其感抗大小仅与_____有关。

2-8 在纯电容正弦交流电路中，电压与电流的关系用欧姆定律相量形式可表示为_____，其中有效值可表示为_____，电压与电流的相位关系是_____。

2-9 在 RL 串联电路中，电压关系大小可表示为_____，阻抗关系大小可表示为_____，而电压与电流的关系的有效值可表示为_____。

2-10 日光灯和电灯泡的铭牌上所标注的电压是_____电压，这是正弦电压的_____值。

2-11 两同频率的正弦量，若电压的初相 $\varphi_1 = 100°$，电流的初相 $\varphi_2 = 30°$，则电压_____于电流；若 $\varphi_1 = 100°$，$\varphi_2 = 150°$，则电压_____于电流；若 $\varphi_1 = -50°$，$\varphi_2 = 130°$，则电压与电流_____。

2-12 若某正弦交流电流 $I = 10$ A，$f = 100$ Hz，$\varphi = -\dfrac{\pi}{3}$，则该正弦电流的瞬时值表达

式为 $i =$ _____。

2-13 在正弦交流电路中，频率越高，感抗越_____，容抗越_____；频率越低，感抗越_____，容抗越_____。所以，在直流电路中，电感可看作_____，电容可看作_____。

2-14 日光灯电路可等效为_____的串联电路，其中镇流器（电阻忽略不计）相当于_____，日光灯相当于_____。

2-15 在正弦交流电路中，有功功率是指_____，无功功率是指_____；在电阻性电路中，有功功率大小为_____；在纯电感电路中，无功功率大小为_____；在纯电容电路中，无功功率大小为_____；纯电感电路和纯电容电路的有功功率为_____。

2-16 在 RL 串联电路中，φ 称_____，也称_____；$\cos\varphi$ 叫做_____，其定义式为_____。

2-17 在 RL 串联电路中，有功功率 $P =$ _____，无功功率 $Q =$ _____，视在功率 $S =$ _____。P、Q、S 之间的大小关系为_____。

2-18 在电路中，若视在功率不变，当 $\cos\varphi$ 提高后，有功功率 P 将_____，无功功率 Q 将_____。

2-19 电力系统中，功率因数偏低，会造成_____和_____的两大现象。

2-20 在电力系统电路中，常用两端并联电容器和电感性负载的方法来提高电路的功率因数，此时，感性负载的有功功率_____，无功功率_____，整个电路的有功功率_____。

二、选择题

2-21 两个同频率正弦交流电的相位差等于 180° 时，它们相位关系是（　　）。
　　A. 同相　　B. 反相　　C. 相等　　D. 90°

2-22 一只 100 W 的灯泡连续正常发光 6 h，共耗电的度数为（　　）。
　　A. 0.06　　B. 0.6　　C. 6　　D. 60

2-23 电感线圈对交流电的阻碍作用大小（　　）。
　　A. 与交流电的频率无关
　　B. 与线圈本身的电感无关
　　C. 与线圈本身的电感成反比
　　D. 与线圈本身的电感成正比

三、判断题

2-24 正弦量的初相角与起始时间的选择有关，而相位差则与起始时间无关。（　　）

2-25 两个不同频率的正弦量可以求相位差。（　　）

2-26 正弦量的三要素是最大值、频率和相位。（　　）

2-27 电流所做的功叫电功率，其单位是瓦或千瓦。（　　）

2-28 瞬时值中最大的值叫做交流电的振幅。（　　）

2-29 当功率因数小于 0.8 时，应投入电容补偿器。（　　）

2-30 电容补偿器的投入可以降低线损。（　　）

四、问答题

2-31 在纯电容电路中，电流的相位超前于电压是否意味着先有电流后有电压？

2-32 什么是阻抗三角形? 阻抗三角形的三边各表示什么? 阻抗的大小与哪些因素有关?

2-33 什么是功率三角形? 功率三角形的三边各表示什么? 它们的单位分别是什么?

2-34 有人说:"某一负载的功率因数角就是该负载上的电压和电流的相位差。"这种说法对吗? 为什么?

五、计算题

2-35 如题图1所示,电流表的读数为10 A,电压表的读数为500 V。求:(1)电阻R;(2)电压和电流的最大值。

2-36 有一$L=100$ mH的电感线圈,分别在频率为100 Hz、1 000 Hz、10 000 Hz的交流电路中工作,求感抗各是多少?

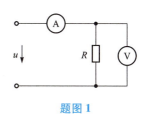

题图1

2-37 有一个1.7 H的线圈,接在f为50 Hz、U为220 V的交流电源上。通过线圈的电流是多少? 此电压的初相位为零,画出电压和电流的相量图,并写出电压和电流的瞬时值表达式。

2-38 有一个线圈,其电阻忽略不计,若将它接到220 V、50 Hz的交流电源上,测得通过的电流为5 A,求线圈的电感。

2-39 交流接触器线圈的电感$L=6.3$ H,电阻忽略不计,今接在电压u为220 V,f为50 Hz的交流电源上,求通过线圈的电流。

2-40 40 W日光灯镇流器给定的参数为:额定工作时两端的电压U为165 V,流过的电流I为0.41 A,消耗的功率P为8 W,求镇流器的电阻R及电感L(设$f=50$ Hz)。

2-41 一电感线圈接在30 V的直流电源上得1 A电流,如果接在30 V、50 Hz的正弦电源上得0.06 A的电流。若该线圈接在110 V、50 Hz的正弦电源上,电源消耗的功率是多少?

2-42 日光灯的等效电阻R为300 Ω,镇流器线圈的电感L为1.66 H(内阻忽略不计),电源电压U为220 V,f为50 Hz,求流过灯管的电流I、灯管两端的电压U_R、镇流器两端的电压U_L、电路的有功功率P、功率因数λ。

2-43 有一电感L为1 H,通过$i=I_m\sin(\omega t)$的电流,式中I_m为1 A。若电流频率f为50 Hz。计算电感两端的电压和电感所吸收的无功功率。

2-44 在RL串联电路中,设R为20 Ω,L为63.5 mH,电源电压$u=311\sin(314t+150°)$ V。试求:(1)电路的感抗、阻抗;(2)总电流的有效值和瞬时值表达式;(3)电路的视在功率、有功功率和无功功率;(4)功率因数。

第 3 章

三相交流电路

在工业生产及民用生活中,被广泛应用的就是三相交流电路。日常生活中应用的单相交流电,也是取自三相交流电的一相。这种电路应用原理是在单相交流电路基础上产生的。它不但电路原理简洁明了,便于学习掌握,而且省材、经济、实用性强。本章就三相交流电路最基本的连接方式及电路分析计算和应用加以讨论。

1. 掌握三相交流电路的基本概念。
2. 掌握三相交流电路中电源及负载的连接方式。
3. 掌握三相交流电路功率的计算。

1. 能进行三相电源负载的连接。
2. 能进行相线电压、电流、功率测量。

三相电源柜实物图如图 3-1 所示。

图 3-1 三相电源柜实物图

实践活动：单相电度表的安装

1. 实践活动任务描述

单相电度表的安装如图 3-2 所示，共有五个接线桩头，其中左边两个接在一起作为一点，因此从左到右可将接线编号分为 1、2、3、4。1、2 是电流线圈，1、3（或 4）是电压线圈。试按图 3-2 完成单相电度表的接线。

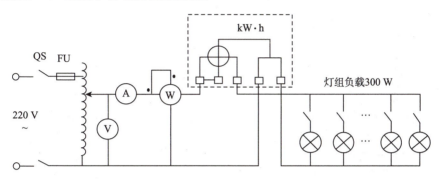

图 3-2 单相电度表安装示意图

2. 实践仪器与元件（表 3-1）

表 3-1 实践仪器与元件

序号	名称	型号与规格	数量

3. 活动提示

电度表是一种测量电能的仪表，它的下部有接线盒，盖板背面有接线图，接线时一般应符合"火线1进2出""零线3进4出"的原则。

注意事项如下。

（1）电度表应立式放置。

（2）要求负载的电压和电流不超过所用电度表的额定值。

（3）正确选用功率表的量限。

（4）在接线前先用试电笔判明电源的火线及地线，以便电度表正确接线。

3.1 基本概念

3.1.1 三相交流电源的产生

三相交流电是由三相发电机产生的，图3-3所示为最简单的具有一对磁极的三相交流发电机的结构原理图，它主要由电枢和磁极两部分组成，电枢上装有三个同样的绕组 U_1U_2、V_1V_2、W_1W_2。U_1、V_1、W_1 表示各相绕组的始端，U_2、V_2、W_2 表示它们的末端，三相绕组的始端（或末端）彼此互差120°，电枢表面磁感应是按正弦规律分布的。图3-4所示为其三相绕组示意图。

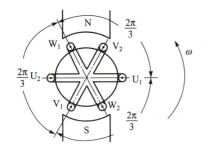 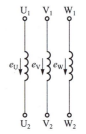

图 3-3 一对称磁极的三相交流发电机结构原理图　　图 3-4 三相绕组示意图

当电枢以角速度 ω 沿逆时针方向旋转时，就可以从发电机中发出三个幅值相等、频率相同、相位互差120°的三相对称的电动势。由此所构成的电源称为对称的三相交流电源，由三相交流电源构成的电路称为三相交流电路。

3.1.2 三相交流电源

1. 三相交流电源的优点

三相交流电与单相交流电比较具有以下优点。
（1）三相交流发电机比功率相同的单相交流发电机体积更小、重量更轻、成本更低。
（2）输送时可节省材料，降低输电成本。
（3）常用的三相异步电动机，是以三相交流电作为电源，它与单相电动机或其他电动机相比，具有结构简单、价格低廉、性能良好和使用维护方便等优点，因此，在现代电力系统中，三相交流电路获得了广泛应用。

2. 三相交流电源的特点及表示

上面提及，由三相交流发电机发出的三相交流电有一突出的特点，就是无论是它的电动势还是电压都具有对称性。该对称性就表现在它们的幅值（或有效值）是相等的、频率是相同的，而相位互差120°，基于此，可将对称的三相交流电分别用表达式、波形图和相量图来表示。以电动势为例，三个电动势的三角函数表达式分别为

$$\begin{cases} e_U = E_m \sin(\omega t) \\ e_V = E_m \sin(\omega t - 120°) \\ e_W = E_m \sin(\omega t - 240°) = E_m \sin(\omega t + 120°) \end{cases} \quad (3-1)$$

其波形图如图 3-5（a）所示，相量图如图 3-5（b）所示。

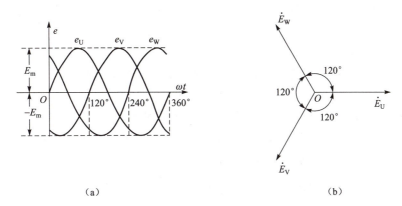

图 3-5 三相交流电动势
（a）波形图；（b）相量图

从图 3-5（a）中可以看出三相交流电动势在任一瞬间的三个电动势的代数和为零，即

$$e_U + e_V + e_W = 0 \tag{3-2}$$

从图 3-5（b）中还可以看出，三相交流电动势的相量和也等于零，即

$$\dot{E}_U + \dot{E}_V + \dot{E}_W = 0 \tag{3-3}$$

同样，三相电压也应满足此关系

$$\begin{cases} u_U + u_V + u_W = 0 \\ \dot{U}_U + \dot{U}_V + \dot{U}_W = 0 \end{cases} \tag{3-4}$$

3.2 三相电源绕组的连接

三相发电机的绕组共有六个端子，在实际应用中并不是采用这六个端子单独引线与负载连接，而是采用了星形（Y）连接或三角形（△）连接这两种最基本的连接方式，从而以较少的输出线对负载进行供电。下面分别对这两种电源的连接方式予以讨论。

3.2.1 星形（Y）连接

1. 电源绕组的连接方式

将电源三相绕组的尾端 U_2、V_2、W_2 连接在一起组成一个公共点 N，并引出一个端子；从绕组的始端 U_1、V_1、W_1 分别引出一个端子，这样对外就形成了 L_1、L_2、L_3、N 四根出线端子，此种连接方式称为星形连接方式，如图 3-6 所示。

其中电源始端 U_1、V_1、W_1 的引出线 L_1、L_2、L_3 称为端线或火线。N 称为中性点或零点，中性点的引出线称为中线或零线。

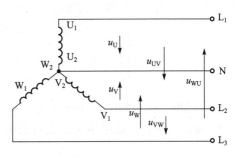

图 3-6 电源的星形连接

这种星形（Y）连接可以提供两种电路连接的供电方式，即一种采用三根端线和一根中线组成的供电方式，称为三相四线制。不考虑中线，只用三根端线组成的供电方式称为三相三线制。

2. 几个基本概念

在这样的连接方式的电源电路中，要弄清楚与电压、电流相关的几个基本概念。

1) 相电压

每相绕组两端的电压称为相电压，参考方向规定为从绕组的始端指向末端，瞬时值用 u_U、u_V、u_W 表示，其有效值用 U_U、U_V、U_W 表示，并且有以下表达式，即

$$\begin{cases} u_U = \sqrt{2}U_U\sin(\omega t) \\ u_V = \sqrt{2}U_V\sin(\omega t - 120°) \\ u_W = \sqrt{2}U_W\sin(\omega t + 120°) \end{cases} \quad (3-5)$$

2) 线电压

电源任意两根端线之间的电压称为线电压，分别用 u_{UV}、u_{VW}、u_{WU} 表示，其中的下角标字母的顺序即为各电压的参考方向。线电压有效值用 U_{UV}、U_{VW}、U_{WU} 表示。

3) 相电流

流过每相绕组的电流称为相电流，其有效值分别用 $I_{U_2U_1}$、$I_{V_2V_1}$、$I_{W_2W_1}$ 表示。

4) 线电流

流经每根端线（或火线）的电流称为线电流，其有效值分别用 I_U、I_V、I_W 表示。

3. 电源星形连接的电压关系及电流关系

1) 电压关系

由图 3-6 可知，相、线电压的瞬时值有以下关系，即

$$u_{UV} = u_U - u_V$$
$$u_{VW} = u_V - u_W$$
$$u_{WU} = u_W - u_U$$

采用相量式表示，有

$$\begin{cases} \dot{U}_{UV} = \dot{U}_U - \dot{U}_V \\ \dot{U}_{VW} = \dot{U}_V - \dot{U}_W \\ \dot{U}_{WU} = \dot{U}_W - \dot{U}_U \end{cases} \quad (3-6)$$

用相量关系作出的相线电压的相量图如图 3-7 所示。

利用相量图极易得出相线电压的大小关系为

$$\begin{cases} U_{UV} = 2U_U\cos 30° = \sqrt{3}U_U \\ U_{VW} = \sqrt{3}U_V \\ U_{WU} = \sqrt{3}U_W \end{cases} \quad (3-7)$$

当三相电源对称时，相电压可用 U_p 表示，线电压可用 U_l 表示，则相、线电压关系也可表示为

$$U_l = \sqrt{3}U_p \quad (3-8)$$

以上关系表明，三个线电压的有效值相等，均为相电

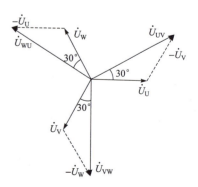

图 3-7 相电压与线电压的相量图

压有效值的$\sqrt{3}$倍，而在相位上，线电压的相位超前对应的相电压30°。

采用相量式表示，有

$$\dot{U}_1 = \sqrt{3}\,U_p\,\underline{/30°} \tag{3-9}$$

2）电流关系

由图 3-6 可知，电源作星形（Y）连接时，线电流与相电流的关系为

$$\begin{cases} I_U = I_{U_2U_1} \\ I_V = I_{V_2V_1} \\ I_W = I_{W_2W_1} \end{cases} \tag{3-10}$$

即星形连接时，线电流和对应的相电流相等。

3.2.2 三角形（△）连接

如图 3-8 所示，将三相电源的一相绕组的末端与另一相绕组的始端依次相连（接成一个三角形），再从始端 U、V、W 分别引出端线 L_1、L_2、L_3 向用户供电，这种连接方式称为三角形连接。

由图 3-8 可知，三相电源作三角形连接时，相、线电压大小相等，即

$$\begin{cases} U_{UV} = U_U \\ U_{VW} = U_V \\ U_{WV} = U_W \end{cases} \tag{3-11}$$

若三相电源对称，则可表示为

$$U_p = U_1 \tag{3-12}$$

当对称三相电源正确连接时，三个线电压相量和为零。

三相电源三角形连接的相量图如图 3-9 所示。

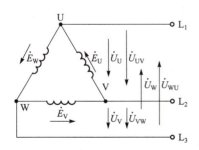

图 3-8　三相电源的三角形连接

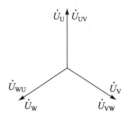

图 3-9　三相电源三角形连接的相量图

三相电源连接要注意的问题

电源内部无环流，但若接错，其内部会形成极大的环流，造成事故。因此，在大容量的三相交流发电机中极少采用三角形接法。

3.3 三相负载的连接

负载根据使用方法和电力系统的不同可分成两类：一类是像电灯那样有两根出线的，叫做单相负载，如电风扇、洗衣机、电冰箱、小功率电炉、电焊机、电视机等都是单相负载；另一类是像三相电动机那样有三个接线端子的负载，叫做三相负载。根据三相负载所需电压不同，三相负载有两种连接方式，即星形（Y）连接和三角形（△）连接。

3.3.1 负载的星形（Y）连接

1. 负载的星形（Y）连接方式

图 3-10 所示为三相负载的星形连接方式。它的接线原则与电源的星形连接相似，即将每相负载末端连成一点 N（中性点 N），始端 U、V、W 分别接到电源连接的出线端上。

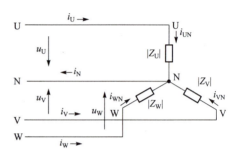

图 3-10 负载的星形连接

这种连接方式组成了两种供电系统，分别是三相四线制和三相三线制。

1）单相负载

单相负载主要指照明负载、生活用电负载及一些单相设备，它们可以采用三相中引出一相的供电方式。为保证单相负载电压稳定，各单相负载均以并联方式接入电路，负荷较大时将其平均分成三组，分别接入电路当中，如图 3-11（a）所示。

2）三相负载

三相负载主要指一些电力负载及工业负载，当其作星形连接时，负载不对称时可用三相四线制；负载对称时，可采用三相三线制。图 3-11（b）所示为三相对称负载的情况。

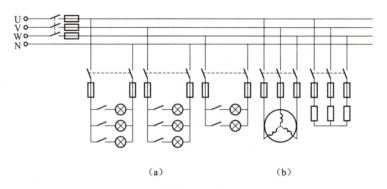

图 3-11 三相负载星形连接的实际线路图
(a) 三相不对称负载（照明电路）；(b) 三相对称负载（三相电动机与电炉）

2. 星形连接时的电压之间、电流之间的关系

1）电压之间关系

三相负载的线电压就是电源的线电压，即为两根相线之间的电压，每相负载两端的电压称为负载的相电压。若忽略输电线上的压降,负载的相电压等于电源的相电压,则之前讨论的式(3-8)和式(3-9)仍然成立,即

$$U_l = \sqrt{3} U_p \tag{3-13}$$

$$\dot{U}_l = \sqrt{3} U_p \underline{/30°} \tag{3-14}$$

在这种情况下,通常电源提供的相电压为 220 V,则线电压为 380 V,可见三相四线制供电方式可以给负载提供两种电压,即 380 V 的线电压和 220 V 的相电压。

2) 电流之间关系

流过每根相线上的电流仍称为线电流,流过每相负载的电流仍称为相电流,在星形连接中,相、线电流相等,并且在对称负载下有

$$I_l = I_p \tag{3-15}$$

用相量表示为

$$\dot{I}_l = \dot{I}_p \tag{3-16}$$

3.3.2 负载的三角形(△)连接

1. 负载的三角形(△)连接方式

三相负载也可以采用三角形(△)连接,即把各相负载依次接在两根相线之间并组成一个三角形,三角形的三个顶点分别与电源的三根相线连接,构成无中线的三相三线制,如图 3-12 所示。

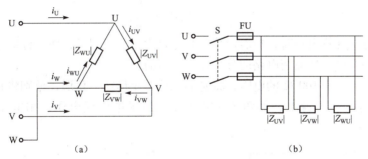

图 3-12 三相负载作三角形连接的电路

2. 三角形(△)连接时电压之间、电流之间关系

1) 电压之间关系

由于三角形连接的各相负载接在两根相线之间,因此,负载的相电压就是线电压。若忽略线路压降,则有电源的线电压与负载的线电压相等,并且在负载对称的情况下各相负载的线电压与相电压相等,则

$$U_l = U_p \tag{3-17}$$

用相量表示为

$$\dot{U}_l = \dot{U}_p \tag{3-18}$$

若电源提供 220 V 电压,则负载的相、线电压为 220 V;若电源提供 380 V 电压,则负载的相、线电压为 380 V。

2) 电流之间关系

负载作三角形连接时,由三相交流电源特点可知,三个相电流在相位上互差 120°,采

用相量分析方法，由图 3-12 可知电流之间有以下关系，即

$$\begin{cases} \dot{I}_U = \dot{I}_{UV} - \dot{I}_{WV} \\ \dot{I}_V = \dot{I}_{VW} - \dot{I}_{UV} \\ \dot{I}_W = \dot{I}_{WU} - \dot{I}_{VW} \end{cases} \quad (3-19)$$

若设负载为对称感性负载，则按以上的关系可作出相、线电流关系的相量图，如图 3-13 所示，并且可得出它们的数值关系为

$$I_l = \sqrt{3} I_p \quad (3-20)$$

即当三相对称负载采用三角形连接时，在数值上线电流等于相电流的 $\sqrt{3}$ 倍，在相位上，线电流滞后相应的相电流 30°。

采用相量式表示，即

$$\dot{I}_l = \sqrt{3} I_p \underline{/-30°} \quad (3-21)$$

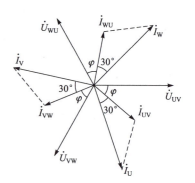

图 3-13 三相对称感性负载三角形连接时各相电流及各线电流的相量图

3.3.3 三相对称负载电路计算

在三相电路中，若三相电源和三相负载均对称，则电路为对称电路。对于对称的三相电路，无论负载是作星形（Y）连接还是三角形（△）连接，其三相电流大小均相等，即有

$$I_{UV} = I_{VW} = I_{WU} = \frac{U_p}{|Z_p|}$$

因此，在分析计算电路时，只需计算三相电路中的一相即可，而其计算分析电路的方法与单相交流电路相同，从而使电路的分析计算得以简化。

【例 3-1】 有三个 100 Ω 的电阻，将它们连接成星形或三角形，分别将它们接到线电压为 380 V 的对称三相电源上，如图 3-14 所示。试求电路线电压、相电压、线电流和相电流。

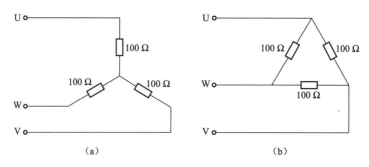

图 3-14 负载的连接

(a) Y 连接；(b) △ 连接

【解】（1）负载作星形连接，如图 3-14（a）所示。负载的线电压为

$$U_l = 380 \text{ V}$$

负载的相电压为线电压的 $\frac{1}{\sqrt{3}}$，即

$$U_p = \frac{U_l}{\sqrt{3}} = \frac{380}{\sqrt{3}} \approx 220 \text{ (V)}$$

负载的相电流等于线电流

$$I_p = I_l = \frac{U_p}{R} = \frac{220}{100} = 2.2 \text{ (A)}$$

（2）负载作三角形连接，如图 3-14（b）所示。负载的线电压为

$$U_l = 380 \text{ V}$$

负载的相电压等于线电压，即

$$U_p = U_l = 380 \text{ V}$$

负载的相电流为

$$I_p = \frac{U_p}{R} = \frac{380}{100} = 3.8 \text{ (A)}$$

负载的线电流为相电流的 $\sqrt{3}$ 倍，有

$$I_l = \sqrt{3} I_p = \sqrt{3} \times 3.8 \approx 6.58 \text{ (A)}$$

通过计算可知，在同一个对称三相电源的作用下，对称负载作三角形连接时的线电流是负载作星形连接时线电流的 3 倍。

【例 3-2】 某三相对称负载每相电阻 $R = 30 \ \Omega$，其感抗 $X_L = 40 \ \Omega$，采用星形连接，电源线电压 $u_{AB} = 380\sqrt{2}\sin(\omega t + 30°)$ V，求三相电流并作相量图。

【解】 由题意知

$$\dot{U}_{AB} = 380 \underline{/30°} \text{ V}$$

对应 A 的相电压为

$$\dot{U}_A = 220 \underline{/0°} \text{ V} = 220 \text{ V}$$

每相复阻抗为

$$\dot{Z} = 30 + j40 = 50 \underline{/53.1°} \ \Omega$$

则 A 相电流为

$$\dot{I}_A = \frac{\dot{U}_A}{\dot{Z}} = \frac{220 \text{ V}}{50 \underline{/53.1°} \ \Omega} = 4.4 \underline{/-53.1°} \text{ A}$$

根据对称关系，$\dot{I}_B$、$\dot{I}_C$ 可直接写出为

$$\dot{I}_B = \dot{I}_A \underline{/-120°} = 4.4 \underline{/-53.1° - 120°} \text{ A} = 4.4 \underline{/-173.1°} \text{ A}$$

$$\dot{I}_C = \dot{I}_A \underline{/120°} = 4.4 \underline{/-53.1° + 120°} \text{ A} = 4.4 \underline{/66.9°} \text{ A}$$

相量图如图 3-15 所示。

三相电路的相量图可视题目要求画得更简洁一些。比如本题中只要画出三相电流及求解过程中所涉及的电压相量 $\dot{U}_{AB}$ 和 $\dot{U}_A$，而其余两相电压 $\dot{U}_B$ 和 $\dot{U}_C$ 因对称关系往往不再画出。

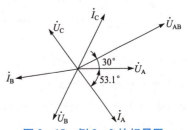

图 3-15 例 3-2 的相量图

中线的作用

在三相电路负载的星形接法中，若负载是对称的，则各相电流大小相等，相位依次互差120°，其电流瞬时值代数和、相量和均为零，所得中线电流也为零，如图3-16所示。

$$\dot{I}_N = \dot{I}_{UN} + \dot{I}_{VN} + \dot{I}_{WN} = 0$$

中性线电流为零，表明在负载对称的三相电路中，中性线可以省去，从而构成了前面所讨论的三相三线制供电系统。去掉中线后，电路的工作状态没有改变，负载中性点N′与电源中性点N等电位，$U_{N'N}=0$，各相负载的电压仍为电源的对称相电压。

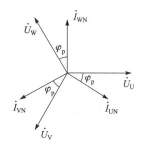

图3-16 对称三相负载星形连接时的相量图

若负载不对称，则中性线就有电流通过，此时中性线不可省略。例如，交流电压为220 V，功率分别为100 W、60 W、40 W的三个白炽灯作星形（三相四线制）连接，如图3-17所示。

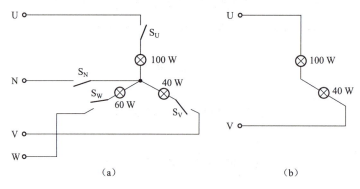

图3-17 星形连接不对称负载

假设中性线上装有开关S_N，则有以下现象。

（1）开关S_N、S_U、S_V和S_W全闭合时，各白炽灯上额定电压为220 V，每个白炽灯可正常发光。

（2）当断开S_U、S_V和S_W中任意一个或两个开关时，处在通路状态下的白炽灯两端的电压仍然是相电压，白炽灯仍正常发光。

（3）在第（2）种情况下，再断开中性线开关S_N，如图3-17（b）所示，则100 W和40 W两盏灯串联接在380 V的电压上。由计算可知，100 W白炽灯实际吸收功率小于100 W，灯光较暗，而40 W白炽灯两端电压大于220 V，会发出更强的光，还可能将白炽灯烧毁。

可见，对于不对称星形负载的三相电路，必须采用带中性线的三相四线制供电。若无中性线，可能会使某一相电压过低，该相用电设备不能正常工作；某一相电压过高，烧毁该相用电设备。因此，中性线对于电路的正常工作及安全是非常重要的，它可以保证不对称三相负载电压的对称，防止发生事故。在三相四线制中规定，中性线不许安装熔丝和开关。通常还要把中性线接地，使它与大地电位相同，以保障安全。

3.4　三相电路的功率

三相交流电路功率的计算，可以单相交流电路为基础，通过其原理计算得到或通过测量来实现。

3.4.1　三相交流电路功率

1. 有功功率

从电源及负载的连接方法上可知，三相交流电路实际上是三个单相交流电路的组合，因此，三相负载吸收的总有功功率等于每相负载吸收的有功功率之和，即

$$P = P_U + P_V + P_W = I_U U_U \cos\varphi_U + I_V U_V \cos\varphi_V + I_W U_W \cos\varphi_W \tag{3-22}$$

若电路负载对称，则

$$P = 3I_p U_p \cos\varphi \tag{3-23}$$

式中，I_p、U_p、φ 分别为每相的相电流、相电压及相电压与对应的相电流之间的相位差角。

电路若采用星形（Y）接法，有

$$I_l = I_p,\ U_l = \sqrt{3}U_p$$

电路若采用三角形（△）接法，有

$$I_l = \sqrt{3}I_p,\ U_l = U_p$$

所以

$$3U_p I_p = \sqrt{3} U_l I_l$$

代入式（3-23），得三相对称负载总有功功率的常用公式为

$$P = \sqrt{3} I_l U_l \cos\varphi \tag{3-24}$$

2. 无功功率、视在功率

同理，三相对称负载总无功功率的常用公式为

$$Q = \sqrt{3} U_l I_l \sin\varphi \tag{3-25}$$

总视在功率的常用公式为

$$S = \sqrt{P^2 + Q^2} = 3I_p U_p = \sqrt{3} U_l I_l \tag{3-26}$$

3.4.2　三相电路功率测量

测量三相电路的功率，对于三相四线制，应对各相分别测量，通过求和得到三相电路的总功率，如图 3-18（a）所示。对三相三线制可用两表计法，两个功率表读数之和即为三相功率，如图 3-18（b）所示。

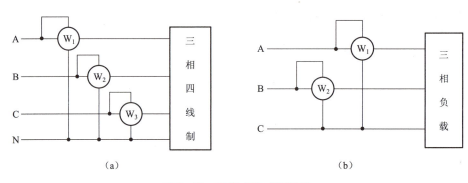

图 3-18 三相电路功率测量

(a) 三相四线制功率的测量；(b) 两表计法测量三相功率

三相电度表的连接

1. 任务描述

图 3-19 所示为电流互感器分相接线方式的电度表接线，适用于计费用电能计量装置。其特点是电流互感器与电度表连接的二次回路，采用分相接线方式，每相电流互感器次级绕组应分别单独放线与电度表对应的电流线路相连接。对三相四线制而言，三只电流互感器的次级绕组共有六根连接导线。

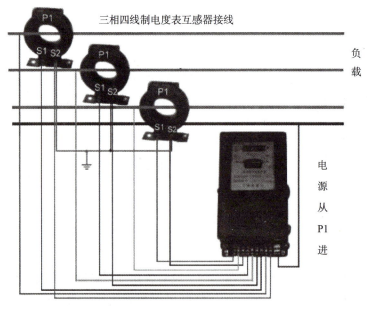

图 3-19 电路接线图

设从左到右的孔号依次为 1~11，电表孔号 2、5、8 分别接 A、B、C 三相电源，1、3 接 A 相互感器，4、6 接 B 相互感器，7、9 接 C 相互感器，10、11 接零线。

2. 任务提示

(1) 电度表的安装场所应符合的规定。

①周围环境应干净明亮，不易受损、受震，无磁场及烟灰影响。

②无腐蚀性气体、易蒸发液体的侵蚀。

③运行安全可靠，抄表读数、校验、检查、轮换方便。

④电度表原则上装于室外的走廊、过道内及公共的楼梯间，或装于专用配电间内（二楼及以下），以及专用计量屏内。

⑤装表点的气温应不超过电度表标准规定的工作温度范围。

(2) 电度表的一般安装规范。

①高供低计的用户，计量点到变压器低压侧的电气距离不宜超过20m。

②电度表的安装高度，对计量屏，应使电度表水平中心线距地面在0.6~1.8m的范围内；对安装于墙壁的计量箱宜为1.6~2.0m。

③装在计量屏（箱）内及电度表板上的开关、熔断器等设备应垂直安装，上端接电源，下端接负荷。相序应一致，从左侧起排列相序为U、V、W或u、v、w、N。

④电度表的空间距离及表与表之间的距离均不小于10cm。

⑤电度表安装必须牢固垂直，每只表除挂表螺钉外，至少还有一只定位螺钉，应使表中心线向各方向的倾斜度不大于1°。

⑥安装在绝缘板上的三相电度表，若有接地端钮，应将其可靠接地或接零。

⑦在多雷地区，计量装置应装设防雷保护，如采用低压阀型避雷器。

⑧在装表接电时，必须严格按照接线盒内的图纸施工。对无图纸的电度表，应先查明内部接线。现场检查的方法可使用万用表测量各端钮之间的电阻值，一般电压线圈阻值在kΩ级，而电流线圈的阻值近似为零。若在现场难以查明电度表的内部接线，应将表退回。

⑨在装表接线时，必须遵守以下接线原则。

a. 三相电度表必须按正相序接线。

b. 三相四线制电度表必须接零线。

c. 电度表的零线必须与电源零线直接连通，进出有序，不允许相互串联，不允许采用接地、接金属外壳等方式代替。

d. 进表导线与电度表接线端钮应为同种金属导体。

⑩进表线导体裸露部分必须全部插入接线盒内，并将端钮螺钉逐个拧紧。线小孔大时，应采取有效的补救措施。带电压连接片的电度表，安装时应检查其接触是否良好。

本 章 小 结

本章介绍了三相电路的基本概念、组成，讨论了三相电路的组成和分析方法。

1. 三相电源是由三相交流发电机产生的，三相对称电源电压幅值相等、频率相同、相位互差120°。

2. 本章介绍了三相电源绕组的连接有两种方式，即星形连接和三角形连接。

3. 本章介绍了三相负载的两种连接方式，即星形连接和三角形连接，讨论了这两种连接方式下的电压、电流和三相功率计算。

思考与练习

一、填空题

3-1 三相对称电源是由 _____ 产生的，其对称性是指 _____、_____、_____。

3-2 三相四线制供电线路可以提供 _____ 种电压，火线和零线之间的电压叫做 _____，火线与火线之间的电压叫做 _____。

3-3 对称三相绕组接成星形时，线电压的大小是相电压的 _____；在相位上，线电压比相应的相电压 _____。目前，我国低压三相四线制配电线路供给用户的线电压 U_l = _____ V，U_p = _____ V。

3-4 对称三相负载作星形连接时，各相负载承受的相电压与三相电源的线电压关系是 _____，通过各相负载的相电流与相线中的线电流大小关系为 _____，相位关系为 _____。

3-5 对称三相负载作星形连接时，通常采用 _____ 或 _____ 方式供电；不对称负载作星形连接时，一定要采用 _____ 方式供电。在三相四线制供电系统中，中性线起 _____ 的作用。

3-6 在对称三相交流电路中，负载作三角形连接时，线电压 U_l = _____，线电流 I_l = _____，在相位上，线电流比相电流 _____。

3-7 如题图 3-1 所示的对称三相电路，已知安培表 A_2 的读数为 50 A，则安培表 A_1 的读数为 _____。

3-8 如题图 3-2 所示的对称三相电路，已知伏特表 V_1 的读数为 380 V，则伏特表 V_2 的读数为 _____。

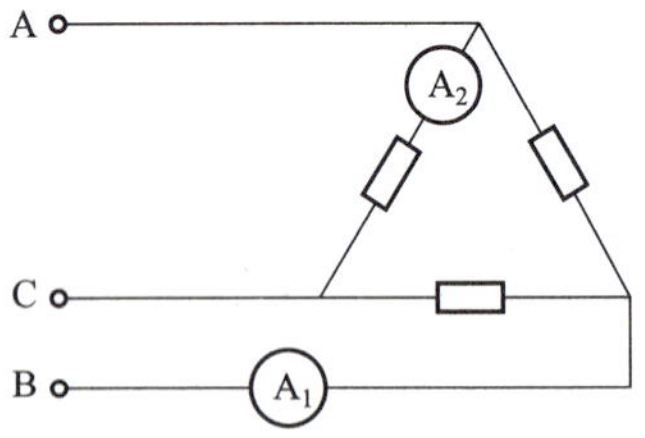

题图 3-1 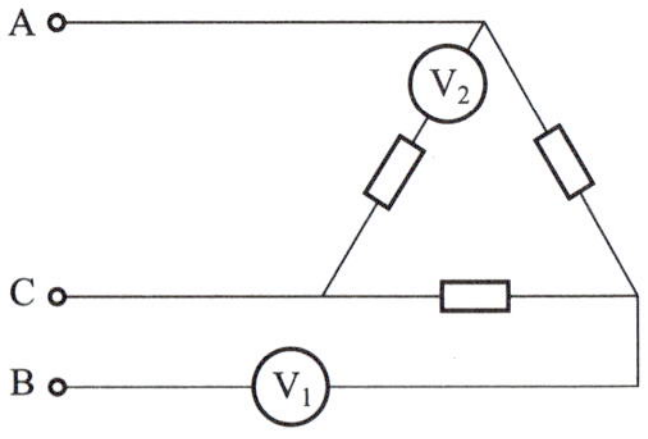   题图 3-2

3-9 在对称三相线路中，用线电压、线电流的有效值表示，有功功率 P = _____，无功功率 Q = _____，视在功率 S = _____。

二、选择题

3-10 以下关于三相正弦交流电的说法，正确的是（   ）。
  A. 其相位相差 60°　　　　　B. 其频率相等
  C. 其幅值相等　　　　　　　D. 其周期不等

3-11 关于三相电路的功率，下列说法不正确的是（   ）。

A. 三相电路的总功率等于各相功率之和
B. 有功功率等于视在功率
C. 三相负载对称时,三相有功功率等于一相有功功率的三倍
D. 有功功率等于视在功率与无功功率之和

三、判断题

3-12 对于对称三相电源,假设 U 相电压 $U_U = 220\sqrt{2}\sin(\omega t + 30°)$ V,则 V 相电压为 $U_V = 220\sqrt{2}\sin(\omega t - 120°)$ V。（　　）

3-13 三相电压频率相同、振幅相同,就称为对称三相电压。（　　）

3-14 对称三相电源,其三相电压瞬时值之和恒为零,所以三相电压瞬时值之和为零的三相电源,就一定为对称三相电源。（　　）

3-15 无论是瞬时值还是相量值,对称三相电源三个相电压的和恒等于零,所以接上负载不会产生电流。（　　）

3-16 将三相发电机绕组 UX、VY、WZ 的相尾 X、Y、Z 连接在一起,而分别从相头 U、V、W 向外引出的三条线作输出线,这种连接称为三相电源的三角形接法。（　　）

3-17 从三相电源的三个绕组的相头 U、V、W 引出的三根线叫端线,俗称火线。（　　）

3-18 三相电源无论对称与否,三个相电压的相量和恒为零。（　　）

3-19 三相电源三角形连接,当电源接负载时,三个线电流之和不一定为零。（　　）

3-20 对称三相电源星形连接时,$U_l = \sqrt{2}U_p$；三角形连接时,$I_l = \sqrt{3}I_p$。（　　）

3-21 在三相四线制中,可向负载提供两种电压,即线电压和相电压。在低压配电系统中,标准电压规定为相电压 380 V,线电压 220 V。（　　）

四、问答题

3-22 什么样的电路叫做三相对称电路？

3-23 为什么对称三相电路中仅计算其中一相,可推出其余两相？

3-24 为什么在三相四线制中规定中性线不能安装熔丝和开关？

3-25 为什么三相电动机的电源线可用三相三线制,而三相照明电路则必须用三相四线制？

3-26 怎样计算三相对称负载的功率？功率计算公式中的 $\cos\varphi$ 和 φ 各表示什么？

五、计算题

3-27 对称三相负载 $R_L = 10$ Ω,作星形连接后,接到相电压为 220 V 的对称三相电源上,试求各线电流大小；若改作三角形连接,接到线电压为 380 V 的对称三相电源上,试求各相线电流的大小。

3-28 三相对称电路中,负载作星形连接,每相电阻 $R = 40$ Ω,感抗 $X_L = 30$ Ω,若接到 $U_l = 380$ V 的对称三相电源上,求线电流 I_l、视在功率 S 和有功功率 P。

3-29 三相对称电路中,负载作三角形连接,已知每相电阻 $R = 8$ Ω、感抗 $X_L = 6$ Ω,电源的电压 $U = 380$ V。求相电流、线电流、电路的功率因数。

3-30 三相对称负载作星形连接时,每相负载由 $R = 6$ Ω 的电阻和感抗 $X_L = 8$ Ω 的电感串联而成,已知对称电源的线电压为 380 V。试分别计算当三相负载接成星形及三角形时的总功率。

3-31　如题图3-3所示,将三只额定电压为220 V、额定功率为40 W 的白炽灯,作星形连接时接在线电压为380 V的三相四线制电源上,若将端线 L_1 上的开关 S 闭合或断开,对 L_2、L_3 两相的白炽灯的亮度有无影响?若取消中线,改为三相三线制,L_1 线上的开关 S 闭合或断开,通过各相灯的电流各是多少?

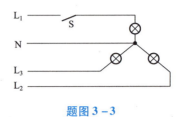

题图 3-3

3-32　三相对称负载,每相 $R = 5\ \Omega$,$X_L = 5\ \Omega$,接在线电压为380 V 的三相电源上,求三相负载分别作星形、三角形连接时的相电流、线电流、三相有功功率、三相无功功率。

3-33　三相异步电动机在线电压为380 V 的情况下作三角形连接运转,当电动机耗用功率为 6.55 kW 时,其功率因数为0.79。求电动机的相电流和线电流。

第4章

模拟电子电路

图4-1所示的功率放大电路包含了直流电源、单级信号放大电路、多级信号放大电路、功率放大电路、集成运算电路等五类电路,虽然五类电路各有多种实际应用电路,但我们可通过对该功率放大电路的学习来掌握模拟电子电路的通用理论知识和基本技能。

1. 了解常用电子元器件知识。
2. 掌握整流电路、滤波电路和稳压电路构成的直流电路。
3. 掌握晶体三极管构成的基本放大电路。
4. 了解基本多级信号放大电路。
5. 了解基本功率放大电路。
6. 了解集成运算放大电路构成的比例放大电路。

图4-1 功率放大电路实物图

1. 能进行二极管的好坏判断。
2. 能进行三极管的好坏判断。

实践活动：二极管的判别

1. 实践活动任务描述

二极管是常用的电子元件，在使用前都要先判断它的好坏。下面挑选不同类型的常用二极管，试根据原理来判别二极管的好坏。

2. 实践仪器与元件

不同类型的好坏二极管若干、万用表。

3. 活动提示

若用模拟万用表来判别，则将万用表拨到 $1×kΩ$ 挡（硅管）或 $R×100\ Ω$ 挡（锗管），红黑表笔各连接二极管的一端测其阻值，然后将表笔互换再测二极管电阻，根据测得的两次结果来判断二极管。

（1）若测得一次很大（几百千欧以上），一次很小（几百欧到几千欧），则二极管是好的，且测得阻值较小的那次，二极管与黑表笔接触的一端为阳极，与红表笔接触的一端为阴极。

（2）若测得的两次电阻都很大，说明二极管 PN 结烧断损坏。

（3）若测得的两次电阻都很小，说明二极管 PN 结被击穿短路损坏。

若用数字万用表来判别，其判别方法与模拟万用表的方法一样，只是要注意数字万用表内部电池正负极的接法与模拟万用表的正好相反，因此数字万用表判断出的二极管极性与模拟万用表判断出的二极管极性相反。

4.1 基本概念

4.1.1 半导体

在自然界，物质按其导电性可分为导体、半导体和绝缘体。有些物质，如铜、银、金、钴、铁和石墨，其导电能力很强，为导体（前五者是金属导体，后者是非金属导体）。另一些物质如橡皮、胶木、瓷制品等不能导电，为绝缘体。还有一些物体，如硅、硒、锗、铟、砷化镓以及很多矿石、化合物、硫化物等，它们的导电能力介于导体和绝缘体之间，为半导体。

半导体从它被发现以来就得到越来越广泛的应用。究其原因，是因为它具有与众不同的三大特性。

1. 热敏特性

当温度升高时，半导体的导电性会得到明显改善，温度越高，导电能力就越好。利用这一特性可以制造自动控制中使用的热敏电阻和其他热敏元件。

2. 光敏特性

半导体受到光的照射，会显著地影响其导电性，光照越强，导电能力越强。利用这一特性可以制造自动控制中常用的光敏传感器、光电控制开关及火灾报警装置等。

3. 掺杂特性

在纯度很高的半导体（又称为本征半导体）中掺入微量的某种杂质元素（杂质原子均

匀地分布在半导体原子之间），也会使其导电性显著地增加，掺杂的浓度越高，导电性就越强。利用这一特性可以制造出各种晶体管和集成电路等半导体器件。

4.1.2　N型半导体和P型半导体

前面提到，在本征半导体材料中掺入微量的某种杂质元素，会使其导电性极大地增加，这种半导体也称为杂质半导体。杂质半导体可分为N型半导体和P型半导体两大类。

4.1.3　PN结及其特性

将P型半导体和N型半导体通过特殊的工艺结合在一起，则在这两种半导体的交界面会出现一个极薄的特殊层（大约只有几微米），这个薄层就是PN结。

当外加电压时，P区接正极，N区接负极，这种接法称为加正向电压或正向偏置。此时PN结变窄，呈现出很小的正向电阻，其内部通过较大的正向电流。在一定范围内，外加电压越大，正向电流越大，这种状态称为PN结正向导通状态。

如P区接负极、N区接正极，这种接法则称为加反向电压或反向偏置。此时，PN结变宽，呈现出很大的反向电阻，其内部通过很小的反向电流，因此PN结反向偏置时基本不导电，这种状态称为PN结的反向截止状态。

由上述可知，PN结就像一个阀门，正向偏置时，电流通行无阻；反向偏置时，电流几乎不能通过。这就是PN结的单向导电性。

在常温下，PN结加反向偏置时，通过的反向电流I很小，但随着环境温度的升高，这个反向电流会明显增大，当温度升高到使反向电流不能忽略时，PN结的单向性就会失效。所以，半导体器件的性能易受温度的影响，这也就是电子设备在使用时要远离热源和不能让其环境温度过高的原因。

4.1.4　半导体二极管

半导体二极管是由一个PN结加上引线和管壳构成的。从P端引出的电极称为阳极，从N端引出的电极称为阴极。常用二极管外形如图4-2所示。

图4-2　二极管实物图及符号

在使用中，二极管的参数是合理选择和正确使用二极管的依据。二极管最主要的参数有以下两个。

(1) 最高整流电流 I_F。它是指二极管长期工作时，允许通过的最大正向平均电流。在实际应用时不能超过该值；否则二极管的 PN 结会烧坏。

(2) 最高反向工作电压 U_{RM}。它是指二极管工作时所允许的最高反向电压。在使用中如两端的实际电压超过该值，则二极管有可能被反向击穿而损坏。

4.1.5 硅稳压管

硅稳压管是一种特殊的硅二极管，虽然它的外形和一般小功率整流二极管相同，但它实际上是一种用特殊工艺制造的面接触型半导体二极管。目前市面上常用的几种稳压管以及符号示意图如图 4-3 所示。

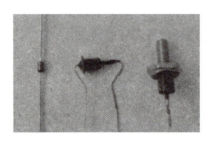

图 4-3 稳压管实物图及符号

与普通半导体二极管相同，在使用中，稳压管的参数是合理选择和正确使用稳压管的依据。稳压管最主要的参数有以下几个。

(1) 稳定电压 U_Z。即指稳压管正常工作时的反向击穿电压，每个稳压管只能有一个稳压值 U_Z。

(2) 稳定电流 I_Z。即指稳压管在稳定电压 U_Z 下工作时的反向电流。

(3) 最大稳定电流 I_{Zmax}、最小稳定电流 I_{Zmin}。I_{Zmax} 是指稳压管的最大允许工作电流；I_{Zmin} 是指稳压管的最小允许工作电流。稳压管工作时，如果它的工作电流超过 I_{Zmax}，结温超过允许值，稳压管将会被烧坏。当工作电流小于 I_{Zmin}，则稳压管失去稳压的特性。

4.1.6 半导体三极管

1. 三极管的结构

半导体三极管又称为晶体管或三极管，它由两个 PN 结组成，从中引出三个电极，然后用管壳封装而成。三极管的类型很多，按材料分，三极管可分为硅管和锗管；按类型分，可分为平面型和合金型；按工作频率分，可分为高频管和低频管；按内部结构分，可分为 NPN 型和 PNP 型。常用三极管外形如图 4-4 所示。

三极管的内部有三层不同的半导体。三层半导体对应着三个区，分别为发射区、基区和集电区；基区引出的电极称为基极 (b)，两端区引出的电极分别为发射极 (e)、集电极 (c)；两个 PN 结分别为发射结和集电结。

NPN 型和 PNP 型三极管的内部结构示意图和符号如图 4-5 所示。

第4章 模拟电子电路

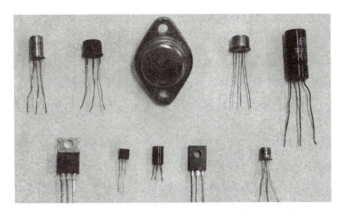

图 4-4 三极管实物图

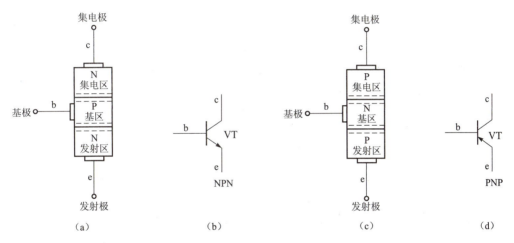

图 4-5 三极管的内部结构示意图和符号

(a) NPN 结构示意图；(b) NPN 电路符号；(c) PNP 结构示意图；(d) PNP 电路符号

2. 三极管的电路连接

三极管，无论是 NPN 管还是 PNP 管都有三种电路连接类型，一种是共发射极连接（简称共射极电路），另一种是共集电极连接（简称共集极电路），第三种是共基极连接（简称共基极电路），图 4-6 是 NPN 管的共发射极连接的电路图。

3. 三极管的工作状态及工作原理

三极管在上述三种电路连接中，只能处于放大工作状态、饱和工作状态、截止工作状态这三种工作状态之一。

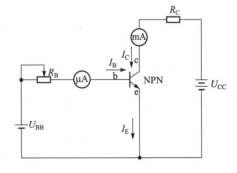

图 4-6 共发射极电路

理解好三极管的工作原理非常重要，在大多数教科书中，往往利用三极管特性曲线来学习三极管工作原理，下面以 NPN 管为例采用另一种较为实用的方式，即通过比较三极管三个电极的电位和电流来判断三极管所处的工作状态及其相应的工作原理。

1）放大工作状态及其原理

通过电路给三极管发射结加上正向电压，其作用就是让发射极 e "发射"电流，该电流称发射极电流 I_E，而集电结加上反向电压，其作用就是使发射极"发射"过来的绝大部分电流继续流向集电极 c，然后经过电源 U_{CC} 形成回路，这个电流叫集电极电流 I_C。实际上，发射极"发射"到基区的电流中，还有一小部分通过基极 b 和电源 U_{BB}，该电流称为基极电流 I_B。由于三极管的内部结构及工艺，使得基极电流 I_B 比集电极电流 I_C 小得多。

放大工作状态的特征如下。

（1）给三极管的发射结加上正向电压（正偏），给集电结加反向电压（反偏）。

（2）三极管在电路中的三个电极电位满足 $U_C > U_B > U_E$ 的关系，而 U_{BE} 为三极管发射极的正向压降，它类似于一个二极管，其压降硅管为 0.6~0.7 V，锗管为 0.2~0.3 V。

（3）三极管的集电极电流 I_C 和基极电流 I_B 有下列关系，即

$$\bar{\beta} = \frac{I_C}{I_B} \approx \beta = \frac{\Delta I_C}{\Delta I_B}$$

式中，$\bar{\beta}$ 为三极管的直流电流放大系数；β 为三极管的交流电流放大系数。

$\bar{\beta}$ 和 β 这两个系数表明了三极管的电流放大能力，$\bar{\beta}$ 和 β 越大，三极管的电流放大作用越强。一般在工程上不作严格区别，总是用 β 代替 $\bar{\beta}$，统称电流放大系数 β。三极管处于放大工作状态则称三极管具有电流放大作用。后面叙述的三极管放大电路就是让三极管工作在放大工作状态下。

2）饱和工作状态及其工作原理

当给三极管的发射结加上正向电压（正偏），给集电结加正向电压（正偏）时，三极管就处在饱和工作状态，其 I_B、I_C 不成比例增加或减小，I_C 不受 I_B 控制；U_{CE} 电压也基本不变，表明 U_{CE} 饱和。此时称 U_{CE} 为饱和电压，用 U_{CES} 表示。U_{CES} 很小，通常计算中，小功率硅管的 U_{CES} 取值为 0.3 V，锗管的 U_{CES} 取值为 0.1 V。

饱和工作状态特征如下。

（1）给三极管的发射结加上正向电压（正偏），给集电结加正向电压（正偏）。

（2）三极管在电路中的三个电极电位满足 $U_B > U_C$、$U_B > U_E$ 的关系，而 U_{BE} 与放大工作状态一样，其压降硅管为 0.7 V，锗管为 0.3 V。

（3）三极管在饱和状态下工作，失去电流放大作用，其 $\bar{\beta} \neq \frac{I_C}{I_B}$，$\beta \neq \frac{\Delta I_C}{\Delta I_B}$，$U_{CE} \approx 0$ V（U_{CE} 又称为三极管压降）。

如果将三极管作为开关使用，则开关的"闭合"也就是让三极管工作在饱和状态。

3）截止工作状态及其工作原理

当给三极管的发射结加反向电压或不加电压时，三极管就工作在截止工作状态。

截止工作状态特征如下。

（1）给三极管的发射结加上反向电压（反偏）。

（2）三极管在电路中的基极和发射极电位满足 $U_B < U_E$（实际应用中可认为 $U_{BE} < 0.5$ V）的关系。

（3）三极管三个电极的电流分别为 $I_B = 0$、$I_C = 0$、$I_E = 0$。

三极管工作在截止工作状态就意味着三极管被关断，所以当三极管作为开关使用，则开关的"断开"也就是让三极管工作在截止状态。

4. 三极管的主要参数

三极管的参数表征管子的性能，因此它是选用三极管以及计算电路的依据，由于三极管制造工艺的关系，即使同一型号的三极管，其参数的离散性也很大。三极管的参数较多，以下仅介绍几个主要参数。

1) 共发射极电流放大系数 β

关于参数 β，前面已简单叙述过，这里将给出较为严格的定义。

当三极管为共发射极接法时，根据工作状态不同可分为两种情况。

（1）静态（直流）电流放大系数 $\bar{\beta}$：三极管为共发射极接法，在集电极 – 发射极电压 U_{CE} 一定的条件下，由基极直流电流 I_B 所引起的集电极直流电流与基极电流之比，称为共发射极静态（直流）电流放大系数，记为

$$\bar{\beta} = \frac{I_C}{I_B} \tag{4-1}$$

（2）动态（交流）电流放大系数 β：当集电极电压 U_{CE} 为定值时，集电极电流变化量 ΔI_C 与基极电流变化量 ΔI_B 之比，即

$$\beta = \frac{\Delta I_C}{\Delta I_B} \tag{4-2}$$

显然，$\bar{\beta}$ 与 β 的含义不同，但两者的数值较为接近，所以在电路分析估算时，常将二者近似相等。

2) 极间反向电流

（1）发射极开路时，集电极 – 基极反向饱和电流 I_{CBO}。它受温度的影响大。小功率锗管的 I_{CBO} 为几微安到几十微安，小功率硅管的 $I_{CBO} < 1~\mu A$。I_{CBO} 越小，三极管工作稳定性越好。

（2）基极开路时，集电极 – 发射极反向电流 I_{CEO}。I_{CEO} 是当三极管基极开路而集电结反偏、发射结正偏时的集电极电流，也叫穿透电流，$I_{CEO} = (1+\beta)I_{CBO}$。

I_{CEO}、I_{CBO} 均随温度的上升而增大。

3) 极限参数

集电极最大允许电流 I_{CM}：当 I_C 超过一定数值时，β 下降，β 下降到正常值的 2/3 时所对应的 I_C 值为 I_{CM}。当 $I_C > I_{CM}$ 时，可导致三极管损坏。

4.2 直流稳压电源

在实际应用的电源中，除了广泛使用的交流电外，直流电源也是在许多场合都需要使用的电源。目前各种电子电路和自动控制装置广泛采用半导体直流电源。利用它就能将 220 V 的交流电源变换成直流电源。

本节只介绍小功率直流电源。

直流稳压电源一般由电源变压器、整流电路、滤波电路和稳压电路构成，如图 4 – 7 所示。

其原理就是通过变压器将电网上的交流电压 u_1 变换成整流所需的交流电压 u_2，而 u_2 经过整流电路则变成单向的脉动电压 U_{L1}。U_{L1} 则经过滤波电路除去大部分脉动成分得到较为恒定的直流电压 U_{L2}，此时的 U_{L2} 还会受到电网电压波动、负载及温度变化等因素的影响，所

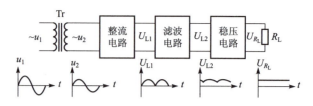

图 4-7 半导体直流稳压电源原理方框图

以让 U_{L2} 经过稳压电路就可以获得稳定输出的直流电压 U_{R_L}。

在这种小功率半导体直流稳压电源的实际应用中,一般根据使用对象来组成电路。对于一般的电子线路,要求整流电路加滤波电路;对于要求较高的对象(如许多自动控制装置和一些要求较高的电子检测电路),则需要滤波电路后再加稳压电路。

4.2.1 整流电路和滤波电路构成的直流电源

这种直流电源由整流电路和滤波电路构成,在掌握完整电路之前,首先来学习整流电路,然后再学习滤波电路。

1. 整流电路

整流电路就是由二极管按一定的连接方式组成的电路,利用它的单向导电性,通过该电路将交流电转换成单向脉动直流电。

整流电路有多种形式,按交流电源的相数划分,可分为单相整流电路和三相整流电路;按电路的结构形式划分,可分为半波、全波和桥式整流电路。

本节只讨论目前在小功率电路中常用的单相桥式整流电路。

1)单相桥式整流电路的构成及工作原理

单相全波整流电路由四个二极管 VD、一个单相变压器 Tr 和负载电阻 R_L 组成。单相桥式整流电路如图 4-8 所示。

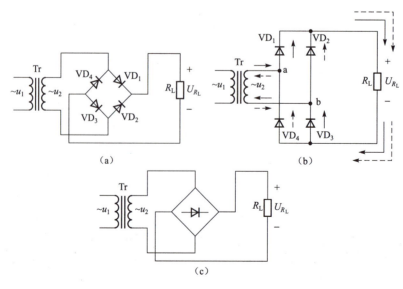

图 4-8 单相桥式整流电路

下面用图 4-8（b）来说明单相全波整流电路的工作原理。

变压器副边电压 u_2 为正弦交流电，即

$$u_2 = \sqrt{2}U_2 \sin \omega t \qquad (4-3)$$

在交流电压 u_2 的正半周，a 正、b 负，二极管 VD_1、VD_3 加正向电压导通，VD_2、VD_4 加反向电压截止，产生电流由 a→VD_1→R_L→VD_3→b 形成通路，如图 4-8（b）中的实线箭头所示。忽略二极管的正向压降，有

$$i_{R_L} = i_{VD_1} = i_{VD_3} = \frac{\sqrt{2}U_2}{R_L}\sin(\omega t) \qquad (4-4)$$

$$i_{VD_2} = i_{VD_4} = 0 \qquad (4-5)$$

$$u_{VD_1} = u_{VD_3} = 0 \qquad (4-6)$$

$$u_{VD_2} = u_{VD_4} = \sqrt{2}U_2 \sin(\omega t) \qquad (4-7)$$

在 u_2 的负半周，a 负、b 正，二极管 VD_2、VD_4 加正向电压导通，VD_1、VD_3 加反向电压截止。产生的电流由 b→VD_2→R_L→VD_4→a 形成通路。如图 4-8（b）中的虚线箭头所示。因此，有

$$u_{R_L} = -u_2 = -\sqrt{2}U_2 \sin(\omega t) \qquad (4-8)$$

$$i_{R_L} = i_{VD_2} = i_{VD_4} = -\frac{\sqrt{2}U_2}{R_L}\sin(\omega t) \qquad (4-9)$$

$$i_{VD_1} = i_{VD_3} = 0 \qquad (4-10)$$

$$u_{VD_2} = u_{VD_4} = 0 \qquad (4-11)$$

$$u_{VD_1} = u_{VD_3} = -\sqrt{2}U_2 \sin(\omega t) \qquad (4-12)$$

下个周期同样重复上述过程。电路各点波形如图 4-9 所示。

2）单相桥式整流电路负载的平均电压、电流及整流管主要参数

负载上所得到的单向脉动直流电压的平均值为

$$U_{R_L} = \frac{1}{\pi}\int_0^{\pi} \sqrt{2}U_2 \sin(\omega t)\mathrm{d}(\omega t) = \frac{2\sqrt{2}}{\pi}U_2 = 0.9U_2 \qquad (4-13)$$

通过负载的平均电流为

$$I_{R_L} = \frac{U_{R_L}}{R_L} = 0.9\frac{U_2}{R_L} \qquad (4-14)$$

通过二极管的平均电流为

$$I_{VD} = \frac{1}{2}I_{R_L} = 0.45\frac{U_2}{R_L} \qquad (4-15)$$

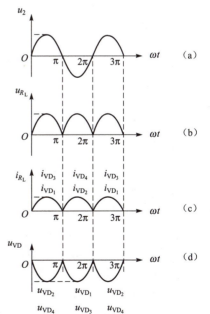

图 4-9 桥式整流电路波形

由于桥式整流具有波形较好、平均电压高、二极管反向电压低及变压器利用率高的优点，在实际应用中整流电路大都使用桥式整流电路。目前市面上已有各种规格的桥式整流电路成品——硅桥式整流器，又称硅桥堆，如图 4-10 所示，它是将四

只二极管集成在同一硅片上。国产硅桥堆电流为 5 mA ~ 10 A。耐压为 25 ~ 1 000 V。

2. 滤波电路

整流电路输出电压为单向脉动直流电压,这种脉动直流电压含有很大的波动成分,要想获取质量较好的直流电,就必须在整流电路后增加滤波电路滤除

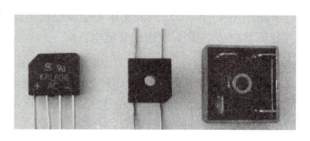

图 4-10 硅桥式整流器实物图

这些波动成分。滤波电路一般由电容、电感和电阻组成,常用的滤波电路有电容滤波电路、LC 滤波电路、π 形 LC 滤波电路、π 形 RC 滤波电路,如图 4-11 所示。

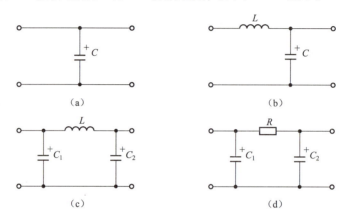

图 4-11 常用滤波电路

(a) 电容滤波电路;(b) LC 滤波电路;(c) π 形 LC 滤波电路;(d) π 形 RC 滤波电路

这里只讨论电容滤波电路。下面以单相桥式整流电容滤波电路来说明电容滤波的原理。

1) 电路构成及工作原理

电路由单相桥式整流电路、大容量电容 C 和负载 R_L 组成,电路如图 4-12 所示。

(1) 不接 R_L 的情况。

设电容上已充有一定电压 u_C,当 u_2 为正半周时,二极管 VD_1 和 VD_3 仅在 $u_2 > u_C$ 时才导通;同样,在 u_2 为负半周时,仅当 $|u_2| > u_C$ 时,二极管 VD_2 和 VD_4 才导通。二极管在导通期间,u_2 对电容充电。

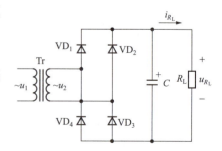

图 4-12 单相桥式整流滤波电路

无论 u_2 在正半周还是负半周,当 $|u_2| < u_C$ 时,由于四只二极管均受反向电压而处于截止状态,电容 C 没有放电回路,故 C 很快充到 u_2 的峰值,即 $u_{R_L} = u_C = \sqrt{2} U_2$,并且保持不变,如图 4-13(b) 所示。

(2) 接负载 R_L 的情况。

电容器 C 两端并上负载 R_L 后,不管在 u_2 正半周还是负半周,只要 $|u_2| > u_C$,则 VD_1、VD_3 与 VD_2、VD_4 轮流导通,u_2 不仅对负载 R_L 供电,还对电容器 C 充电。

当 $|u_2| < u_C$ 时,同样,四只二极管均受反向电压而截止,而电容器 C 将向负载 R_L 放

电。如图中 u_C 按指数规律下降。由于放电时间常数 $\tau = R_L C$ 通常远大于充电时间常数，所以电容 C 和 R_L 两端电压的波动比接入电容前明显变小，如图 4-13 (c) 所示。

2）主要参数

（1）输出电压平均值 U_{R_L}。经过滤波后的输出电压平均值 U_{R_L} 得到提高。工程上，一般按下式估算 U_{R_L} 与 U_2 的关系，即

$$U_{R_L} = 1.2 U_2 \tag{4-16}$$

（2）电容器的选择。负载上直流电压平均值及其平滑程度与放电时间常数 $\tau = R_L C$ 有关，τ 越大，放电越慢，输出电压平均值越大，波形越平滑。实际应用中一般取

$$\tau = R_L C = (3 \sim 5) \frac{T}{2} \tag{4-17}$$

式中，T 为交流电源的周期，有

$$T = \frac{1}{f} = \frac{1}{50 \text{ Hz}} = 0.02 \text{ s} \tag{4-18}$$

电容器的耐压为

$$U_C \geqslant \sqrt{2} U_2 \tag{4-19}$$

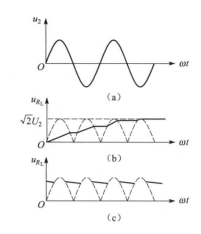

图 4-13 桥式整流滤波电路波形

(a) 变压器两边电压波形图；(b) 空载时电压波形图；(c) 带负载时电压波形图

4.2.2 整流电路、滤波电路和稳压电路构成的直流电源

前面曾经叙及，许多自动控制装置需要用稳定性非常高的直流电源。而经过整流和滤波后得到的直流电压易受到电网电压波动、负载和环境温度变化的影响而发生变化。因此，还需要在滤波电路后加上稳压电路才能获得稳定性高的直流电压。整流电路和滤波电路前面已经介绍了，下面介绍稳压电路。

1. 稳压管稳压电路

稳压管稳压电路可分为并联型稳压电路和串联型稳压电路。并联型稳压电路最简单的形式是并联型稳压管稳压电路，如图 4-14 所示。

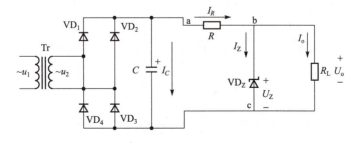

图 4-14 并联型稳压管稳压电路

该电路由一稳压管 VD_Z 和一个电阻 R 组成。电阻 R 称为限流电阻，它的作用就是限制流过稳压管的电流，使之不要超过 I_{Zmax}。一般在实际使用中，让 a 点电位高于 b 点电位，U_{ab} 越大，稳压电路的稳定调节作用就越大。

无论是负载变化还是电网电压变化，稳压电路都能通过一系列调节，使负载两端电压 U_o 保持不变。它的稳压原理可以通过下列过程来说明。

不论电网电压变化引起输出电压 U_o 变化，还是负载变化引起输出电压 U_o 变化，其稳压过程都如下。

电网电压升高：$U_i\uparrow \to U_o\uparrow \to I_Z\uparrow\uparrow \to I_R\uparrow\uparrow \to U_R\uparrow\uparrow \to U_o\downarrow$ （$=U_i\uparrow - U_R\uparrow\uparrow$）

电网电压降低：$U_i\downarrow \to U_o\downarrow \to I_Z\downarrow\downarrow \to I_R\downarrow\downarrow \to U_R\downarrow\downarrow \to U_o\uparrow$ （$=U_i\uparrow - U_R\downarrow\downarrow$）

负载增大：$R_L\downarrow \to U_o\downarrow \to I_Z\downarrow \to I_R\downarrow \to U_R\downarrow \to U_o\uparrow$ （$=U_i - U_R\downarrow$）

负载减小：$R_L\uparrow \to U\uparrow \to I_Z\uparrow \to I_R\uparrow \to U_R\uparrow \to U_o\downarrow$ （$=U_i - U_R\uparrow$）

2. 集成稳压电路

目前集成稳压组件在稳压电路中应用得更为广泛。这些集成稳压组件与分立元件组成的稳压器相比，具有体积小、性能高、工作可靠及使用方便的优点。

集成稳压电路的类型很多，其中三端串联型稳压器应用得最为广泛。本书只介绍三端固定式稳压电路。三端集成稳压器的实物图如图 4-15 所示。

三端固定式稳压器有正电压输出和负电压输出两大系列，其中较为常用的有国产的 CW7800 正输出稳压器系列和负输出 CW7900 系列。两种系列各有 5 V、6 V、9 V、12 V、15 V、18 V 和 24 V 七个电压等级，以及 0.1 A、0.5 A 和 1.5 A 三个电流等级。

图 4-15 三端集成稳压器的实物图

CW7800 系列的正输出稳压器的应用电路如图 4-16 所示，图中的 C_2、C_3 主要用来消除可能产生的高频自激振荡。为防止输入短路而烧坏集成电路，可以在稳压器的输入端接一个大电流二极管。

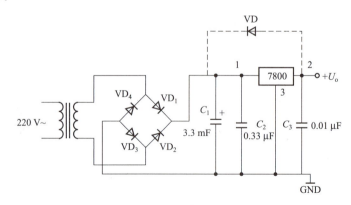

图 4-16 CW7800 系列的正输出稳压器的应用电路

CW7900 系列的负输出稳压器的应用电路如图 4-17 所示。它的电路结构与三端固定正输出稳压器相似，只是引脚的极性不同。

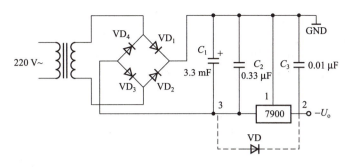

图 4-17　CW7900 系列的负输出稳压器的应用电路

4.3　信号放大电路

信号放大电路的作用是将微弱的电信号放大成所需的较强电信号，它是模拟电子技术中最基本、最核心的部分。本节将以共发射极放大电路为例，介绍基本放大电路的组成和放大电路的直流通路、交流通路。

晶体三极管信号放大电路有多种形式，本章只介绍其典型的应用电路。下面首先介绍单级晶体三极管信号放大电路。

4.3.1　单级放大电路的概述

一个基本放大电路必须有图 4-18 所示的各组成部分：输入信号源、晶体三极管或场效应管、输出负载以及直流电源和相应的偏置电路。其中，直流电源和相应的偏置电路用来为晶体三极管提供一定的直流值（通常称为静态值，这些值在晶体管特性曲线上所对应的点称为静态工作点），以保证晶体三极管工作在放大区。

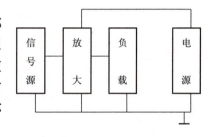

图 4-18　放大器组成框图

整个放大电路的工作原理可以描述如下。

（1）首先保证晶体管工作在放大状态，即保证晶体管有合适的静态工作点。

（2）要放大的微小信号从输入端"漏"进去与静态工作点的输入静态值相互叠加在一起作用于晶体管输入端，其过程就好像用直流电"载"上微小信号一起让晶体管放大。

（3）经过晶体管放大后，从输出端"筛"出放大了的输入信号给负载。

信号放大电路输入的信号为微小信号，这个微小信号的大小是相对的，如果输入信号太大，则会使晶体管工作脱离放大工作区进入非线性工作区而引起非线性失真，从而造成输出信号非线性失真，因此每种信号放大电路的输入信号大小都有极限值，称为最大不失真输入，对应的输出称为最大不失真输出。这两个值与静态工作点设置的位置有关，静态工作点过高或过低都会使最大不失真输入和最大不失真输出减小，关于这一点后面还会具体地描述。

4.3.2 共发射极放大电路的组成

图 4-19 所示的电路称为 NPN 型三极管双电源固定偏置共发射极放大电路,该电路可转变为图 4-20 所示的单电源固定偏置共射极放大电路。

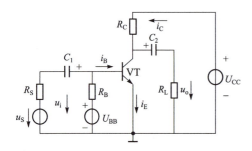

图 4-19 共发射极放大电路

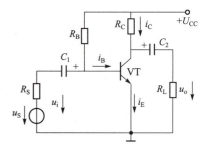

图 4-20 实用放大电路

1. 电路中各元件的作用

(1) 晶体管 VT:放大元件,用基极电流 i_B 控制集电极电流 i_C。

(2) 电源 U_{CC} 和 U_{BB}:使晶体管的发射结正偏,集电结反偏,晶体管处在放大状态,同时也是放大电路的能量来源,提供电流 i_B 和 i_C。U_{CC} 一般为几伏到十几伏。

(3) 偏置电阻 R_B:用来调节基极偏置电流 I_B,使晶体管有一个合适的工作点,一般为几十千欧到几百千欧。

(4) 集电极负载电阻 R_C:将集电极电流 i_C 的变化转换为电压的变化,以获得电压放大,一般为几千欧。当晶体管的集电极电流受基极电流控制而发生变化时,流过负载电阻的电流会在集电极电阻 R_C 上产生电压变化,从而引起 U_{CE} 的变化,这个变化的电压就是输出电压 u_o。假设 $R_C=0$,则 $U_{CE}=U_{CC}$,当 I_C 变化时,U_{CE} 无法变化,因而就没有交流电压传送给负载 R_L。

(5) 电容 C_1、C_2:用来传递交流信号,起到耦合的作用。同时,又使放大电路和信号源及负载间直流相隔离,起隔直作用。为了减小传递信号的电压损失,C_1、C_2 应选得足够大,一般为几微法至几十微法,通常采用电解电容器。在使用时,应注意它的极性与加在它两端的工作电压极性相一致,正极接高电位,负极接低电位。

2. 放大电路工作原理

1) 静态工作状态

在图 4-20 所示电路中,当 $u_i=0$ 时,放大电路中没有交流成分,电路中的电流、电压都处在不变的状态,称为静态工作状态。由于电容的隔直流作用,这时耦合电容 C_1、C_2 视为开路,这样画出的电路即为放大电路的直流通路,如图 4-21 所示。其中基极电流 I_B、集电极电流 I_C 及集电极、发射极间电压 U_{CE} 只有直流成分,无交流输出,分别用 I_{BQ}、I_{CQ}、U_{CEQ} 表示。它们在三极管特性曲线上所确定的点称为静态工作点,用 Q 表示,如图 4-22 所示。

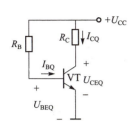

图 4-21 放大电路的直流通路

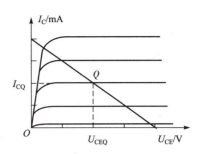

图 4-22 静态工作点

由图 4-21 知

$$I_{BQ}R_B + U_{BEQ} - U_{CC} = 0 \quad (4-20)$$

$$I_{CQ}R_C + U_{CEQ} - U_{CC} = 0 \quad (4-21)$$

$$I_{CQ} = \beta I_{BQ} \quad (4-22)$$

式中,U_{BEQ} 为三极管的正向压降。当发射极正向导通时,它类似于一个二极管,其导通压降硅管为 0.7 V,锗管为 0.3 V。

由式(4-20)和式(4-21)得

$$I_{BQ} = \frac{U_{CC} - U_{BEQ}}{R_B} \approx \frac{U_{CC}}{R_B} \quad (4-23)$$

$$U_{CEQ} = U_{CC} - I_{CQ}R_C \quad (4-24)$$

【例 4-1】 在图 4-21 中,已知晶体管的 $\beta = 50$,$U_{CC} = 12$ V。

(1) 当 $R_C = 2.4$ kΩ,$R_B = 300$ kΩ 时,确定晶体管的静态工作点参数 I_{BQ}、I_{CQ}、U_{CEQ}。

(2) 若要求 $U_{CEQ} = 6$ V、$I_{CQ} = 2$ mA,则 R_B 和 R_C 应改为多少?

【解】(1) 确定晶体管的静态工作点参数,即

$$I_{BQ} = \frac{U_{CC} - U_{BEQ}}{R_B} \approx \frac{12 \text{ V}}{300 \times 1\,000 \text{ Ω}} = 0.04 \text{ mA}$$

$$I_{CQ} = \beta I_{BQ} = 50 \times 0.04 = 2(\text{mA})$$

$$U_{CEQ} = U_{CC} - I_{CQ}R_C = 12 - 2 \times 10^{-3} \times 2.4 \times 10^3 = 7.2(\text{V})$$

(2) 若要求符合条件,则

$$R_C = \frac{U_{CC} - U_{CEQ}}{I_{CQ}} = \frac{12 \text{ V} - 6 \text{ V}}{2 \text{ mA}} = 3 \text{ kΩ}$$

$$R_B = \frac{U_{CC} - U_{BEQ}}{I_{BQ}} \approx \frac{12 \text{ V}}{0.04 \text{ mA}} = 300 \text{ kΩ}$$

2) 动态工作状态

当放大电路输入端加上输入信号 u_i 时,电路中的电流、电压随输入信号作相应变化的状态为放大电路的动态工作状态。由于动态时放大电路是在直流电源 U_{CC} 和交流输入信号 u_i 共同作用下工作,电路中的电压 u_{CE}、电流 i_B 和 i_C 均包含两个分量,这时电路中既有直流成分也有交流成分,各极的电流和电压都是在静态值的基础上再叠加交流分量。

在分析电路时,一般用交流通路来研究交流量及放大电路的动态性能。交流通路就是交流电流流通的途径,在画法上遵循以下两条原则。

(1) 对于频率不是太低的交流信号,耦合电容的容抗很小,可将原理图中的耦合电容

C_1、C_2视为短路。

（2）直流电源U_{CC}的两端电压是固定的，对变化量不起作用，其内阻很小，对交流信号可视为短路。

图4-23所示为交流通路。

3）波形失真与静态工作点关系

前面已经谈到过，由于晶体三极管存在着非线性区，所以放大电路输出就存在着波形失真。正确地选择放大电路的静态工作点的位置，可获得最大的不失真输入和输出。

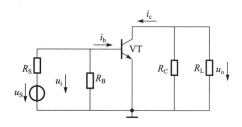

图4-23 交流通路

一般来说，静态工作点应大致选在直流负载线的中央，静态工作点Q设置得不合适，会对放大电路的性能造成影响。若Q点偏高，当i_b按正弦规律变化时，Q'进入饱和区，造成i_c和u_{ce}的波形与i_b（或u_i）的波形不一致，输出电压u_o（即u_{ce}）的负半周出现平顶畸变，称为饱和失真，如图4-24所示。若Q点偏低，则Q''进入截止区，输出电压u_o的正半周出现平顶畸变，称为截止失真，如图4-25所示。饱和失真和截止失真统称为非线性失真。

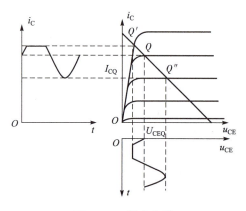

图4-24 饱和失真

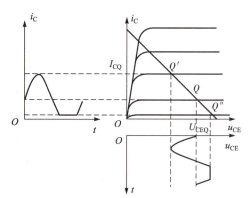

图4-25 截止失真

3. 放大电路的主要性能指标

放大电路放大的对象是变化量，研究放大电路时除了要保证放大电路具有合适的静态工作点外，更重要的是还要研究其放大性能。对于放大电路的放大性能有两个方面的要求：一是放大倍数要尽可能大；二是输出信号要尽可能不失真，第二点前面已经谈过。衡量放大电路性能的重要指标有放大倍数、输入电阻R_i和输出电阻R_o。

1）放大倍数

电压放大倍数的定义为

$$A_u = \frac{u_o}{u_i} \qquad (4-25)$$

由式（4-25）推得$u_o = A_u u_i$，是否意味着放大电路无论输入信号多大，输出u_o总是u_i的A_u倍？

2）输入电阻 R_i

放大电路的输入端可以用一个等效交流电阻 R_i 来表示，它定义为

$$R_i = \frac{u_i}{i_i} \tag{4-26}$$

它的大小反映了放大电路自身从前面信号源获取信号的能力。

3）输出电阻 R_o

从放大电路输出端看，放大电路对于负载 R_L 相当于一个信号源，该信号源的内阻就是放大电路的输出电阻，用 R_o 表示。它定义为

$$R_o = \frac{u_o}{i_o} \tag{4-27}$$

它的大小则反映了放大电路自身带负载的能力。

放大电路的 A_u、R_i、R_o 的求解方法有图解分析法和微变等效电路分析法两种，由于篇幅有限，本书只讨论微变等效电路分析法。

4. 微变等效电路分析法

把非线性元件晶体管所组成的放大电路等效成一个线性电路，就是放大电路的微变等效电路，然后用线性电路的分析方法来分析，这种方法称为微变等效电路分析法。等效的条件是晶体管在小信号（微变量）情况下工作。这样就能在静态工作点附近的小范围内，用直线段近似地代替晶体管的特性曲线。

微变等效电路是在交流通路基础上建立的，只能对交流等效，可分析交流动态，计算交流分量，而不能分析直流分量。

1）晶体管微变等效电路

可从晶体管的输入回路开始分析。

晶体管发射结对输入信号表现出一定的动态电阻。如图 4-26 所示，当 u_{BE} 有一微小变化 ΔU_{BE} 时，基极电流也有一变化 ΔI_B，两者的比值为三极管的动态输入电阻 r_{be}，有

$$r_{be} = \frac{\Delta U_{BE}}{\Delta I_B} = \frac{u_{be}}{i_b}$$

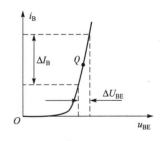

图 4-26 求 r_{be}

r_{be} 常用下式来估算，即

$$r_{be} \approx 300 + (\beta+1)\frac{26(\text{mV})}{I_{EQ}(\text{mA})} \tag{4-28}$$

式中，I_{EQ} 为发射极电流静态值。

输出特性曲线在放大区域内可认为呈水平线，如图 4-27 所示。集电极电流的微小变化 ΔI_C 仅与基极电流的微小变化 ΔI_B 有关，而与电压 u_{CE} 无关，故集电极和发射极之间可等效为一个受 i_b 控制的电流源，即

$$i_c = \beta i_b \tag{4-29}$$

综上所述，三极管的微变等效电路可用图 4-28（b）表示。

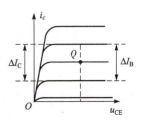

图 4-27 求 i_c

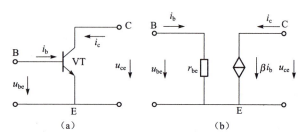

图 4-28 三极管微变等效电路

(a) 三极管电路；(b) 三极管的微变等效电路

2) 放大电路的微变等效电路

对于小信号输入放大电路进行动态分析时，首先应画出放大电路的交流通路，然后根据交流通路画出微变等效电路。因此，固定偏置放大电路的微变等效电路可画成图 4-29 所示的放大电路的等效电路。

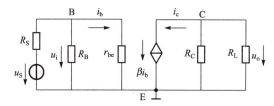

图 4-29 放大电路的等效电路

(1) 电压放大倍数的计算。

利用微变等效电路来计算电压放大倍数非常方便。由图 4-29 所示的输入回路可得

$$u_i = i_b r_{be} \tag{4-30}$$

由输出回路得

$$u_o = -i_c R_p = -\beta i_b R_p \tag{4-31}$$

所以，电压放大倍数为

$$A_u = \frac{u_o}{u_i} = -\beta \frac{R_p}{r_{be}} \tag{4-32}$$

式中，$R_p = R_C // R_L$；负号表示输出电压与输入电压相位相反。

若 $R_L = \infty$，则有

$$A_u = -\beta \frac{R_C}{r_{be}} \tag{4-33}$$

由图 4-29 可知

$$u_i = \frac{u_S}{R_S + r_{be}} \cdot r_{be} \tag{4-34}$$

因此对信号源内阻的电压放大倍数为

$$A_{uS} = \frac{u_o}{u_S} = \frac{u_o}{u_i} \cdot \frac{u_i}{u_S} = -\beta \frac{R_p}{r_{be}} \cdot \frac{r_{be}}{R_S + r_{be}} = -\beta \frac{R_p}{R_S + r_{be}} \tag{4-35}$$

此式说明，信号源的内阻不可忽略时，因放大电路的实际输入信号电压小于信号源电压，所以输出信号电压也相应地减小，即对于信号源电压，电压放大倍数降低了。即 R_S 越大，电压放大倍数越小。

（2）放大电路输入电阻的计算。

放大电路总要和其他电路相连，它的输入端接信号源或前级放大电路。因此，它们之间是相互影响的，求输入电阻是非常重要的。

如图4-30所示，所谓输入电阻，就是相对于放大电路的输入端所呈现的交流等效电阻，用 R_i 来表示。此时，放大电路对信号源而言，相当于负载，所以可用一个电阻代替，这个电阻就是放大电路的输入电阻。

由图4-30可知，输入电阻为

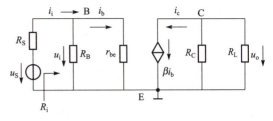

图4-30 求输入电阻 R_i

$$R_i = \frac{u_i}{i_i} = R_B // r_{be} \tag{4-36}$$

注意，信号源内阻 R_S 不包含在输入电阻中；R_i 和 r_{be} 的意义是不同的。

输入电阻 R_i 的大小决定了放大电路从信号源吸取电流（输入电流）的大小。对于电压信号源来说，R_i 越大越好。在式（4-36）中，由于 R_B 比 r_{be} 大得多，R_i 近似等于 r_{be}，如阻值为几百欧到几千欧，一般认为是较低的，并不理想。

（3）放大电路的输出电阻的计算。

放大电路的输出端常与后级放大电路或负载相连接，相互之间也有影响。所谓输出电阻，就是相对于放大电路的输出端所呈现的交流等效电阻，用 R_o 来表示。此时，放大电路对负载而言，相当于信号源，其内阻就是放大电路的输出电阻。

R_o 的计算方法是：将输入信号源 u_s 短路，断开负载 R_L，在输出端加电压 u，求出由 u 产生的电流 i，如图4-31所示。

则输出电阻 R_o 为

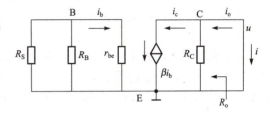

$$R_o = \frac{u_o}{i_o} = R_C$$

图4-31 求输出电阻 R_o

注意，R_L 是不包含在输出电阻中的。

对于负载而言，放大器的输出电阻 R_o 越小，负载电阻 R_L 的变化对输出电压的影响就越小，表明放大器带负载能力越强，因此总希望 R_o 越小越好。上式中 R_o 如在几千欧到几十千欧，一般认为是较大的，也不理想。

以上是对固定偏置的共射放大电路进行的分析，对其他组态放大电路的分析，同学们可自行分析或参考其他教材。

【例4-2】如图4-20所示，已知 $U_{CC} = 12$ V，$R_B = 300$ kΩ，$R_C = 3$ kΩ，$R_L = 3$ kΩ，$R_S = 3$ kΩ，$\beta = 50$，试求：

（1）R_L 接入和断开两种情况下电路的电压放大倍数 A_u；

（2）输入电阻 R_i 和输出电阻 R_o；

（3）输出端开路时的电源电压放大倍数 $A_{uS} = \frac{u_o}{u_S}$。

【解】先求静态工作点，有

$$I_{BQ} = \frac{U_{CC} - U_{BEQ}}{R_B} \approx \frac{U_{CC}}{R_B} = \frac{12}{300 \times 10^3} A = 40 \ \mu A$$

$$I_{CQ} = \beta I_{BQ} = 50 \times 0.04 \ mA = 2 \ mA$$

$$U_{CEQ} = U_{CC} - I_{CQ} R_C = 12 - 2 \times 10^{-3} \times 3 \times 10^3 = 6(V)$$

再求三极管的动态输入电阻, 即

$$r_{be} = 300 + (1 + \beta) \frac{26(mV)}{I_{EQ}(mA)} = 300 + (1 + 50) \times \frac{26}{2} = 963(\Omega) = 0.963 \ k\Omega$$

（1）R_L 接入时的电压放大倍数 A_u 为

$$A_u = \frac{\beta R_P}{r_{be}} = -\frac{50 \times \frac{3 \times 3}{3+3}}{0.963} = -78$$

R_L 断开时的电压放大倍数 A_u 为

$$A_u = -\frac{\beta R_C}{r_{be}} = -\frac{50 \times 3}{0.963} = -156$$

（2）输入电阻 R_i 为

$$R_i = R_B // r_{be} = 300 // 0.963 \approx 0.96 \ (k\Omega)$$

输出电阻 R_o 为

$$R_o = R_C = 3 \ k\Omega$$

（3）$A_{uS} = \frac{u_o}{u_S} = \frac{u_i}{u_S} \times \frac{u_o}{u_i} = \frac{R_i}{R_S + R_i} A_u = \frac{0.96}{3 + 0.96} \times (-156) = -37.82$

电压放大倍数是小信号放大电路的一个重要指标, 通过上例可知, 信号源内阻 R_S 对放大倍数影响很大, R_S 越大, 则 A_{uS} 越小。

5. 放大电路静态工作点的稳定

固定偏置放大电路的优点是电路简单、容易调整。但是, 温度的变化将严重影响静态工作点。为了保证放大电路的稳定工作, 必须稳定静态工作点。下面介绍一种直流偏置引入负反馈的电路, 该电路能够很好地稳定静态工作点, 在实际应用中得到了广泛的应用。

1) 分压式偏置放大电路

图 4-32 是应用比较广泛的分压式偏置放大电路。它能够提供合适的偏流 I_B, 又能自动稳定静态工作点。

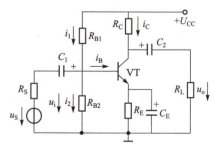

图 4-32 分压式偏置放大电路

2) 电路的特点

（1）利用 R_{B1} 和 R_{B2} 组成的分压器固定基极电位 U_B, 由图 4-33 可得

$$I_1 = I_2 + I_B$$

若使 $I_2 \gg I_B$, 则

$$I_1 \approx I_2 \approx \frac{U_{CC}}{R_{B1} + R_{B2}}$$

$$U_B = I_2 R_{B2} \approx \frac{R_{B2}}{R_{B1} + R_{B2}} \cdot U_{CC} \qquad (4-37)$$

由此可认为 U_B 与晶体管参数（I_{CEO}、β、U_{BE}）无关，即与温度无关，而仅由分压电路的 R_{B1}、R_{B2} 的阻值决定。

(2) 利用 R_E 将 I_E 的变化转化为电压的变化（$\Delta U_E = \Delta I_E \cdot R_E$）。因为

$$U_{BE} = U_B - U_E$$

若使 $U_B \gg U_{BE}$，则

$$I_C \approx I_E = \frac{U_B - U_{BE}}{R_E} \approx \frac{U_B}{R_E} \qquad (4-38)$$

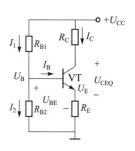

图 4-33　直流通路

当 R_E 固定不变时，I_C、I_E 也稳定不变，即不受温度变化的影响，静态工作点得以保持不变。在估算时，一般可选取

$$I_2 = (5 \sim 10) I_B$$
$$U_B = (5 \sim 10) U_{BE}$$

(3) 稳定过程。

温度 $T\uparrow \to I_C\uparrow \to I_E\uparrow \to U_E(=I_E R_E)\uparrow \to U_{BE}(=U_B - I_E R_E)\downarrow \to I_B\downarrow$
$I_C\downarrow \longleftarrow$

从上面的分析可知，R_E 越大，静态工作点的稳定性越好。但是，R_E 太大，必然使 U_E 增大，当 U_{CC} 为某一定值时，将使静态管压降 U_{CE} 相对减小，从而减小了晶体管的动态工作范围。因此，R_E 不宜太大，在小电流情况下一般为几百欧到几千欧，大电流情况下为几欧到几十欧。在实际应用时，常将 R_E 并联一个大容量的电解电容 C_E，它具有旁路交流的功能，称为发射极交流旁路电容。它的存在对放大电路的直流分量并无影响，但对于交流信号相当于把 R_E 短接，避免了在发射极电阻 R_E 上产生交流压降；否则这种交流压降被送回到输入回路，将减弱加到基-射极间的输入信号，导致电压放大倍数下降。C_E 一般取几十微法到几百微法。

(4) 静态工作点的估算。估算放大电路的静态值要用它的直流通路，如图 4-33 所示。因 $I_1 \gg I_B$，故先计算 I_B 比较困难，一般先计算 U_B，即

$$U_B = \frac{R_{B2}}{R_{B1} + R_{B2}} \cdot U_{CC}$$

$$I_C \approx I_E = \frac{U_B - U_{BE}}{R_E}$$

$$I_B = \frac{I_C}{\beta}$$

$$U_{CE} = U_{CC} - I_C R_C - I_E R_E \approx U_{CC} - I_C (R_C + R_E) \qquad (4-39)$$

(5) 动态分析。分析放大电路的动态特性要用它的交流通路。其交流通路如图 4-34 所示。

因为

$$u_o = -i_c \cdot R_p = -\beta i_b \cdot R_p$$

式中，$R_p = R_C /\!/ R_L$。

$$u_i = i_b \cdot r_{be}$$

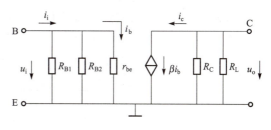

图 4-34　交流通路

所以，电压放大倍数为

$$A_u = -\frac{u_o}{u_i} = -\frac{\beta R_P}{r_{be}} \quad (4-40)$$

输入电阻为

$$R_i = R_{B1} // R_{B2} // r_{be} \quad (4-41)$$

输出电阻为

$$R_o = R_C$$

【例 4-3】 在图 4-32 所示电路中，已知 $U_{CC}=12$ V，$R_{B1}=20$ kΩ，$R_{B2}=10$ kΩ，$R_C=3$ kΩ，$R_E=2$ kΩ，$R_L=3$ kΩ，$\beta=50$，U_{BEQ} 为硅管发射结压降。试估算静态工作点，并求电压放大倍数、输入电阻和输出电阻。

【解】（1）用估算法计算静态工作点。

$$I_{CQ} \approx I_{EQ} = \frac{U_B - U_{BEQ}}{R_E} = \frac{4-0.7}{2} = 1.65(\text{mA})$$

$$I_{BQ} = \frac{I_{CQ}}{\beta} = \frac{1.65}{50} = 33(\mu\text{A})$$

$$U_{CEQ} = U_{CC} - I_{CQ}(R_C + R_E) = 12 - 1.65 \times 10^{-3} \times (3+2) \times 10^3 = 3.75(\text{V})$$

（2）求电压放大倍数。

$$r_{be} = 300 + (1+\beta)\frac{26}{I_{EQ}} = 300 + (1+50) \times \frac{26}{1.65} = 1\,100(\Omega) = 1.1 \text{ k}\Omega$$

$$A_u = -\frac{\beta(R_C // R_L)}{r_{be}} = -\frac{50 \times \frac{3 \times 3}{3+3}}{1.1} = -68$$

（3）求输入电阻和输出电阻。

$$R_i = R_{B1} // R_{B2} // r_{be} = 20 // 10 // 1.1 = 0.994(\text{k}\Omega)$$

$$R_o = R_C = 3 \text{ k}\Omega$$

4.3.3 多级信号放大电路

前面所分析的信号放大电路，都是由一个晶体管组成的单级放大电路，它们的放大倍数是有限的。在实际应用中，如通信系统、自动控制系统、检测装置中，所输入的信号是极微弱的，须将其放大到几千倍甚至更大才能驱动执行机构如扬声器、伺服电机和测量仪表的正常工作。

1. 多级信号放大电路的组成和耦合方式

1）多级信号放大电路的组成

多级信号放大电路组成框图如图 4-35 所示。

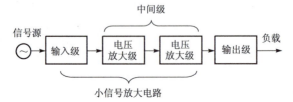

图 4-35　多级信号放大电路组成框图

输入级：多级信号放大电路的第一级，要求输入电阻高，它的任务是从信号源获取更多的信号。

中间级：信号放大，提供足够大的电压放大倍数。

输出级：要求输出电阻很小，有很强的带负载能力。

2）耦合方式

在多级放大电路中，前一级的输出信号通过一定方式传输到后一级的输入端。级与级之间的这种连接称为"耦合"。

级间耦合的方式有阻容耦合、直接耦合、变压器耦合和光电耦合等多种形式。耦合方式虽有所不同，但必须满足下列要求。

（1）级与级连接起来后，要保证各级放大电路的静态工作点设置合理。

（2）要求前级的输入信号能顺利地传递到后级，而且在传递过程中损耗和失真要尽可能小。

多级信号放大电路的种类很多，本章只介绍常用的阻容耦合放大电路。

2. 阻容耦合放大电路

1）阻容耦合放大电路的特点

图4-36所示为典型的两级阻容耦合放大电路。

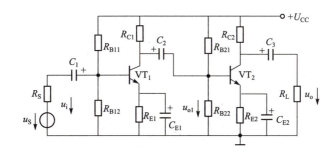

图4-36 两级阻容耦合放大电路

各级之间通过耦合电容与下级输入电阻连接。优点：各级静态工作点互不影响，可以单独调整到合适位置，且不存在零点漂移问题。此外，只要耦合电容选得足够大，就可以做到前级的输出信号几乎不衰减地传递到下一级的输入端，使信号得以充分利用，因此阻容耦合在多级放大电路中得以广泛应用。缺点：不能放大变化缓慢的信号和直流分量变化的信号，且由于需要大容量的耦合电容，因此不能在集成电路中采用。

如前所述，单级放大电路中输出电压与输入电压是反相关系，而两级放大电路中，由于两次反相，因此，输出电压与输入电压相位相同。

2）电压放大倍数的计算

图中每级放大倍数的计算与单级放大电路相同。因前一级的输出为后一级的输入，故前一级的负载电阻应包含后一级的输入电阻。

第一级的电压放大倍数为

$$A_{u1} = \frac{u_{o1}}{u_i} = -\beta_1 \frac{R_{p1}}{r_{be1}} \tag{4-42}$$

式中，$R_{p1} = R_{c1} // R_{B21} // R_{B22} // r_{be2}$。

第二级的电压放大倍数为

$$A_{u2} = \frac{u_o}{u_{o1}} = -\beta_2 \frac{R_{p2}}{r_{be2}} \quad (4-43)$$

式中，$R_{p2} = R_{c2} // R_L$。

由于多级放大电路是逐级连续地进行放大，其总的电压放大倍数等于各级电压放大倍数的乘积。

$$A_u = \frac{u_o}{u_i} = \frac{u_{o1}}{u_i} \cdot \frac{u_o}{u_{o1}} = A_{u1} \cdot A_{u2} \quad (4-44)$$

输入电阻就是第一级的输入电阻。

输出电阻就是最后一级的输出电阻。

4.4 功率放大电路

4.4.1 功率放大电路的特点和种类

在本章导读中提到过，功率放大器一般由信号放大电路和功率放大电路组成。功率放大电路是输出足够大的功率去推动执行元件（如继电器、电动机、喇叭、指示仪表等）工作。要求放大电路既要有较大的电压输出，同时又要有较大的电流输出。因此，功率放大器的末级通常为功率放大电路。

功率放大电路和信号放大电路从本质上来说没有什么区别，它们都在进行能量的交换，即输入信号通过晶体管的控制作用，把直流电源的电压、电流和功率转换成随输入信号作相应变化的交流电压、电流和功率。但也有不同之处，信号放大电路要求有较高的输出电压，是工作在小信号状态下，而功率放大电路要求有较高的功率输出，是工作在大信号状态下，这就构成了它的特殊性。

1. 功率放大器的特点

功率放大电路的任务是向负载提供足够大的功率，这就要求满足以下几点。

（1）输出功率尽可能大。功率放大电路不仅要有较高的输出电压，还要有较大的输出电流。因此，功率放大电路中的晶体管通常工作在高电压、大电流状态，晶体管的功耗也比较大，所以对晶体管的各项指标必须认真选择，且尽可能使其得到充分利用。功率放大电路中的晶体管处在大信号极限运用状态，晶体管的极限状态由极限参数 P_{CM}、I_{CM}、$U_{(BR)CEO}$ 所限定。选择功放管时应保留一定的余量，以保证功放管安全、可靠地工作。必要时须加散热片，以防晶体管过热而烧坏。

（2）非线性失真要小。因为功率放大电路是工作在大信号下，非线性失真也要比小信号的电压放大电路严重得多。同一功放管输出功率越大，则非线性失真越严重。

（3）效率要高。功率放大电路从电源取用的功率较大，为提高电源的利用率，必须尽可能提高功率放大电路的效率。放大电路的效率是指负载得到的交流信号功率与直流电源供出功率的比值，即

$$\eta = \frac{P_o}{P_E} \quad (4-45)$$

比值越大，效率越高。

2. 功率放大器的类型

由前面分析可知，电压放大电路中，在输入信号整个周期内都有电流流过三极管，静态工作点大致在交流负载线的中央，这类工作状态称为甲类放大，如图4-37（a）所示。在工作过程中，晶体管始终处于导通状态。不论有无输入信号，电源供给的功率 $P_E = U_{CC}I_C$ 总是不变的。当输入信号 $u_i = 0$ 时，电源功率全部消耗在晶体管和电阻上。这种电路功率损耗较大，效率较低，最高只能达到50%。

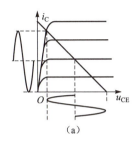
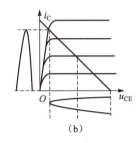
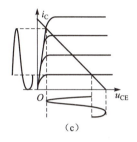

图4-37 功率放大器的状态
(a) 甲类；(b) 乙类；(c) 甲乙类

从甲类放大可以看出，静态电流是造成管耗的主要因素，要提高效率必须从降低管耗入手。要降低管耗，需减小集电极的静态电流 I_C。如果将静态工作点沿着负载线下移，如图4-37（b）所示，这种工作状态称为乙类放大。乙类功率放大电路的静态工作点设置在交流负载线的截止点，晶体管仅在输入信号的半个周期导通。这种电路功率损耗减到最少，使效率大大提高。但是乙类放大在交流输入信号的负半周，晶体管处于截止状态，使放大电路的输出产生了严重失真。

处于甲类和乙类之间的工作状态称为甲乙类放大，如图4-37（c）所示。甲乙类功率放大电路的静态工作点介于甲类和乙类之间，晶体管有不大的静态偏流。其失真情况和效率介于甲类和乙类之间。

4.4.2 互补对称功率放大电路：OCL功率放大电路

从上面分析可知，既要保证放大电路静态时管耗小，又要使放大电路的输出失真小，只能从电路的结构上想办法。如果采用两个三极管配合使用，则可大大减小失真，一般采用互补对称射极输出电路可以达到此目的。常用的互补电路有几种，这里只介绍OCL功率放大电路。

1. 工作原理

图4-38所示为由两个射极输出器组成的互补对称功率放大电路。

由图可看出，VT$_1$是由NPN型三极管组成的射极输出器，工作于乙类放大，在输入信号的正半周导通。VT$_2$是由PNP型三极管组成的射极输出器，也工作在乙类放大，但在输入信号的负半周才导通。这样，电路工作在静态（$u_i = 0$）时，$U_B = 0$，$U_E = 0$，偏置电压为零，VT$_1$、VT$_2$均处于截止状态，负载中没有电流，电路工作在乙类状态。动态（$u_i \neq 0$）时，在 u_i 的正半周，VT$_1$ 导通而VT$_2$ 截止，VT$_1$ 将正半周信号输出给负载；在 u_i 的负半周，VT$_2$ 导

通而 VT_1 截止，VT_2 将负半周信号输出给负载。可见在输入信号 u_i 的整个周期内，VT_1、VT_2 两管轮流交替地工作，互相补充，使负载获得完整的信号波形，故称互补对称电路。由于 VT_1、VT_2 都工作在共集电极接法，输出电阻极小，可与低阻负载 R_L 直接匹配。

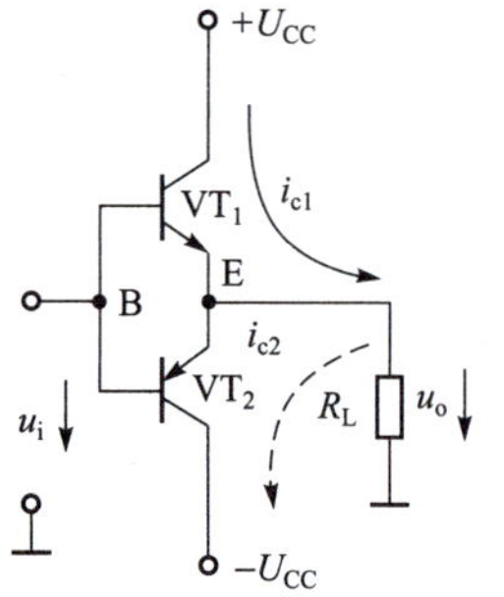

由图也可知，如果忽略三极管的饱和压降，则

$$U_{om} = U_{CC}$$

$$I_{cm} = \frac{U_{om}}{R_L} = \frac{U_{CC}}{R_L}$$

图 4-38 OCL 功率放大电路

OCL 电路最大输出功率为

$$P_{om} = \frac{1}{2}U_{om}I_{cm} = \frac{1}{2}\frac{U_{CC}^2}{R_L} \tag{4-46}$$

对于一个晶体管，只有半周导通，其电流的平均值为

$$I_{c(AV)} = \frac{1}{2\pi}\int_0^\pi i_c d(\omega t) = \frac{1}{2\pi}\int_0^\pi I_{cm}\sin(\omega t)d(\omega t) = \frac{I_{cm}}{\pi} \tag{4-47}$$

所以电源供给一个晶体管的功率为

$$P'_E = U_{CC} \cdot \frac{I_{cm}}{\pi} = \frac{U_{CC}^2}{\pi R_L} \tag{4-48}$$

则 VT_1、VT_2 总的直流输入功率为

$$P_E = \frac{2U_{CC}^2}{\pi R_L}$$

OCL 电路的最大效率为

$$\eta = \frac{P_{om}}{P_E} = \frac{\pi}{4} = 78.5\%$$

2. 交越失真

上面 OCL 功率放大电路的波形图如图 4-39 所示。

从工作波形可以看到，在波形过零的一个小区域内输出波形产生了失真，这种失真称为交越失真。产生交越失真的原因是 VT_1、VT_2 发射结静态偏压为零，放大电路工作在乙类状态。当输入信号 u_i 小于晶体管的发射结死区电压时，两个晶体管都截止，在这一区域内输出电压为零，使波形失真。只有当输入信号电压上升到超过死区电压时，VT_1 管才导通，且下半周尚未到零时，VT_1 管已截止。在截止时间内，VT_2 管也不导通。同理，在输入信号电压的负半周也产生类似的情况。

为了减小交越失真，在实际应用时，静态工作点 Q 不设在 $I_C = 0$ 处，而应选在偏上一点。可以给 VT_1、VT_2 发射结加适当的正向偏压，以便产生一个不大的静态偏流，使 VT_1、VT_2 导通时间稍微超过半个周期，即工作在甲乙类状态，如图 4-40 所示。图中利用二极管 VD_1、VD_2 上的正向压降来提供偏置电压。静态时三极管 VT_1、VT_2 虽然都已基本导通，但因它们对称，U_E 仍为零，负载中仍无电流流过。

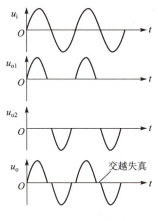 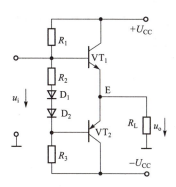

图 4-39　OCL 电路波形图　　　　图 4-40　甲乙类功率放大

4.5　集成运算放大器及其应用电路

4.5.1　集成运算放大器件

部分集成运算放大器实物图如图 4-41 所示。

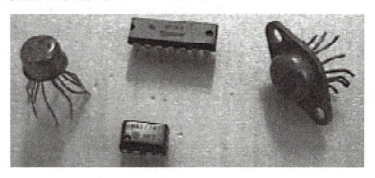

图 4-41　部分集成运算放大器实物图

1. 运算放大器的组成

前面所讨论的各种电路，都是由各种单个元件（如晶体管、电阻和电容等）用导线连接而成，称为分立元件电路。

20 世纪 60 年代初，出现了一种新的电子器件——集成电路。它是利用半导体工艺技术把整个电路的各个元件以及相互之间的连接线同时制作在一块半导体芯片上，成为管路一体，再封装在塑料或陶瓷外壳内。集成电路按其功能分为数字集成电路和模拟集成电路两大类。集成运算放大器（简称运放）是模拟集成电路众多类型中的一种，它具有体积小、质量轻、可靠性高、造价低廉、使用灵活方便等优点。

运算放大器实际上是一种高增益的放大器，它是由直流放大电路和深度电压负反馈网络组成的。作为基本运算单元，它能够线性放大较大频率范围的交流电压和直流电压。早期的运放主要应用于数学运算，故称运算放大器。时至今日，其应用已远远超出数学范围，它能够实现多种多样的线性和非线性应用,并已成为一种通用性很强的基本单元。

运放的品种繁多、电路各异,但其基本结构相似,都是由输入级、中间级、输出级和偏置电路组成,如图 4 – 42 所示。

图 4 – 42 运算放大器的组成框图

输入级通常由差分放大电路构成,它是运放的关键部分,其作用是减小放大电路的零点漂移,提高输入阻抗。

中间级通常由共发射极放大电路构成,作用是获得较高的电压放大倍数。因此,要求它的电压放大倍数高,并将双端输出转换为单端输出。

输出级通常由互补对称电路构成,作用是减小输出电阻,提高电路的带负载能力。

偏置电路一般由各种恒流源电路构成,作用是为上述各级电路提供稳定、合适的偏置电流,决定各级的静态工作点。

运放实质上是一种电压放大倍数高、输入电阻大、输出电阻很小的直接耦合多级放大电路。

2. 运算放大器的符号

运算放大器的符号如图 4 – 43 所示,它是一个多端器件。它有两个输入端,一个反相输入端和一个同相输入端,分别用"–"和"+"表示,有一个对地的输出端,还有一对施加直流电压的出线端,连接电压源,以供运放内部各元件所需的功率和传送给输出端负载的功率。有的运放可能还有调零和相位补偿端口。

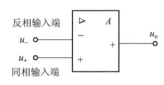

图 4 – 43 运算放大器符号

3. 运算放大器的主要参数

在具体应用时,对使用者来说,最关心的是需要知道各管脚的用途及放大器的主要参数。

其主要参数如下。

(1) 差模开环电压放大倍数 A_{do}。指集成运放本身(无外加反馈回路)的差模电压放大倍数,即 $A_{do} = \dfrac{u_o}{u_+ - u_-}$。它体现了集成运放的电压放大能力,一般为 $10^4 \sim 10^7$。A_{do} 越大,电路越稳定,运算精度也越高。

(2) 共模开环电压放大倍数 A_{co}。指集成运放本身的共模电压放大倍数,它反映集成运放抗温漂、抗共模干扰的能力,优质的集成运放 A_{co} 应接近于零。

(3) 共模抑制比 K_{CMR}。用来综合衡量集成运放的放大能力和抗温漂、抗共模干扰的能力,一般应大于 80 dB。

(4) 差模输入电阻 r_{id}。指差模信号作用下集成运放的输入电阻。r_{id} 越大,表明运放由差模信号源输入的电流就越小,精度越高。

(5) 输入失调电压 U_{io}。指为使输出电压为零,在输入级所加的补偿电压值。它反映差分放大部分参数的不对称程度,显然越小越好,一般为毫伏级。

(6) 转换速率 S_R。衡量集成运放对高速变化信号的适应能力,一般为几伏每微秒,若输入信号变化速率大于此值,输出波形会严重失真。

4. 集成运放的种类

（1）通用型。性能指标适合一般性使用，其特点是电源电压适应范围广，允许有较大的输入电压，如 CF741 等。

（2）低功耗型。静态功耗不大于 2 mW，如 XF253 等。

（3）高精度型。失调电压温度系数为 1 μV/℃ 左右，能保证组成的电路对微弱信号检测的准确性，如 CF75、CF7650 等。

（4）高阻型。输入电阻可达 10^{12} Ω，如 F55 系列等。

此外，还有宽带型、高压型等。使用时须查阅集成运放手册，详细了解它们的各种参数，以作为使用和选择的依据。

5. 集成运算放大器的理想特性

一般情况下，运放具有很高的输入电阻（r_{id} 为 10 kΩ~100 MΩ）、很低的输出电阻（r_o 为 50~500 Ω）、非常高的电压增益（A_{do} 为 10^4~10^6）。根据运放的这些特点，可假设它具有以下理想特性。

（1）开环电压放大倍数 $A_{do} \to \infty$。

（2）差模输入电阻 $r_{id} \to \infty$。

（3）开环输出电阻 $r_o \to 0$。

（4）共模抑制比 $K_{CMR} \to \infty$。

满足以上理想化条件的放大器，称为理想运算放大器。表示输出电压和输入电压之间的关系曲线称为运算放大器的电压传输特性曲线。图 4-44 所示为理想运算放大器的符号和电压传输特性曲线。

从图中可以看出，它有三个运行区：虚线段所在的区域为线性区，当运算放大器工作在线性区时，满足 $u_o = A_{do}(u_+ - u_-)$ 的关系。虚线段之外的区域为正、负饱和区，运算放大器处于饱和工作状态时，输出电压为正、负电源电压。

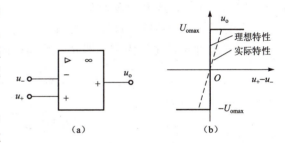

图 4-44 运放的理想符号和电压传输特性
（a）理想运放符号；（b）运放电压传输特性

对于一个具体的运算放大电路，它是工作于线性区还是饱和区，主要取决于运算放大器外接反馈的性质。一般来说，只有在深度电压负反馈作用下，才能使运算放大器工作于线性区；而在开环或正反馈工作时，通常处于非线性限幅状态即工作在饱和区。根据输入信号可以判断是正饱和还是负饱和。

当 $u_i > 0$，即 $u_+ > u_-$ 时，$u_o = +u_{omax}$。

当 $u_i < 0$，即 $u_+ < u_-$ 时，$u_o = -u_{omax}$。

在线性区时，因为 $A_{do} \to \infty$，u_o 为一有限值（小于正负电源电压值），所以两个输入端输入电压 u_+ 和 u_- 必然近似相等。这就是说，同相端和反相端之间相当于短路，这种现象称为"虚短"。又因为开环输入电阻 $r_{id} \to \infty$，则它的输入端就相当于开路，这种现象称为"虚断"。所以，对于一个理想运算放大器来说，不管是同相输入端还是反相输入端，都可以看作不会有电流输入，即

$$u_+ = u_- \tag{4-49}$$

$$i_+ = i_- = 0 \tag{4-50}$$

式（4-49）和式（4-50）是分析和计算运算放大器的两个重要依据。必须指出，只有当运算放大器工作于线性区时，才能使用。

集成运算放大器的应用非常广泛，若从它的工作状态来分，可分为负反馈应用、开环和正反馈应用。引入负反馈时，电路一般工作于线性状态；而引入正反馈和开环时，电路一般工作于非线性状态。因此，运算放大器也可分为线性应用和非线性应用。本章只介绍运算放大器的基本线性运用。

4.5.2　运算放大器的基本应用

由于集成运算放大器的增益很高，一般使其工作在闭环状态，即均需引入负反馈，并且容易满足深度负反馈的条件。运算放大器接成负反馈放大器时，可分为同相输入比例放大器和反相输入比例放大器。它们是组成各种应用电路的基础。

1. 同相输入比例放大器

同相输入比例放大器（图4-45）可以使输出电压与输入电压成一定的比例关系，且具有相同的极性。输入信号在同相端，反相端通过 R_1 接地，并通过 R_F 与输出端连接，构成电压串联负反馈放大电路。通常为了保证两个输入端对地电阻相等，选 $R_2 = R_F // R_1$。

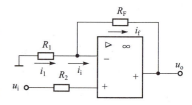

图4-45　同相输入比例运算电路

由理想运算放大器的条件得出的两个结论：$u_+ = u_-$、$i_i = 0$。可知流过 R_2 的电流为零，即 R_2 上没有压降，因此有 $u_+ = u_- = u_i$，由图4-45可知

$$i_1 = \frac{0 - u_-}{R_1} = -\frac{u_i}{R_1}$$

$$i_f = \frac{u_- - u_o}{R_F} = \frac{u_i - u_o}{R_F}$$

因

于是

$$i_1 = i_i + i_f = i_f$$

所以

$$u_o = \left(1 + \frac{R_F}{R_1}\right) u_i$$

$$A_f = \frac{u_o}{u_i} = 1 + \frac{R_F}{R_1} \tag{4-51}$$

式（4-51）表明，同相比例放大器的输出电压与输入电压之比仅与两个外接电阻 R_1 和 R_F 有关，与运算放大器本身的电压增益无关。且输出电压与输入电压同相位，A_f 总是不小于1。

当 $R_F = 0$ 或 $R_1 = \infty$ 时，$u_o = u_i$，即 $A_f = 1$，这时输出电压与输入电压不仅幅值相等，而且相位相同，成为一个电压跟随器，如图4-46所示。它具有高输入阻抗和低输出阻抗特性，常用于输入信号与其负载之间的缓冲隔离级。

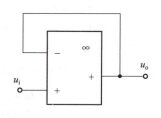

图4-46　电压跟随器

2. 反相输入比例放大器

反相输入比例放大器接法如图 4－47 所示。它的输入信号电压 u_i 经过外接电阻 R_1 加到反相输入端，而同相输入端与地之间接一补偿电阻 R_2。为使运算放大器的输入端电阻对称，R_2 应等于反相输入端各支路电阻并联的阻值。用一电阻 R_F 把输出端和反相输入端连接起来，它是该电路的反馈元件。由图 4－47 可知，它是一种并联电压负反馈放大电路。

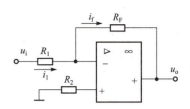

图 4－47 反相输入比例放大器接线

根据式（4－49）和式（4－50）的结论及图 4－47 可知，$u_- \approx u_+ = 0$，即运算放大器的反相输入端电位接近于地电位，有时称此时的反相端为"虚地"。"虚地"并非真正接地，不能把反相输入端看成与地短路；否则信号无法加到放大器上。$i_1 \approx i_f$，即通过 R_F 的电流近似等于通过 R_1 的电流。

而

$$i_1 = \frac{u_i - u_-}{R_1} = \frac{u_i}{R_1}$$

$$i_f = \frac{u_- - u_o}{R_F} = -\frac{u_o}{R_F}$$

整理得

$$u_o = -\frac{R_F}{R_1} u_i$$

所以

$$A_f = -\frac{R_F}{R_1} \tag{4-52}$$

式（4－52）表明，反相输入比例放大器的输出电压与输入电压之比等于两个外接电阻 R_F 与 R_1 之比，与运算放大器本身的电压增益无关。改变 R_F、R_1 的阻值，即可改变放大器的放大倍数。当 $R_F = R_1$ 时，$A_f = 1$，该电路就成了反相器。式中的负号表示输出电压与输入电压呈反相关系。该种电路目前在应用上常作放大电路使用，已逐步取代分离元件构成的放大电路。

【例 4－4】 在图 4－48 所示的电路中，已知 $R_1 = 100 \text{ k}\Omega$，$R_F = 200 \text{ k}\Omega$，$u_i = 1 \text{ V}$，求输出电压 u_o，并说明输入级的作用。

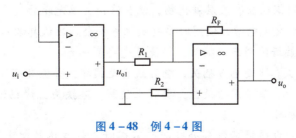

图 4－48 例 4－4 图

【解】 输入级为电压跟随器，它具有极高的输入电阻，起到减轻信号源负担的作用，且 $u_{o1} = u_i = 1 \text{ V}$，作为第二级的输入。

第二级为反相输入比例运算电路，因而其输出电压为

$$u_o = -\frac{R_F}{R_1}u_{o1} = -\frac{200}{100} \times 1 = -2 \text{ (V)}$$

利用万用表判定三极管的好坏

1. 任务描述

寻找常用的好坏三极管若干，把它们混杂在一起，利用一万用表把好的三极管和坏的三极管区分出来。

2. 任务提示

首先判定 PNP 型和 NPN 型晶体管：调至万用表的 $R \times 1 \text{ k}\Omega$（或 $R \times 100 \text{ }\Omega$）挡，用黑表笔接三极管的任一管脚，用红表笔分别接其他两管脚。若表针指示的两阻值均很大，那么黑表笔所接的那个管脚是 PNP 型的基极；如果万用表指示的两个阻值均很小，那么黑表笔所接的管脚是 NPN 型的基极；如果表针指示的阻值一个很大，一个很小，那么黑表笔所接的管脚不是基极，需要新换一个管脚重试，直到满足要求为止。

进一步判定三极管集电极和发射极：首先假定一个管脚是集电极，另一个管脚是发射极，对于 NPN 型三极管，黑表笔接假定是集电极的管脚，红表笔接假定是发射极的管脚（对于 PNP 型管，万用表的红、黑表笔对调）；然后用大拇指将基极和假定集电极连接（注意两管脚不能短接），这时记录下万用表的测量值；最后反过来，把原先假定的管脚对调，重新记录下万用表的读数，两次测量值较小的黑表笔所接的管脚是集电极（对于 PNP 型管，则红表笔所接的是集电极）。

电子器件的焊接

在电子制作中，元器件的连接处需要焊接。焊接的质量对制作的质量影响极大。所以，学习电子制作技术必须掌握焊接技术，练好焊接基本功。

电烙铁是最常用的焊接工具。新烙铁使用前，通电烧热，蘸上松香后用烙铁头刃面接触焊锡丝，使烙铁头上均匀地镀上一层锡，以便于焊接和防止烙铁头表面氧化。旧的烙铁头如严重氧化而发黑，可用钢锉挫去表层氧化物，使其露出金属光泽后，重新镀锡，才能使用。

电烙铁要用 220 V 交流电源，使用时要特别注意安全。应认真做到以下几点。

（1）电烙铁插头最好使用三极插头，要使外壳妥善接地。

（2）使用前，应认真检查电源插头、电源线有无损坏，并检查烙铁头是否松动。

（3）电烙铁使用中，不能用力敲击，要防止跌落。烙铁头上焊锡过多时，可用布擦掉，不可乱甩，以防烫伤他人。

（4）焊接过程中，电烙铁不能到处乱放。不焊时应放在烙铁架上。注意电源线不可搭在烙铁头上，以防烫坏绝缘层而发生事故。

（5）使用结束后，应及时切断电源，拔下电源插头。冷却后，再将电烙铁收回工具箱。

焊接时，还需要焊锡和助焊剂。使用助焊剂，可以帮助清除金属表面的氧化物，既利于焊接，又可保护烙铁头。焊接较大元件或导线时，也可采用焊锡膏。但它有一定腐蚀性，焊接后应及时清除残留物。

（1）焊锡：焊接电子元件，一般采用有松香芯的焊锡丝。这种焊锡丝熔点较低，而且内含松香助焊剂，使用极为方便。

（2）助焊剂：常用的助焊剂是松香或松香水（将松香溶于酒精中）。

为了方便焊接操作，常采用尖嘴钳、偏口钳、镊子和小刀等作为辅助工具。

焊接前，应对元件引脚或电路板的焊接部位进行焊前处理。

（1）可用断锯条制成小刀。刮去金属引线表面的氧化层，使引脚露出金属光泽。

（2）印制电路板可用细纱纸将铜箔打光后，涂上一层松香酒精溶液。

在刮净的引线上镀锡。可将引线蘸一下松香酒精溶液后，将带锡的热烙铁头压在引线上，并转动引线，即可使引线均匀地镀上一层很薄的锡层。导线焊接前，应将绝缘外皮剥去，再经过上面两项处理，才能正式焊接。若是多股金属丝的导线，打光后应先拧在一起，然后再镀锡。

做好焊前处理之后就可以正式进行焊接了。

（1）右手持电烙铁，左手用尖嘴钳或镊子夹持元件或导线。焊接前，电烙铁要充分预热。烙铁头刃面上要吃锡，即带上一定量焊锡。

（2）将烙铁头刃面紧贴在焊点处，电烙铁与水平面大约成60°，以便于熔化的锡从烙铁头上流到焊点上。

（3）抬开烙铁头，左手仍持元件不动，待焊点处的锡冷却凝固后，才可松开左手。

（4）用镊子转动引线，确认不松动，然后可用偏口钳剪去多余的引线。

本 章 小 结

本章通过对通用功率放大电路的介绍，学习了整流电源、单级信号放大电路、多级信号放大电路、功率放大电路、集成运算电路，讨论了模拟电子电路的通用基本知识。

1. 模拟电子电路的基本知识包含半导体、N型半导体和P型半导体、PN结及其特性、半导体二极管、硅稳压管、半导体三极管。

（1）半导体二极管有一个PN结，其中P区引出的电极称为阳极，N区引出的电极称为阴极。

（2）硅稳压管是一种用特殊工艺制造的面接触型半导体二极管。

（3）半导体三极管由三个区两个PN结组成，从三个区各引出集电极c、发射极e、基极b三个电极。三极管按材料分，可分为硅管和锗管；按类型分，可分为平面型和合金型；按工作频率分，可分为高频管和低频管；按内部结构分，可分为NPN型和PNP型。

2. 半导体二极管、硅稳压管、半导体三极管的主要参数。

（1）半导体二极管的主要参数有最高整流电流I_F、最高反向工作电压U_{RM}。

（2）硅稳压管的主要参数有稳定电压U_Z、稳定电流I_Z、最大稳定电流I_{ZMAX}、最小稳定电流I_{ZMIN}。

(3) 半导体三极管的主要参数有共发射极电流放大系数 β、集电极-基极反向饱和电流 I_{CBO}、集电极-发射极反向电流 I_{CEO}、集电极最大允许电流 I_{CM}。

3. 直流稳压电源由单相桥式整流电路、滤波电路、稳压电路构成,其中稳压电路有稳压管、稳压电路和集成稳压电路。

4. 信号放大电路的目的就是将微弱的电信号放大成为所需的较强电信号,其一般分成单级放大电路和多级放大电路。

(1) 单级放大电路的典型电路是共发射极放大电路,其主要性能指标是放大倍数 A、输入电阻 R_i 和输出电阻 R_o。

(2) 多级放大电路由输入级、中间级、输出级构成,级间耦合的方式有阻容耦合、直接耦合、变压器耦合和光电耦合等多种形式。

5. 功率放大电路要求放大电路既要有较大的电压输出,同时又要有较大的电流输出,通常做功率放大器的末级。

(1) 功率放大电路的特点一般是输出功率尽可能大、非线性失真要小、效率要高。

(2) 功率放大电路的类型有甲类放大、乙类放大、甲乙类放大。

(3) 甲乙类放大电路在波形过零的一个小区域内输出波形会产生失真,这种失真称为交越失真,为了减小交越失真,在实际应用时,静态工作点 Q 不设在横轴上,而应选在横轴偏上一点。

6. 集成运算放大器是一种高增益的放大器,它是由直流放大电路和深度电压负反馈网络组成的。

(1) 集成运算放大器的主要参数:差模开环电压放大倍数 A_{do}、共模开环电压放大倍数 A_{co}、共模抑制比 K_{CMR}、差模输入电阻 r_{id}、输入失调电压 U_{io}、转换速率 S_R。

(2) 集成运算放大器的理想特性:①开环电压放大倍数 $A_{do} \to \infty$;②差模输入电阻 $r_{id} \to \infty$;③开环输出电阻 $r_o \to 0$;④共模抑制比 $K_{CMR} \to \infty$。

(3) 集成运算放大器的增益很高,均需引入负反馈,并且容易满足深度负反馈的条件。运算放大器接成负反馈放大器时,可分为同相输入比例放大器和反相输入比例放大器。它们是组成各种应用电路的基础。

思考与练习

一、填空题

4-1 按所掺杂质的不同,半导体可分为两类,即_____、_____。

4-2 二极管具有_____的特性。稳压二极管的正常工作区是_____。

4-3 三极管的三种工作状态为_____、_____、_____。

4-4 多级放大电路的电压放大倍数应是各级电压放大倍数的_____。

4-5 在甲类、乙类和甲乙类功率放大电路中,效率最低的电路为_____;为了消除交越失真,要采用_____电路。

4-6 在电子实验室中用来观察和测量各种电子信号波形的仪器叫_____。

二、选择题

4-7 PN结未加外部电压时,扩散电流和漂移电流的关系为(   )。

A. 大于 B. 小于 C. 等于 D. 视情况而定

4-8 基本共射放大电路中其他参数不变，当 β 增大时，I_{CQ} 和 U_{CEQ} 的变化情况分别为（　　）。

A. 增大，减小 B. 不变，增大
C. 不变，减小 D. 增大，增大

4-9 工作点稳定电路输入电阻 R_i 的正确表达式应是（　　）。

A. $R_i = R_{b1} // R_{b2}$ B. $R_i = R_{b1} // R_{b2} // r_{be}$
C. $R_i = R_{b1} // R_{b2} // [r_{be} + (1+\beta)R_e]$ D. $R_i = r_{be}$

4-10 单管放大电路中，若输入电压为正弦波，用示波器观察 U_o 和 U_i 的波形，当放大电路为共射电路时，U_o 和 U_i 的相位（　　）。

A. 同相 B. 反相 C. 相差 90° D. 不变

三、问答题

4-11 晶体管放大器由哪两部分组成？这两部分的主要任务分别是什么？
4-12 单相整流电路有哪几种？三相整流电路有哪几种？
4-13 放大电路中放大的本质是什么？
4-14 放大电路正常放大的条件是什么？
4-15 判断一个放大电路能否正常工作的一般步骤是什么？
4-16 解释"虚短""虚地"和"虚断"的概念。

四、计算题或分析题

4-17 试判断题图 4-1 所示的各电路能否放大交流电压信号？为什么？

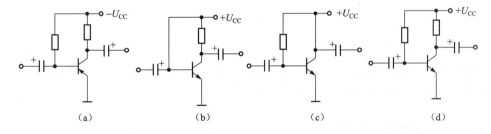

题图 4-1

4-18 在题图 4-2 中，已知 $U_{BE} = 0.6$ V，$\beta = 50$。（1）欲使三极管截止，R_B 应为多大？（2）若 $R_B = 300$ kΩ，欲使三极管饱和，R_C 应为多大？（3）若 $R_B = 300$ kΩ，$R_C = 3.9$ kΩ，三极管处于何种状态？

4-19 晶体管放大电路如题图 4-3 所示，已知 $U_{CC} = 15$ V，$R_B = 500$ kΩ，$R_C = 5$ kΩ，$R_L = 5$ kΩ，$\beta = 50$。（1）求静态工作点；（2）画出微变等效电路；（3）求放大倍数、输入电阻、输出电阻。

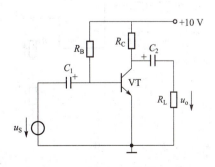

题图 4-2

4-20 放大电路如题图 4-4 所示，晶体管的电流放大系数 $\beta = 50$，$U_{BE} = 0.6$ V，$R_{B1} = 110$ kΩ，$R_{B2} = 10$ kΩ，$R_C = 6$ kΩ，$R_E = 400$ Ω，$R_L =$

6 kΩ。(1) 计算静态工作点；(2) 画出微变等效电路；(3) 计算电压放大倍数。

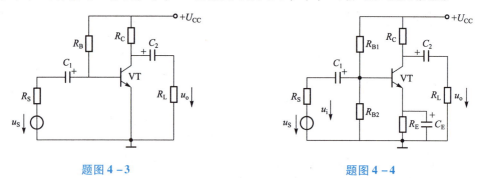

题图 4-3　　　　　　　　　　　　题图 4-4

4-21　电路如题图 4-5 所示，已知 $U_{CC}=20$ V，$R_{B11}=100$ kΩ，$R_{B12}=24$ kΩ，$R_{C1}=15$ kΩ，$R_{E1}=5.1$ kΩ，$R_{B21}=33$ kΩ，$R_{B22}=6.8$ kΩ，$R_{C2}=7.5$ kΩ，$R_{E2}=2$ kΩ，$R_L=5$ kΩ，$\beta_1=80$，$\beta_2=100$，$U_{BE1}=U_{BE2}=0.7$ V。(1) 画出电路的微变等效电路；(2) 求各级的输入电阻和输出电阻；(3) 求各级的电压放大倍数和总的电压放大倍数（设 $R_S=0$）。

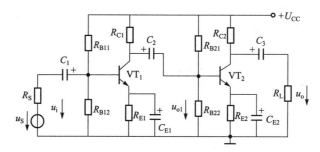

题图 4-5

4-22　电路如题图 4-6 所示，求输出电压 u_o 与输入电压 u_i 之间运算关系的表达式。

4-23　在题图 4-7 中，已知输入电压 $u_i=-1$ V，$R_F=125$ kΩ，$R_1=25$ kΩ，运算放大器的开环放大倍数 $A=100\,000$，求输出电压 u_o。

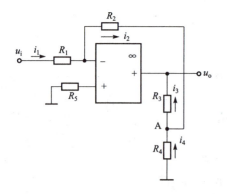

题图 4-6

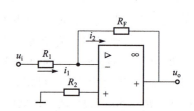

题图 4-7

第5章

数字电路基础

 导　读

数字电子技术在近30年来得到了飞速发展，已经渗透到各个领域，极大地改变了世界的面貌。图5-1所示的数字钟包含了逻辑门电路、由逻辑门电路构成的组合逻辑电路、触发器、由触发器构成的时序逻辑电路、脉冲波形的产生和整形及分配电路等五类电路。同样，虽然这五类电路各有多种实际应用电路，但可通过对数字钟的学习来掌握数字电子电路的通用理论知识和基本技能。

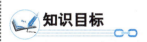 知识目标

1. 掌握基本概念。
2. 掌握逻辑门电路知识。
3. 掌握组合逻辑电路的化简和作图。
4. 了解触发器的工作原理。
5. 了解时序逻辑电路的组成。
6. 了解脉冲波形的产生、整形及分配电路。

图5-1　数字钟电路实物图

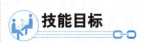 技能目标

能用万用表检查TTL系列电路的好坏。

实践活动：用74LS00构造3人抢答器

1. 实践活动任务描述

如图5-2所示，有三个开关分别控制着三个LED发光二极管，当其中一个开关按下，而其他两开关未按下或迟按下，按下的开关接通电源，对应的发光二极管亮起，并保证其他开关按下时，对应的发光二极管不会再亮。

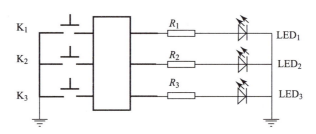

图5-2 三人抢答器

2. 实践仪器与元件

74LS00元器件及连线若干、发光二极管三个、开关三个、直流电源、万用表。

3. 活动提示

（1）根据三个输入端和三个输出端列出真值表。
（2）当求解一个输出端的表达式时，建议把另两个输出端看成输入端。
（3）求出三输出端的表达式后，画出电路图。
（4）按电路图连接好电路，并接上直流电源。
（5）调试电路。

5.1 基本概念

5.1.1 数字电路概念

电子电路中的电信号可以分成两类。在交流放大器和直流放大器中，一类电信号是随着时间连续变化的，它们是对各种连续变化量如温度、压力、速度等的模拟，因此称为模拟信号。处理模拟信号的电子电路称为模拟电路。另一类电信号是不连续的突变信号，它们在时间和数值上都是离散的，这种电信号称为数字信号，如对某一机械零件生产线的产品进行自动计数。如图5-3（a）所示，当一个零件从电光源与光电管之间穿过时，光电管被遮挡一次，相应地产生一个电信号；没有零件通过时，光电设备不产生信号。电信号经过放大、整形处理，波形如图5-3（b）所示，这种电信号就是一种典型的数字信号。处理数字信号的电子电路称为数字电路。在学习数字电路时，重点在于研究各种数字电路的输入与输出状态之间的关系。因为任何一个数字电路的输出信号与输入信号之间都有一定的逻辑关系，所以也把数字电路称为逻辑电路。

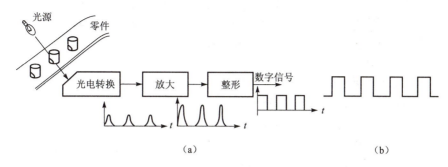

图 5-3 机械零件生产线的产品自动计数
(a) 自动计数器；(b) 数字信号

与模拟电路相比，数字电路主要有以下优点。

(1) 便于高度集成化。由于数字电路采用二进制，凡具有两个状态的电路都可用 0 和 1 两个数来表示，因此，基本单元电路的结构简单，允许电路参数有嵌套的离散性，可将众多的基本单元电路集成在同一块硅片上进行批量生产。

(2) 工作可靠性高、抗干扰通用性强。数字信号是用"1"和"0"来表示信号的有和无，数字电路辨别信号的有和无是很容易做到的，从而大大提高了电路的工作可靠性；同时，数字信号不易受到噪声干扰，因此，它的抗干扰能力很强。

(3) 数字信息便于长期保存。借助某种媒体（如磁盘、光盘等）可将数字信息长期保存下来。

(4) 数字集成电路产品系列多、通用性强、成本低。

(5) 保密性好。数字信息容易进行加密处理，不易被窃取。

5.1.2 数制与编码

1. 数制

数制是一种计数的方法，它是进位计数制的简称。这些数制所用的数字符号叫做数码，某种数制所用数码的个数称为基数。

(1) 十进制。日常生活中人们最习惯用的是十进制。十进制是以 10 为基数的计数制。在十进制中，每位有 0~9 十个数码，它的进位规则是"逢十进一"。例如

$$(6\,341)_{10} = 6 \times 10^3 + 3 \times 10^2 + 4 \times 10^1 + 1 \times 10^0$$

其中 10^3、10^2、10^1、10^0 为千位、百位、十位、个位的权，它们都是基数 10 的幂。数码与权的乘积，称为加权系数，如上述的 6×10^3、3×10^2、4×10^1、1×10^0。十进制的数值是各位加权系数的和。

由此可见，任意一个十进制整数 $(N)_{10}$，都可以用下式表示，即

$$(N)_{10} = k_{n-1} \times 10^{n-1} + k_{n-2} \times 10^{n-2} + \cdots + k_1 \times 10^1 + k_0 \times 10^0 \tag{5-1}$$

式中，k_{n-1}、k_{n-2}、$\cdots$、k_1、k_0 为以 0、1、2、$\cdots$、8、9 表示的数码。

(2) 二进制。数字电路中应用最广泛的是二进制。二进制是以 2 为基数的计数制。在二进制中，每位只有"0"和"1"两个数码，它的进位规则是"逢二进一"。例如

$$(1\,011)_2 = 1 \times 2^3 + 0 \times 2^2 + 1 \times 2^1 + 1 \times 2^0 = 8 + 0 + 2 + 1 = (11)_{10}$$

各位的权都是 2 的幂，以上四位二进制数所在位的权依次为 2^3、2^2、2^1、2^0。

与十进制数相似，任意一个二进制整数 $(N)_2$ 可以用下式表示，即

$$(N)_2 = k_{n-1} \times 2^{n-1} + k_{n-2} \times 2^{n-2} + \cdots + k_1 \times 2^1 + k_0 \times 2^0 \tag{5-2}$$

式中，k_{n-1}，k_{n-2}，$\cdots$，k_1，k_0 为以 0、1 表示的数码。

（3）二 - 十进制的相互转换。

二进制数转换成十进制数，只要将二进制数的各位加权系数求和即可。

【例 5 - 1】 将 $(10\ 101)_2$ 转换成十进制数。

【解】
$$\begin{aligned}(10\ 101)_2 &= 1 \times 2^4 + 0 \times 2^3 + 1 \times 2^2 + 0 \times 2^1 + 1 \times 2^0 \\ &= 16 + 0 + 4 + 0 + 1 \\ &= (21)_{10}\end{aligned}$$

十进制数转换成二进制数，用"除以 2 取余数后余先排"法。

【例 5 - 2】 将 $(14)_{10}$ 转换成二进制数。

【解】

```
2 | 14        …余 0… k_0
2 |  7        …余 1… k_1
2 |  3        …余 1… k_2
2 |  1        …余 1… k_3
      0
```

$(14)_{10} = (1\ 110)_2 = (k_3 k_2 k_1 k_0)_2$

2. 编码

在数字系统中，二进制数码不仅可表示数值的大小，而且常用于表示特定的信息。将若干个二进制数码 0 和 1 按一定的规则排列起来表示某种特定含义的代码，称为二进制代码。建立这种代码与图形、文字、符号或特定对象之间一一对应关系的过程，就称为编码。例如，在开运动会时，每个运动员都有一个号码，这个号码只用于表示不同的运动员，并不表示数值的大小。将十进制数的 0~9 十个数字用二进制数表示的代码，称为二 - 十进制码，又称 BCD 码。常用的二 - 十进制代码为 8421BCD 码，这种代码每一位的权值是固定不变的，为恒权码。它取了四位自然二进制数的前十种组合，即 0000（0）~1001（9），从高位到低位的权值分别是 8、4、2、1，去掉后六种组合 1010~1111，所以称为 8421BCD 码。如 $(1001)_{8421BCD} = (9)_{10}$、$(53)_{10} = (01010011)_{8421BCD}$。表 5 - 1 所示是十进制数与 8421BCD 码的对应关系。

表 5 - 1 十进制数与 8421BCD 码的对应关系

十进制数	0	1	2	3	4	5	6	7	8	9
8421BCD 码	0000	0001	0010	0011	0100	0101	0110	0111	1000	1001

5.2 逻辑函数

逻辑代数又称为布尔代数，是英国数学家乔治·布尔于 19 世纪中叶首先提出的，它是

用于描述客观事物逻辑关系的数学方法。逻辑代数是分析和设计逻辑电路的主要数学工具。本节首先通过实例引出逻辑代数的基本概念,介绍逻辑函数的表示方法,然后重点介绍逻辑代数的基本逻辑运算和常用的复合逻辑运算,简要讲述逻辑代数中的基本定律,最后介绍逻辑函数的公式化简法。

5.2.1 基本概念

1. 逻辑变量

所谓逻辑,简单地说,就是表示事物的因果关系,即输入、输出之间变化的因果关系,而逻辑事件是具有以下共性的一类事物:其存在或表现形式有且仅有两个相互对立的状态,而且它必定是这两个状态中的一个。例如,实例中的开关只有"闭合"和"断开"两种状态,而且开关的状态必为二者之一;灯只有"亮""灭"两种对立状态。再如,生物的活与死;射击导弹的击中目标与未击中目标;竞选的成功与失败;外星人的存在与不存在……上述事件都是逻辑事件,又可以叫做逻辑变量。逻辑变量是二值变量,只有两个取值,用"0"和"1"表示。例如,可以用"1"表示开关接通,用"0"表示开关断开;用"1"表示高电平,用"0"表示低电平;用"1"表示灯亮,用"0"表示灯灭等。

在数字逻辑电路中,用来表示条件的逻辑变量就是输入变量(如 A、B、C、…),用来表示结果的逻辑变量就是输出变量 Y。字母上无反号的叫原变量(如 A),有反号的叫反变量(如 $\bar{A}$)。

2. 逻辑函数式

在现实生活中的一些实际关系,会使某些逻辑量的取值互相信赖,或互为因果。例如,开关的通、断决定了发光二极管的亮、灭,反过来也可以从发光二极管的状态推出开关的相应状态,这样的关系称为逻辑函数关系。它可用逻辑函数式(也称逻辑表达式)来描述,其一般形式为 $Y=f(A, B, C, \cdots)$。

5.2.2 逻辑运算

逻辑运算即逻辑函数的运算,它包括基本逻辑运算和复合逻辑运算两类。

1. 基本逻辑运算

在逻辑代数中,最基本的逻辑关系有三种,即与逻辑、或逻辑、非逻辑。相应的有三种最基本的逻辑运算,即与运算、或运算、非运算,它们分别对应于三种基本的逻辑关系。其他任何复杂的逻辑运算都是由这三种基本运算组成的。下面就分别讨论这三种基本的逻辑运算。

1)与

图 5-4(a)是两个开关 A、B 和灯泡及电源组成的串联电路,这是一个简单的与逻辑电路。分析电路可知,只有当开关 A 和 B 都闭合时,灯泡 Y 才会亮;A 和 B 只要有一个断开或者全都断开,则灯泡灭。它们之间的关系可以用图 5-4(b)表示。其真值表如图 5-4(c)所示。逻辑与的含义是:只有当决定一事件的所有条件全部具备时,这个事件才会发生。逻辑与也叫逻辑乘。

在逻辑电路中,把能实现与运算的基本单元叫做与门,其逻辑符号如图 5-4(d)所示。

（a）

A	*B*	*Y*
断开	断开	灭
断开	闭合	灭
闭合	断开	灭
闭合	闭合	亮

（b）

A	*B*	*Y*
0	0	0
0	1	0
1	0	0
1	1	1

（c）

（d）

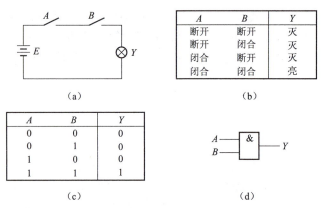

图5－4　与逻辑电路、关系、真值表和符号

逻辑函数 Y 与逻辑变量 A、B 的与运算表达式为

$$Y = A \cdot B$$

式中，“·”为逻辑与运算符，也可以省略。

对于多输入变量，其与运算的表达式为

$$Y = ABCD\cdots$$

与运算的输入输出关系为“有0出0，全1出1”。

2）或

图5－5（a）是一个简单的或逻辑电路。若逻辑变量 A、B、Y 和前述的定义相同，通过分析电路可知：A、B 中只要有一个为“1”，则 $Y=1$，即 $A=1$、$B=0$，或 $A=0$、$B=1$，或 $A=1$、$B=1$ 时，都有 $Y=1$；只有 A、B 全为“0”时，Y 才为“0”。其真值表如图5－5（b）所示。因此，逻辑或的含义是：在决定一事件的各条件中，只要有一个或一个以上的条件具备时，这个事件就发生。逻辑或也叫逻辑加。

（a）

A	*B*	*Y*
0	0	0
0	1	1
1	0	1
1	1	1

（b）

（c）

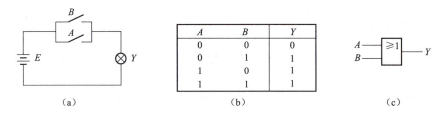

图5－5　或逻辑电路、真值表和逻辑符号

在逻辑电路中，把能实现或运算的基本单元叫做或门，其逻辑符号如图5－5（c）所示。逻辑函数 Y 与逻辑变量 A、B 的或运算表达式为

$$Y = A + B$$

式中，“+”为逻辑或运算符。

对于多输入变量，其或运算的表达式为

$$Y = A + B + C + D + \cdots$$

或运算的输入输出关系为“有1出1，全0出0”。

3）非

图5－6（a）是一个简单的非逻辑电路。分析电路可以知道，只有开关 A 断开的时候，

灯泡 Y 才亮。它们之间的关系可以用图 5-6（b）所示的状态图来表示。开关 A 对应于断开和闭合两种状态，灯泡 Y 对应于亮和灭两种状态，这两种对立的逻辑状态可以用"0"和"1"来表示，但是它们并不代表数量的大小，只是表示了两种对立的可能。假设开关断开和灯泡不亮用"0"表示，开关闭合和灯泡亮用"1"表示，可以得到图 5-6（c）所示的真值表。从真值表可以看出，逻辑非的含义为：当条件不具备时，事件才发生。

在逻辑电路中，把能实现非运算的基本单元叫做非门，其逻辑符号如图 5-6（d）所示。

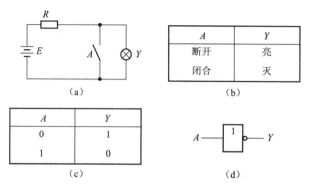

图 5-6 非逻辑电路、关系、真值表和符号

对逻辑变量 A 进行逻辑非运算的表达式为

$$Y = \overline{A}$$

其中，$\overline{A}$ 读做 A 非或 A 反。注意在这个表达式中，变量（A，Y）的含义与普通代数有本质的区别：无论输入量 A 还是输出量 Y，都只有两种取值"0"和"1"，没有第三种值。

2. 复合逻辑运算

由与、或、非三种基本逻辑运算组合，可以得到复合逻辑运算，即复合逻辑函数。以下介绍常见的复合逻辑运算。

1) 与非

与非运算顺序为先与后非。与非逻辑的函数表达式为

$$Y = \overline{AB}$$

表达式称为逻辑变量 A、B 的与非，其真值表和逻辑符号如图 5-7 所示。

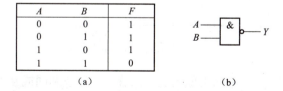

图 5-7 与非逻辑的真值表和逻辑符号

与非运算的输入输出关系是"有 0 出 1，全 1 出 0"。

2) 或非

或非运算为先或后非，或非逻辑的函数表达式为

$$Y = \overline{A + B}$$

表达式 $Y=\overline{A+B}$ 称为逻辑变量 A、B 的或非，其真值表和逻辑符号如图 5－8 所示。

A	B	Y
0	0	1
0	1	0
1	0	0
1	1	0

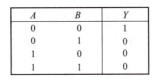

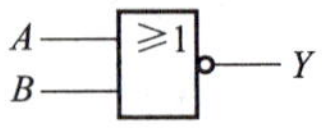

图 5－8　或非逻辑的真值表和逻辑符号

或非运算的输入输出关系是“全 0 出 1，有 1 出 0”。

3）与或非

与或非运算为先与后或再非，图 5－9 所示为与或非逻辑符号。关于与或非的真值表请读者作为练习自行列出。与或非逻辑的函数表达式为

$$Y=\overline{AB+CD}$$

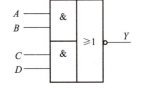

图 5－9　与或非逻辑符号

4）同或和异或

逻辑表达式 $Y=\bar{A}B+A\bar{B}$ 表示 A 和 B 的异或运算，其真值表和逻辑符号如图 5－10 所示。从真值表可以看出，异或运算的含义是：当输入变量相同时，输出为“0”；当输入变量不同时，输出为“1”。$Y=\bar{A}B+A\bar{B}$ 又可以表示为 $Y=A\oplus B$，符号“$\oplus$”读做异或。

A	B	Y
0	0	0
0	1	1
1	0	1
1	1	0

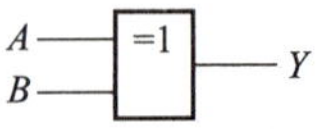

图 5－10　异或逻辑的真值表和逻辑符号

逻辑表达式 $Y=\bar{A}\,\bar{B}+AB$ 表示 A 和 B 的同或运算，其真值表和逻辑符号如图 5－11 所示。从真值表可以看出，同或运算的含义是：当输入变量相同时，输出为“1”；当输入变量不同时，输出为“0”。$Y=\bar{A}\,\bar{B}+AB$ 又可以表示为 $Y=A\odot B$，符号“$\odot$”读做同或。

A	B	Y
0	0	1
0	1	0
1	0	0
1	1	1

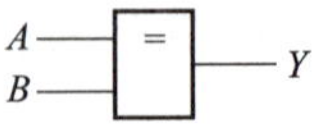

图 5－11　同或逻辑的真值表和逻辑符号

通过图 5－10 和图 5－11 中的真值表也可以看出，异或和同或互为非运算，即

$$Y=A\odot B=\overline{A\oplus B}$$

5.2.3　逻辑函数的表示方法

表示一个逻辑函数有多种方法，常用的有逻辑函数表达式、真值表、卡诺图、逻辑图等。它们各有特点，又相互联系，还可以相互转换，现介绍如下。

1. 逻辑函数表达式

用与、或、非等逻辑运算表示逻辑变量之间关系的代数式，叫逻辑函数表达式，如 $Y = A + B$、$Y = A \cdot B + C + D$ 等。

2. 真值表

在前面的论述中，已经多次用到真值表。描述逻辑函数各个变量的取值组合和逻辑函数取值之间对应关系的表格，叫真值表。每一个输入变量有"0"和"1"两个取值，n 个变量就有 2^n 个不同的取值组合，如果将输入变量的全部取值组合和对应的输出函数值一一对应地列举出来，即可得到真值表。表 5-2 分别列出了两个变量的与、或、与非及异或运算的真值表。下面举例说明列真值表的方法。

表 5-2 两变量函数真值表

变量		函数			
A	B	AB	A+B	$\overline{AB}$	$A \oplus B$
0	0	0	0	1	1
0	1	0	1	1	1
1	0	0	1	1	1
1	1	1	1	0	0

【例 5-3】列出函数 $Y = \overline{\overline{AB}}$ 的真值表。

【解】该函数有两个输入变量，共有四种输入取值组合，分别将它们代入函数表达式并进行求解，可得到相应的输出函数值。将输入、输出值一一对应列出，即可得到表 5-3 所示的真值表。

表 5-3 函数 $Y = \overline{\overline{AB}}$ 的真值表

A	B	Y
0	0	1
0	1	1
1	0	1
1	1	0

3. 逻辑图

由逻辑符号表示的逻辑函数的图形叫做逻辑电路图，简称逻辑图。例如，$Y = \overline{\overline{A\,B} \cdot \overline{AB}}$ 的逻辑图如图 5-12 所示。

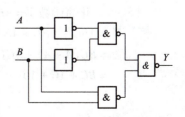

图 5-12 逻辑电路图

5.2.4 逻辑代数的基本定律

逻辑代数表示的是逻辑关系，而不是数量关系，这是它与普通代数的本质区别。逻辑代数的基本定律显示了逻辑运算应遵循的基本规律，是化简和变换逻辑函数的基本依据，这些定律有其独自的特性，但也有一些和普通代数相似的性质，因此要严格区分，不能混淆。

在逻辑代数中只有逻辑乘（"与"逻辑）、逻辑加（"或"逻辑）和求反（"非"逻辑）三种基本运算。根据这三种基本运算可以导出逻辑运算的一些法则和定律，见表5-4。

表5-4 逻辑代数的基本法则和定律

0-1定律	$A+1=1$	$A \cdot 0 = 0$
自等律	$A+0=A$	$A \cdot 1 = A$
重叠律	$A+A=A$	$A \cdot A = A$
互补律	$A+\bar{A}=1$	$A \cdot \bar{A} = 0$
交换律	$A+B=B+A$	$A \cdot B = B \cdot A$
结合律	$(A+B)+C=A+(B+C)$	$(A \cdot B) \cdot C = A \cdot (B \cdot C)$
分配律	$A(B+C)=A \cdot B + A \cdot C$	$A+B \cdot C = (A+B)(A+C)$
吸收律	$A+AB=A$ $A+\bar{A}B=A+B$	$A(A+B)=A$ $AB+\bar{A}C+BC=AB+\bar{A}C$
对合律	$AB+A\bar{B}=A$	$(A+B)(A+\bar{B})=A$
反演律	$\overline{A+B}=\bar{A} \cdot \bar{B}$	$\overline{A \cdot B}=\bar{A}+\bar{B}$

5.2.5 逻辑函数的化简

大多数情况下，由逻辑真值表写出的逻辑函数式，以及由此而画出的逻辑电路图往往比较复杂。如果可以化简逻辑函数，就可以使对应的逻辑电路简单，所用器件减少，电路的可靠性也因此而提高。逻辑函数的化简有两种方法，即公式化简法和卡诺图化简法。本书只介绍公式化简法。

公式化简法就是运用上述的逻辑代数运算法则和定律把复杂的逻辑函数式化成简单的逻辑式。

【例5-4】 化简函数 $Y=\bar{A}BC+\bar{A}B\bar{C}$。

【解】 $Y=\bar{A}BC+\bar{A}B\bar{C}=\bar{A}B(C+\bar{C})=\bar{A}B$

【例5-5】 化简函数 $Y=AB+AB(C+D)$。

【解】 $Y=AB+AB(C+D)=AB(1+C+D)=AB$

【例5-6】 化简函数 $Y=\bar{A}BC+A\bar{B}C+AB\bar{C}+ABC$。

【解】 $Y=\bar{A}BC+A\bar{B}C+AB\bar{C}+ABC$
$\quad = BC(\bar{A}+A)+AC(\bar{B}+B)+AB(\bar{C}+C)$
$\quad = BC+AC+AB$

5.3 逻辑门电路

逻辑门电路是指能实现一些基本逻辑关系的电路，简称"门电路"或"逻辑元件"，是数字电路的最基本单元。门电路通常有一个或多个输入端,输入与输出之间满足一定的逻辑关系。实现基本逻辑运算的电路称为基本门电路,基本门电路有与门、或门、非门。最基本的逻辑关系有 3 种,即与逻辑、或逻辑和非逻辑,与之相对应的逻辑门电路分别是与门、或门和非门。它们的逻辑关系、电路组成、逻辑功能及符号见表 5 – 5。

表 5 – 5　三种基本逻辑门

逻辑关系	逻辑表达式	记忆口诀	逻辑符号
与	$Y = A \cdot B$	全 1 出 1 见 0 出 0	A —[&]— Y，B 输入
或	$Y = A + B$	全 0 出 0 见 1 出 1	A —[≥1]— Y，B 输入
非	$Y = \overline{A}$		A —[1]o— Y

在实际中可以将上述的基本逻辑门电路组合起来,构成常用的复合逻辑门电路,以实现各种逻辑功能。常见的复合门电路有与非门、或非门、与或非门、异或门、同或门等。

与非门、或非门、与或非门电路分别是与门、或门、非门三种门电路的串联组合。其逻辑电路如图 5 – 13 所示。

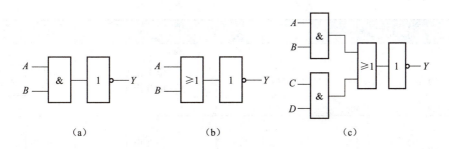

图 5 – 13　逻辑电路
(a) 与非;(b) 或非;(c) 与或非

异或门电路的特点是两个输入端信号相异时输出为"1",相同时输出为"0",其逻辑电路如图 5 – 14 所示。同或门电路的特点是两个输入端信号相同时输出为"1",相异时输出为"0",其逻辑电路如图 5 – 15 所示。

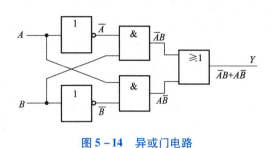

图 5-14 异或门电路　　　　　　　图 5-15 同或门电路

用 T4000（74LS00）四-二输入与非门构成一个二输入或门，如图 5-16 所示。

$$Y = \overline{\overline{A} \cdot \overline{B}} = A + B$$

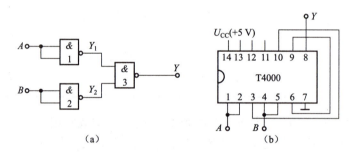

图 5-16 用 74LS00 组成或门电路

(a) 74LS00 组成或门电路图；(b) 74LS00 结构图

表 5-6 列出了几种常见的复合逻辑门电路的逻辑表达式、记忆口诀及逻辑符号。

表 5-6 几种常见的复合逻辑关系

逻辑关系	逻辑表达式	记忆口诀	逻辑符号
与非	$Y = \overline{ABC}$	全1出0 见0出1	
或非	$Y = \overline{A+B+C}$	全0出1 见1出0	
与或非	$Y = \overline{AB+CD}$		

续表

逻辑关系	逻辑表达式	记忆口诀	逻辑符号
异或	$Y = A \oplus B = \overline{A}B + A\overline{B}$	相同出 0 相异出 1	A —[=1]— Y B —
同或	$Y = \overline{A \oplus B} = \overline{A}\,\overline{B} + AB$	相同出 1 相异出 0	A —[=]— Y B —

门电路可以由二极管、三极管及阻容等分立元件构成，也可由 TTL 型或 CMOS 型集成电路构成。目前，TTL 与非门是应用最普遍的 TTL 门电路。图 5 – 17 和图 5 – 18 所示为两种 TTL 典型门电路的结构图。

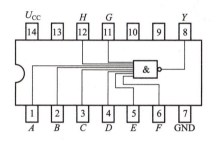

图 5 – 17　CT74LS30（八输入与非门）

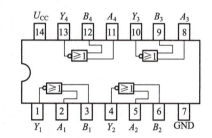

图 5 – 18　CT74LS02（四 – 二输入或非门）

5.4　组合逻辑电路

数字逻辑电路根据输出信号对输入信号响应的不同，可分为组合逻辑电路和时序逻辑电路两大类。

组合逻辑电路的特点是：电路任一时刻的输出状态，只决定于该时刻各输入状态的组合，而与电路的原状态无关。组合逻辑电路在电路结构上只由门电路组成，不含有记忆性的器件，没有从输出反馈到输入的回路。

组合逻辑电路所研究的两个基本问题就是分析和设计。所谓组合逻辑电路的分析，就是根据所给出的组合逻辑电路，写出输出函数的逻辑表达式，依此来说明所给电路的逻辑功能。组合逻辑电路的设计，就是根据给定的逻辑要求或描述某一逻辑功能的逻辑函数，确定用什么方案及逻辑门来实现给定逻辑要求的逻辑电路，同时要求设计的电路简单、可靠。

本章通过实例，着重介绍组合逻辑电路。

5.4.1　组合逻辑电路的分析方法

组合逻辑电路分析的任务是：从给定组合逻辑电路图中找出输出和输入之间的逻辑关系，分析其逻辑功能。组合逻辑电路分析的步骤如图 5 – 19 所示。

图5-19 组合逻辑电路分析步骤

(1) 根据给定逻辑电路图,从电路的输入到输出逐级写出输出变量对应输入变量的逻辑表达式。

(2) 对写出的逻辑表达式进行化简、变换,求得其最简表达式,列出真值表。

(3) 从逻辑表达式或真值表分析出组合逻辑电路的逻辑功能。

【例5-7】组合逻辑电路如图5-20所示,分析该电路的逻辑功能。

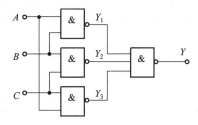

图5-20 例5-7图

【解】(1) 由逻辑图逐级写出逻辑表达式,即

$$Y_1 = \overline{AB}$$
$$Y_2 = \overline{BC}$$
$$Y_3 = \overline{CA}$$
$$Y = \overline{Y_1 Y_2 Y_3} = \overline{\overline{AB} \cdot \overline{BC} \cdot \overline{AC}}$$

(2) 化简逻辑表达式,即

$$Y = AB + BC + CA$$

(3) 列出真值表(见表5-7)。

表5-7 真值表

A	B	C	Y
0	0	0	0
0	0	1	0
0	1	0	0
0	1	1	1
1	0	0	0
1	0	1	1
1	1	0	1
1	1	1	1

(4) 分析组合逻辑电路的逻辑功能。

当输入A、B、C中有两个或三个为1时,输出Y为"1";否则输出Y为"0"。所以,这个电路实际上是一种三人表决用的组合电路:只要有两票或三票同意,表决就通过。

5.4.2　组合逻辑电路的典型器件

1. 编码器

1）二进制编码器

用 n 位二进制代码对 $2n$ 个信号进行编码的电路就是二进制编码器。一般而言，N 个不同的信号，至少需要 n 位二进制数编码。N 和 n 之间满足下列关系，即

$$2^n \geq N$$

三位二进制编码器有八个输入端、三个输出端，所以常称为八线－三线编码器，其功能真值表见表 5－8，输入为高电平有效。

表 5－8　编码器真值表

输入								输出		
I_0	I_1	I_2	I_3	I_4	I_5	I_6	I_7	A_2	A_1	A_0
1	0	0	0	0	0	0	0	0	0	0
0	1	0	0	0	0	0	0	0	0	1
0	0	1	0	0	0	0	0	0	1	0
0	0	0	1	0	0	0	0	0	1	1
0	0	0	0	1	0	0	0	1	0	0
0	0	0	0	0	1	0	0	1	0	1
0	0	0	0	0	0	1	0	1	1	0
0	0	0	0	0	0	0	1	1	1	1

2）二－十进制编码器

将十进制的 0～9 十个数码编成二进制代码的电路称为二－十进制编码器。二－十进制编码器通常使用在进行人机对话的场合，以便将人们习惯的十进制数码编成机器所能执行的二进制代码，如计算机的键盘数码输入电路就是典型的键控式二－十进制编码器。表 5－9 所示为键控 8421BCD 码编码器的真值表。$S_9 \sim S_0$ 为输入端，GS 为编码器的工作标志，编码时为"1"。

表 5－9　键控 8421BCD 码编码器真值表

输入										输出				
S_9	S_8	S_7	S_6	S_5	S_4	S_3	S_2	S_1	S_0	A	B	C	D	GS
1	1	1	1	1	1	1	1	1	1	0	0	0	0	0
1	1	1	1	1	1	1	1	1	0	0	0	0	0	1
1	1	1	1	1	1	1	1	0	1	0	0	0	1	1
1	1	1	1	1	1	1	0	1	1	0	0	1	0	1
1	1	1	1	1	1	0	1	1	1	0	0	1	1	1
1	1	1	1	1	0	1	1	1	1	0	1	0	0	1
1	1	1	1	0	1	1	1	1	1	0	1	0	1	1

续表

S_9	S_8	S_7	S_6	S_5	S_4	S_3	S_2	S_1	S_0	A	B	C	D	GS
1	1	1	0	1	1	1	1	1	1	0	1	1	0	1
1	1	0	1	1	1	1	1	1	1	0	1	1	1	1
1	0	1	1	1	1	1	1	1	1	1	0	0	0	1
0	1	1	1	1	1	1	1	1	1	1	0	0	1	1

2. 译码器

译码器的作用是将输入代码转换成特定的输出信号。

假设译码器有 n 个输入信号和 N 个输出信号,如果 $2^n = N$,就称为全译码器。常见的全译码器有二线 – 四线译码器、三线 – 八线译码器、四线 – 16 线译码器等。如果 $N < 2^n$,称为部分译码器,如二 – 十进制译码器(也称作四线 – 10 线译码器)等。

下面以二线 – 四线译码器为例,说明译码器的工作原理和电路结构。

1)二线 – 四线译码器

二线 – 四线译码器的功能见表 5 – 10,EI 为使能输入端,$Y_0 \sim Y_1$ 为输出端,低电平有效。

表 5 – 10 二线 – 四线译码器功能表

输入			输出			
EI	A	B	Y_0	Y_1	Y_2	Y_3
1	×	×	1	1	1	1
0	0	0	0	1	1	1
0	0	1	1	0	1	1
0	1	0	1	1	0	1
0	1	1	1	1	1	0

2)集成译码器

74LS138 是一种典型的二进制译码器,其逻辑图和引脚图如图 5 – 21 所示。它有三个输入端(A_2、A_1、A_0),八个输出端($Y_0 \sim Y_7$),所以常称为三线 – 八线译码器,属于全译码器。输出为低电平有效,G_1、G_{2A} 和 G_{2B} 为使能输入端。

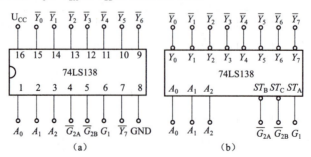

图 5 – 21 三线 – 八线译码器 74LS138
(a)引脚排列图;(b)逻辑功能示意图

3. 显示译码器

在数字系统中，常常需要将数字、字母、符号等直观地显示出来，供人们读取或监视系统的工作情况。能够显示数字、字母或符号的器件称为数字显示器。

在数字电路中，数字量都是以一定的代码形式出现的，所以这些数字量要先经过译码，才能送到数字显示器中显示。这种能把数字全翻译成数字显示器所能识别信号的译码器称为数字显示译码器。

目前应用最广泛的是由发光二极管构成的七段数字显示器，如图 5-22 所示。

七段数字显示器的外形如图 5-23（a）所示，它由七段发光二极管组成（加上小数点位八段），利用字段的不同组合，可以分别显示 0~9 十个数字，如图 5-24 所示。

发光二极管的内部有两种接法，图 5-23（b）所示为共阴极接法，当 $a \sim h$ 端接高电平时相应的二极管段发光；图 5-22（c）所示为共阳极接法，当 $a \sim h$ 端接低电平时相应的二极管段发光。

图 5-22 发光二极管构成的七段数字显示器实物图

用来驱动各种显示器件，从而将用二进制代码表示的数字、文字、符号翻译成人们习惯的形式直观地显示出来的电路，称为显示译码器。常用的集成显示译码器有 7448、CC14547 等。

七段显示译码器相当于一个代码转换电路，将输入的四位 BCD 码转换成七段显示代码。其与七段数字显示器的连接如图 5-25 所示。

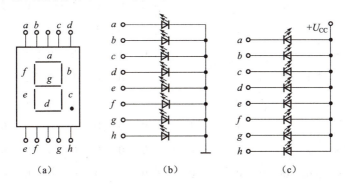

图 5-23 七段数码显示器
(a) 外形图；(b) 共阴极；(c) 共阳极

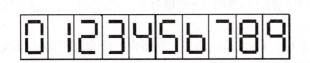

图 5-24 显示器分别显示 0~9 十个数字

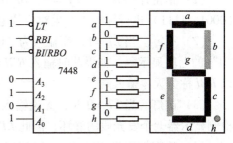

图 5-25 七段显示译码电路

例如，在 7448 的输入端 A_3、A_2、A_1、A_0 输入 8421BCD 码 0101（对应的十进制数是 5），7448 的译码输出 $a\sim h$ 为 "10110110"，七段数字显示器显示 5 的字样。

表 5–11 是七段显示译码器 7448 的逻辑功能表。

表 5–11 七段显示译码器 7448 的逻辑功能表

功能 （输入）	输入						输入/输出	输出							显示 字形
	LT	*RBI*	A_3	A_2	A_1	A_0	*BI/RBO*	*a*	*b*	*c*	*d*	*e*	*f*	*g*	
0	1	1	0	0	0	0	1	1	1	1	1	1	1	0	⌐
1	1	×	0	0	0	1	1	0	1	1	0	0	0	0	¦
2	1	×	0	0	1	0	1	1	1	0	1	1	0	1	⊇
3	1	×	0	0	1	1	1	1	1	1	1	0	0	1	⊇
4	1	×	0	1	0	0	1	0	1	1	0	0	1	1	⊔
5	1	×	0	1	0	1	1	1	0	1	1	0	1	1	⊑
6	1	×	0	1	1	0	1	0	0	1	1	1	1	1	⊑
7	1	×	0	1	1	1	1	1	1	1	0	0	0	0	⊓
8	1	×	1	0	0	0	1	1	1	1	1	1	1	1	⊟
9	1	×	1	0	0	1	1	1	1	1	0	0	1	1	⊐
10	1	×	1	0	1	0	1	0	0	0	1	1	0	1	⊏
11	1	×	1	0	1	1	1	0	0	1	1	0	0	1	⊐
12	1	×	1	1	0	0	1	0	1	0	0	0	1	1	⊔
13	1	×	1	1	0	1	1	1	0	0	1	0	1	1	⊑
14	1	×	1	1	1	0	1	0	0	0	1	1	1	1	⊑
15	1	×	1	1	1	1	1	0	0	0	0	0	0	0	
灭灯	×	×	×	×	×	×	0	0	0	0	0	0	0	0	
灭零	1	0	0	0	0	0	0	0	0	0	0	0	0	0	
试灯	0	×	×	×	×	×	1	1	1	1	1	1	1	1	⊟

7448 的逻辑功能如下。

（1）正常译码显示。$LT=1$，$BI/RBO=1$ 时，对输入为十进制数 1～15 的二进制码（0001～1111）进行译码，产生对应的七段显示码。

（2）灭零。当 $LT=1$，而输入为 "0" 的二进制码 0000 时，只有当 $RBI=1$ 时，才产生 "0" 的七段显示码。如果此时输入 $RBI=0$，则译码器的 $a\sim g$ 输出全为 0，显示器全灭，所以 RBI 称为灭零输入端。

（3）试灯。当 $LT=0$ 时，无论输入怎样，$a\sim g$ 输出全 1，数码管七段全亮，由此可以检测显示器七个发光段的好坏，因此 LT 称为试灯输入端。

（4）特殊控制端 BI/RBO。BI/RBO 可以作输入端，也可以作输出端。作输入使用时，如果 $BI=0$ 时，不管其他输入端为何值，$a\sim g$ 均输出 "0"，显示器全灭，因此 BI 称为灭灯输入端；作输出端使用时，受控于 RBI，当 $RBI=0$，输入为"0"的二进制码"0000"时，$RBO=0$，用以指示该片正处于灭零状态，所以，RBO 又称为灭零输出端。

将 BI/RBO 和 RBI 配合使用，可以实现多位数显示时的"无效 0 消隐"功能，如图 5-26 所示。

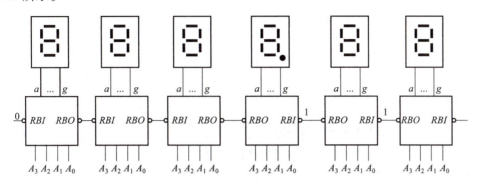

图 5-26 多位七段显示译码电路

七段显示译码器的分类和与七段显示器的配合

七段显示译码器按输出电平高低可分为高电平有效和低电平有效两种。输出低电平有效选用共阳极接法的七段显示器，输出高电平有效选用共阴极接法的七段显示器。

5.5 触 发 器

本章通过实例，着重介绍触发器、寄存器和计数器。

在数字系统中，常需要有记忆功能，触发器就是一种具有记忆功能的逻辑部件。触发器有两个稳定状态，分别表示二进制数码的"0"和"1"，可以长期保存所记忆的信息。只有在一定外界触发信号的作用下，它才能从一个稳定状态翻转到另一个稳定状态，即存入新的数码。一个触发器可存储一位二进制数码。

基本 RS 触发器是各种触发器的基础。

5.5.1 基本 RS 触发器

1. 电路组成

将两个集成与非门的输出端和输入端交叉反馈相接，就组成了基本 RS 触发器，如图 5-27（a）所示。

两个与非门 G_1、G_2；两个输入端 $\overline{R}_D$、$\overline{S}_D$；两个输出端 Q、$\overline{Q}$，逻辑状态是互补的。

Q 端的状态为触发器的状态。

工作状态：$Q=0$、$\overline{Q}=1$ 时触发器处于"0"态（复位状态）；$Q=1$、$\overline{Q}=0$ 时触发器处于"1"态（置位状态）。

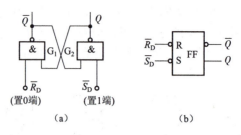

图 5 – 27 基本 RS 触发器
(a) 逻辑图；(b) 逻辑符号

2. 逻辑功能

（1）逻辑符号。基本 RS 触发器的逻辑符号如图 5 – 27（b）所示。

（2）逻辑功能。基本 RS 触发器的逻辑功能如下。

当 $\overline{R}_D = 0$，$\overline{S}_D = 1$ 时，$Q = 0$（$\overline{Q} = 1$）。

当 $\overline{R}_D = 1$，$\overline{S}_D = 0$ 时，$Q = 1$（$\overline{Q} = 0$）。

当 $\overline{R}_D = 1$，$\overline{S}_D = 1$ 时，Q 不变（$\overline{Q}$ 不变）。

当 $\overline{R}_D = 0$，$\overline{S}_D = 0$ 时，Q 不定（$\overline{Q}$ 不定），这是不允许的。

（3）真值表。真值表见表 5 – 12。

表 5 – 12 基本 RS 触发器真值表

$\overline{R}_D$	$\overline{S}_D$	Q_{n+1}
0	1	0
1	0	1
1	1	Q_n（不变）
0	0	不定

$\overline{R}_D$—置"0"端、$\overline{S}_D$—置"1"端，均由负脉冲触发，符号 R_D、S_D 上加了非号，表示低电平有效。

3. 概念

触发器的翻转：触发器在外加信号作用下进行状态转换的过程。

触发脉冲：能使触发器发生翻转的外加信号。

Q^n 表示时钟作用前触发器的状态，称现态。

Q^{n+1} 表示时钟作用后触发器的状态，称次态。

特性方程：触发器次态 Q^{n+1} 与输入及现态 Q^n 之间的逻辑关系式。

4. 基本 RS 触发器的波形图

基本 RS 触发器波形图如图 5 – 28 所示。

5.5.2 时钟控制同步 RS 触发器

1. 电路组成

（1）电路组成如图 5 – 29（a）所示。

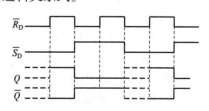

图 5 – 28 基本 RS 触发器波形图

一个基本 RS 触发器，两控制门（G_3、G_4）。

（2）逻辑符号如图 5-29（b）所示。

（3）主控脉冲（协同工作触发脉冲时钟脉冲）。控制数字系统中各触发器，用 CP 表示。

CP 端无小圆圈——正脉冲（CP 上升沿）触发有效。

2. 工作原理

（1）工作原理。

$CP=0$ 时，G_3、G_4 输出为 1，触发器维持原态。

$CP=1$ 时，触发器状态由 R、S 决定。

（2）真值表见表 5-13。

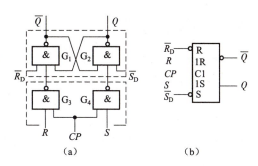

图 5-29　时钟控制同步 RS 触发器
(a) 逻辑图；(b) 逻辑符号

表 5-13　钟控同步 RS 触发器真值表

S	R	Q^{n+1}
0	0	Q^n（不变）
1	0	1
0	1	0
1	1	不定

当 $S_n=1$，$R_n=1$ 时，时钟脉冲过后，电路状态不定，这是不允许的（约束条件）。

（3）时钟控制同步 RS 触发器的波形图如图 5-30 所示。

（4）注意：$\overline{S}_D$（异步置位端）、$\overline{R}_D$（异步复位端）只在时钟脉冲工作前使用；在时钟脉冲工作过程中应将其悬空或接高电平。

3. 时钟控制同步 RS 触发器的空翻现象

（1）正常工作条件：时钟脉冲的宽度必须足够窄。

（2）出现问题：空翻现象——若时钟脉冲较宽，造成触发器动作混乱，在一个时钟脉冲内出现多次翻转。

时钟控制同步 RS 触发器接或计数器如图 5-31 所示。

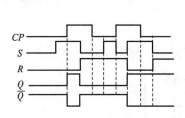

图 5-30　时钟同步 RS 触发器波形图

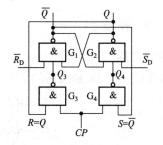

图 5-31　时钟控制同步 RS 触发器接或计数器

5.5.3 JK 触发器

1. 电路结构

JK 触发器电路结构和逻辑符号如图 5-32 所示。

说明：该触发器是 CP 下降沿（负脉冲）触发有效（有小圆圈）。

2. 逻辑功能

（1）逻辑功能。设触发器始态为 $Q=0$，$\overline{R}_D = \overline{S}_D = 1$（悬空）。

当 $J = K = 1$ 时，$Q^{n+1} = \overline{Q}^n$（翻转）。

当 $J = K = 0$ 时，$Q^{n+1} = Q_n$（保持）。

当 $J = 1$，$K = 0$ 时 $Q^{n+1} = 1$（置"1"）。

当 $J = 0$，$K = 1$ 时，$Q^{n+1} = 0$（置"0"）。

（2）真值表。其真值表见表 5-14。

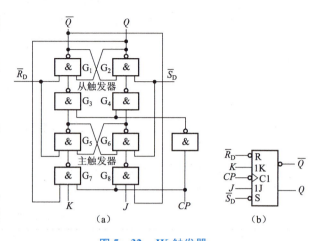

图 5-32 JK 触发器
(a) 逻辑图；(b) 逻辑符号

表 5-14 JK 触发器真值表

J	K	Q^{n+1}
0	0	Q^n
1	1	$\overline{Q}^n$
0	1	0
1	0	1

（3）波形图。如图 5-33 所示。

边沿触发器：触发器状态只取决于 CP 上升（或下降）沿时刻的输入信号状态（如 J 端或 K 端电平）的触发器。

5.5.4 T 触发器

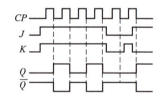

图 5-33 主从 JK 触发器的工作波形

1. 电路结构

结构特点：把 JK 触发器的 J 端和 K 端相接作为控制端，称为 T 端，如图 5-34 所示。

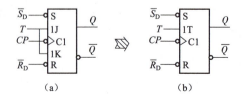

图 5-34 用 JK 触发器接成的 T 触发器
(a) 逻辑图；(b) 逻辑符号

2. 逻辑功能

（1）逻辑功能。

当 $J = K = 0$ 时，触发脉冲不起作用。

当 $J = K = 1$ 时，每来一次触发脉冲，触发器翻转一次，即 $Q^{n+1} = \overline{Q^n}$。

（2）真值表。T 触发器真值表见表 5-15。

表 5-15 T 触发器真值表

T_n	Q^{n+1}
0	Q^n
1	$\overline{Q^n}$

（3）用途：计数。

当 $T = 0$ 时，$Q^{n+1} = Q^n$，触发器无计数功能。

当 $T = 1$ 时，$Q^{n+1} = \overline{Q^n}$，触发器具有计数功能。

5.5.5 D 触发器

1. 电路结构

在 JK 触发器的 K 端串接一个非门，再接到 J 端，引出一个控制端 D，就组成 D 触发器，如图 5-35 所示。

2. 逻辑功能

（1）逻辑功能。

D 触发器是 JK 触发器在 $J \neq K$ 条件下的特殊情况电路。

在时钟脉冲作用后，触发器状态与 D 端状态相同，即 $Q^{n+1} = D$。

（2）真值表。D 触发器真值表见表 5-16。

3. D 触发器的波形图

D 触发器的波形图如图 5-36 所示。

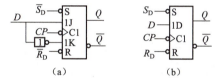

图 5-35 用 JK 触发器接成的 D 触发器

（a）逻辑图；（b）逻辑符号

表 5-16 D 型触发器真值表

D	Q^{n+1}
1	1
0	0

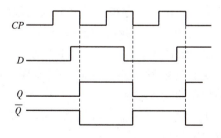

图 5-36 D 触发器波形图

5.5.6 触发器简单应用实例

如图 5-37 所示，用一片 CT74LS175 四 D 触发器可构成四人智力竞赛抢答电路。

抢答前，各触发器清零，四只发光二极管均不亮。抢答开始后，假设 S_1 先按通，则 1D 先为 1，当 CP 脉冲上升沿出现时，点亮 LED_1；其他按钮随后按下，相应的发光二极管不会亮。若要再次进行抢答，只要清零即可。

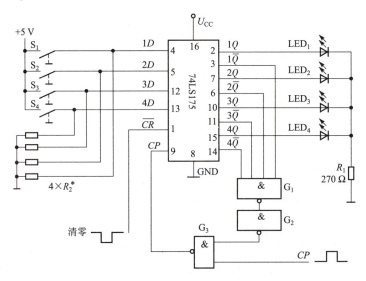

图 5-37 四人抢答电路

5.6 时序逻辑电路

时序逻辑电路的特点是：电路任一时刻的输出状态不仅决定于该时刻各输入状态的组合，而且还与电路的原先状态有关，即与以前的输入有关。时序逻辑电路在电路结构上一般包含组合电路和存储电路两部分，而存储电路是必不可少的，它的作用是存储以前输入信号引发的状态变化，存储电路输出的状态必须反馈到输入端，与输入信号一起决定时序逻辑电路的输出。

5.6.1 寄存器

寄存器由触发器和具备控制作用的门电路组成，其功能是存储数码或信息。

一个触发器能存放一位二进制数码，几个触发器可存放几位二进制数码；寄存器在门电路控制下，按照寄存指令存储输入的数码或信息。

1. 并行输入、并行输出寄存器

四位数码寄存器如图 5-38 所示。

四个 D 触发器的时钟输入端连在一起，受时钟脉冲的同步控制。

$D_0 \sim D_3$ 是寄存器并行的数据输入端，输入四位二进制数。

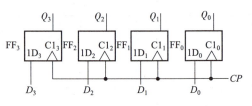

图 5-38 四位数码寄存器

$Q_0 \sim Q_3$ 是寄存器并行的输出端，并行输出四位二进制数码。

工作原理：

根据 D 触发器的功能，当 CP 上升沿出现时，$Q_0Q_1Q_2Q_3 = D_0D_1D_2D_3$，二进制数存入寄存器中。

根据 D 触发器的功能，当 n 位二进制数同时输入到寄存器的输入端时，在输出端同时得到 n 位二进制输出数据,因此称为并行输入、并行输出寄存器。

2. 移位寄存器

在实际应用中,经常要求寄存器中数码能逐位向左或向右移动。

1)右移寄存器

右移寄存器电路如图 5-39 所示。

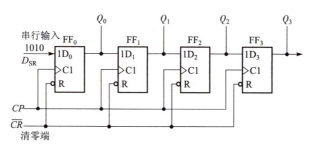

图 5-39 四位右移寄存器

各触发器的输出端 Q 与右邻触发器 D 端相连,各 CP 脉冲输入端并联,各清零端 $\overline{CR}$ 并联。

工作过程:寄存器初始状态 $Q_0Q_1Q_2Q_3=0000$,$D_0D_1D_2D_3=0000$,输入数据为 1010;

第一 CP 上升沿出现时:$Q_0Q_1Q_2Q_3=0000$,$D_0D_1D_2D_3=1000$;

第二 CP 上升沿出现时:$Q_0Q_1Q_2Q_3=1000$,$D_0D_1D_2D_3=0100$;

第三 CP 上升沿出现时:$Q_0Q_1Q_2Q_3=0100$,$D_0D_1D_2D_3=1010$;

第四 CP 上升沿出现时:$Q_0Q_1Q_2Q_3=1010$。

2)左移寄存器

左移寄存器电路如图 5-40 所示。

各触发器的输出端 Q 与左邻触发器 D 端相连;各 CP 脉冲输入端并联;各清零端 $\overline{CR}$ 并联。四位左移寄存器的状态参见表 5-17。

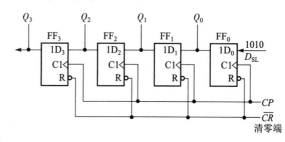

图 5-40 四位左移寄存器

表 5-17 四位左移寄存器状态表

CP 顺序	输入	输出				移位过程
	D_{SL}	Q_3	Q_2	Q_1	Q_0	
0	0	0	0	0	0	清零
1	1	0	0	0	1	左移一位
2	0	0	0	1	0	左移二位
3	1	0	1	0	1	左移三位
4	0	1	0	1	0	左移四位

工作过程:寄存器初始状态 $Q_0Q_1Q_2Q_3=0000$,输入数据为 1010;

第一 CP 上升沿出现前:$Q_3Q_2Q_1Q_0=0000$,$Q_3Q_2Q_1Q_0=0001$;

第一 CP 上升沿出现时：$Q_3Q_2Q_1Q_0 = 0001$，$Q_3Q_2Q_1Q_0 = 0010$；

第二 CP 上升沿出现时：$Q_3Q_2Q_1Q_0 = 0010$，$Q_3Q_2Q_1Q_0 = 0101$；

第三 CP 上升沿出现时：$Q_3Q_2Q_1Q_0 = 0101$，$Q_3Q_2Q_1Q_0 = 1010$；

第四 CP 上升沿出现时：$Q_0Q_1Q_2Q_3 = 1010$。

5.6.2 计数器

在数字系统中，经常需要对脉冲的个数进行计数，能实现计数功能的电路称为计数器。计数器内部的基本单元是触发器。

计数器的类型较多，它们都是由具有记忆功能的触发器作为基本计数单元，各触发器的连接方式不一样，就构成了各种不同类型的计数器。

计数器按步长分，有二进制、十进制和 N 进制计数器；按计数增减趋势分，有加计数器、减计数器和可加可减的可逆计数器，一般所说的计数器均指加计数器；按触发器的 CP 脉冲分，有同步计数器和异步计数器；按内部器件分，有 TTL 计数器和 CMOS 计数器等。

1. 二进制计数器

二进制计数器是各种类型计数器的基础。这里只介绍由 JK 触发器构成的异步二进制加法计数器和集成二进制计数器 74LS161。

异步二进制加法计数器（图 5-41）由四个下降沿触发的 JK 触发器组成，低位触发器的 Q 端接至高位触发器 CP 端，各触发器的 CP 端信号不一致，为异步计数器。

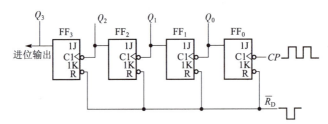

图 5-41 异步二进制四位加法计数器

工作过程：

图 5-41 中四个 JK 触发器的 J、K 端均悬空，$J = K = 1$，JK 触发器处于翻转的逻辑状态。每个触发器的 CP 端来一个下降沿，就会促使触发器翻转。第一个 CP 脉冲触发器 FF_0 翻转（0→1），再来一个 CP 脉冲，FF_0 的状态就再次翻转（1→0），此时给 FF_1 的 CP 端提供了一个下降沿，使 FF_1 翻转，依此类推。工作波形图和状态转换图如图 5-42 和图 5-43 所示。

从状态转换图可以看出，$Q_3Q_2Q_1Q_0$ 的状态从 0000 开始，每加入一个 CP 脉冲，就按递增的规律变化，经过 16 个脉冲后回到起始状态，计数器为异步四位二进制加法计数器。

74LS161 是具有异步清零功能的可预置数的同步四位二进制计数器。它的引线图、逻辑符号和功能简图如图 5-44（a）(b)（c）所示。其内部可看成是由四个上升沿触发的 JK 触发器和若干个逻辑门构成的。图中 $\overline{CR}$ 为低电平有效的异步清零端，$\overline{LD}$ 为低电平有效的同步并行置数控制端，CT_T 和 CT_P 为计数控制端，CP 为计数时钟脉冲输入端，$D_0 \sim D_3$ 为并行数据输入端，$Q_0 \sim Q_3$ 为四个触发器的状态输出端，C_0 为进位输出端。功能表见表 5-18。

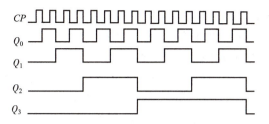

图 5-42 异步二进制加法计数器波形图

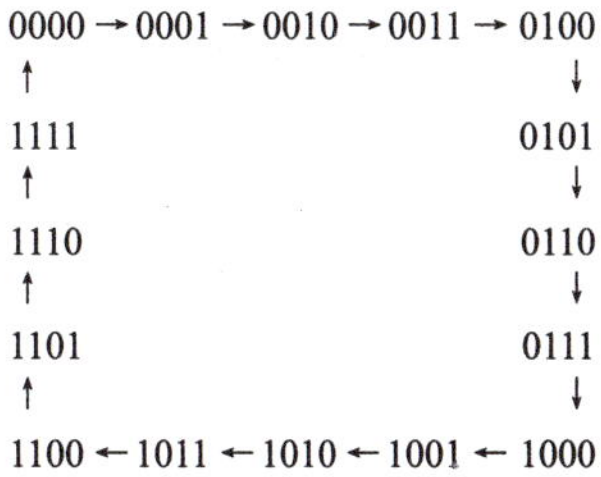

```
0000 → 0001 → 0010 → 0011 → 0100
  ↑                              ↓
1111                           0101
  ↑                              ↓
1110                           0110
  ↑                              ↓
1101                           0111
  ↑                              ↓
1100 ← 1011 ← 1010 ← 1001 ← 1000
```

图 5-43 异步二进制加法计数器状态转换图

表 5-18 74LS161 功能表

$\overline{CR}$	$\overline{LD}$	CT_T	CT_P	CP	D_3	D_2	D_1	D_0	Q_3^{n+1}	Q_2^{n+1}	Q_1^{n+1}	Q_0^{n+1}
0	×	×	×	×	×	×	×	×	0	0	0	0
1	0	×	×	↑	d_3	d_2	d_1	d_0	d_3	d_2	d_1	d_0
1	1	1	1	↑	×	×	×	×	计		数	
1	1	0	×	×	×	×	×	×	保		持	
1	1	×	0	×	×	×	×	×	保		持	

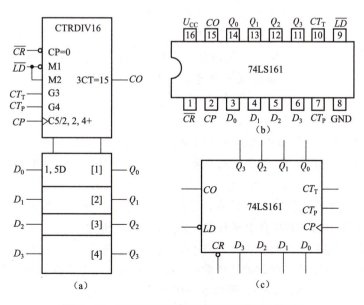

图 5-44 74LS161 同步四位二进制加法计数器

(a) 引线图;(b) 逻辑图;(c) 功能图

从表 5-18 中可以看出 74LS161 具有下列功能。

(1) 异步清零。不管 CP 和其他输入端状态如何,只要 $\overline{CR}=0$,则可实现四个触发器全部异步清零。由于这一清零操作不需要 CP 配合,所以称为异步清零。

(2) 同步并行置数。$\overline{CR}=1$,$\overline{LD}=0$,CP 上升时,$Q_3Q_2Q_1Q_0=d_3d_2d_1d_0$,四个触发器同步并行置入数据 $d_3d_2d_1d_0$。由于这个置数操作必须要有 CP 上升沿配合,并与 CP 上升沿同步,所以称为同步的;又由于四个触发器是同时置入数据,所以称为并行的。

(3) 同步二进制加法计数。$\overline{CR}=\overline{LD}=1$,$CT_T=CT_P=1$,$CP$ 上升时,实现同步四位二进制加法计数功能。这一计数操作表明,该计数器芯片是同步结构而不是异步结构,且各触发器的计数操作都与 CP 上升沿同步。

(4) 保持。$\overline{CR}=\overline{LD}=1$,$CT_T \cdot CT_P=0$,不管 CP 和其他输入端状态如何,计数器中各触发器都保持原态不变。

另外,表中指明进位输出 $CO=CT_T \cdot Q_3^n Q_2^n Q_1^n Q_0^n$,且说明仅当 $CT_T=1$,且各触发器现态全为"1"时,$CO=1$。

2. N 进制计数器

在实际应用中常常需要各种进制的计数器。利用 MSI 计数器芯片的外部不同方式的连接或片间组合,可以很方便地构成 N 进制计数器。

目前,定型产品的计数器大多为二进制($M=2n$)和十进制($M=10$)计数器,要构成 N 进制的计数器,通常有小容量法($N<M$)和大容量法($N>M$)两种。小容量法又分为复位法和置位法,它们是分别利用芯片的清零端和置数端来控制计数容量的;大容量法即级联法,又分为同步法和异步法,它们则是通过多片 MSI 计数器串接来实现扩充容量的。本章只介绍小容量法中的复位法。

复位法又叫反馈归零法,它是利用集成计数器清零端的复位作用来改变计数周期的一种方法。这是一种常用的将模 M 计数器修改为模 N 计数器的方法。复位法的基本原理是:假定原有为 M 进制的计数器,为了获得任意进制 N($2 \leq N < M$),从全零初始状态开始计数,当在第 N 个脉冲作用条件下时,将第 N 个状态 S_N 中所有输出状态为 1 的触发器的输出端通过一个与非门译码后,立即产生一个反馈脉冲来控制其直接复位端,迫使计数器清零(复位),即强制回到"0"状态。这样就使 M 进制计数器在顺序计数过程中跨越了 $M-N$ 个状态,获得了有效状态为 $0 \sim (N-1)$ 的 N 进制计数器。

复位法的基本步骤如下。

(1) 按照原有 M 进制计数器的码制写出模 N 的二值代码 S_N。

(2) 求出反馈复位逻辑 $\overline{R}_D$ 的表达式。$\overline{R}_D$ 等于 N 状态时为 1 的各个触发器 Q 的连乘积的非。

(3) 把 $\overline{R}_D$ 反馈至集成计数器的异步清零端 $\overline{CR}$,画出 N 进制计数器的接线逻辑图。若集成计数器的异步清零端 CR 是高电平有效,则应求 R_D 逻辑式。

这种方法的特点是简单方便;但在 S_N 时有过渡状态,复位信号存在的时间短。

【例 5-8】用同步四位二进制加法计数器 74LS161 构成一个六进制计数器。

【解】(1) 因为 $M=16$、$N=6$,所以 $S_6=0110$。

(2) $\overline{R}_D = \overline{Q_2 Q_1}$

(3) 画逻辑图,如图 5-45 所示。

由于复位脉冲极窄,而各个触发器的输出负载可能不同,且复位翻转速度又不一致,从而会造成计数器归零不可靠。为了提高复位的可靠性,可以在图 5-45 中利用一个基本 SR 触发器把反馈复位脉冲锁存起来,保证复位脉冲有足够的作用时间,直到下一个计数脉冲到来时才将复位信号撤销,并重新开始计数。具体做法读者可参阅其他文献。

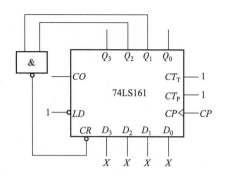

图 5-45 用复位法将 74LS161 构成六进制计数器

5.7 脉冲波形的产生、整形及分配电路

5.7.1 周期性电信号的产生

能产生周期性电信号的电路叫做振荡器。如产生正弦波的电路叫做正弦波振荡器（正弦波发生器），类似的还有三角波振荡器、锯齿波振荡器、矩形波振荡器（或称方波振荡器、多谐振荡器）。

各类振荡器的共同特点是在没有外来信号的条件下,电路能输出一定频率、一定幅度和特定波形的电信号。如果电路在没有外来信号时能产生周期性电信号,则称电路中产生了自激振荡。振荡器要能持续地输出周期性电信号,就要维持这种自激振荡。振荡器一般由放大电路、正反馈电路组成。要维持自激振荡,振荡器中的放大电路要能对特定的电信号进行放大,正反馈电路是把被放大的信号再以同相的方式送到放大器的输入端。本章只介绍两种常用的多谐振荡器。

5.7.2 石英晶体多谐振荡器

图 5-46 是石英晶体多谐振荡器的电路图,电路由石英晶体、两个与非门、两个电阻（R_1、R_2）和两个电容（C_1、C_2）组成。电阻 R_1、R_2 的作用是保证两个反相器在静态时都能工作在线性放大区。对 TTL 反相器,常取 $R_1 = R_2 = R = 0.7 \sim 2 \text{ k}\Omega$,而对于 CMOS 门,则常取 $R_1 = R_2 = R = 10 \sim 100 \text{ k}\Omega$；$C_1 = C_2 = C$ 是耦合电容,它们的容抗在石英晶体谐振频率 f_0 时可以忽略不计；石英晶体构成选频环节,振荡频率等于石英晶体的谐振频率 f_0,而与电路中其他元件的参数无关。

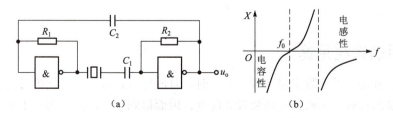

图 5-46 石英晶体多谐振荡器

(a) 石英晶体多谐振荡器；(b) 石英晶体阻抗频率特性

5.7.3　555时基电路组成的多谐振荡器

555时基电路是一种有八个引脚的集成电路,其早期应用通常是作为定时器,所以把它称为555定时器或555时基电路。由于555集成电路使用灵活方便、价格低廉,再加上不断地应用开发,现已广泛应用于各种电子设备中,用以调光、调温、调压、调速等多方面的控制。

555多谐振荡器如图5-47(a)所示,图5-47(b)所示为其工作波形。假定零时刻电容初始电压为零,零时刻接通电源后,因电容两端电压不能突变,则有 $U_{TH}=U_{\overline{TR}}=U_C=0<\frac{1}{3}U_{DD}$,$OUT=$"1",放电端$D$与地断路,直流电源通过电阻$R_1$、$R_2$向电容充电,电容电压开始上升;当电容两端电压$U_C \geq \frac{2}{3}U_{DD}$时,$U_{TH}=U_{\overline{TR}}=U_C \geq \frac{2}{3}U_{DD}$,那么输出就由一种暂稳状态($OUT=$"1",而放电端$D$与地断路)自动返回另一种暂稳状态($OUT=$"0",而放电端$D$接地),由于充电电流从放电端$D$入地,电容不再充电,反而通过电阻$R_2$和放电端$D$向地放电,电容电压开始下降;当电容两端电压$U_C \leq \frac{1}{3}U_{DD}$时,$U_{TH}=U_{\overline{TH}}=U_C \leq \frac{1}{3}U_{DD}$,那么输出就由$OUT=$"0"变为$OUT=$"1",同时放电端$D$由接地变为与地断路;电源通过$R_1$、$R_2$重新向$C$充电,重复上述过程。

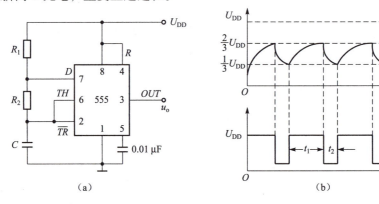

图5-47　555多谐振荡器
(a) 电路;(b) 工作波形

5.8　应用实例——数字电子钟

5.8.1　明确系统用途

数字电子钟是一种用数字显示秒、分、时、日的计时装置,与传统机械钟相比,它具有走时准确、显示直观、无机械传动装置等优点,因而得到了广泛的应用:小到人们日常生活中的电子手表,大到车站、码头、机场等公共场所的大型数显电子钟。

一台能显示日、时、分、秒的数字电子钟,应有以下功能。

(1) 显示秒、分、时、日。

(2) 能分别对秒、分、时、周进行手动脉冲输入调整或连续脉冲输入校正。

(3) 整点报时：整点前鸣叫五次低音（500 Hz），整点时再鸣叫一次高音（1 000 Hz）。

数字电子钟的电路组成框图如图 5-48 所示。由图 5-48 可见，数字电子钟主要由以下几部分组成。

(1) 石英晶体振荡器和分频器组成的秒脉冲发生器。

(2) 校时电路。

(3) 六十进制秒、分计数器及二十四进制（或十二进制）计时计数器。

(4) 秒、分、时的译码、显示电路。

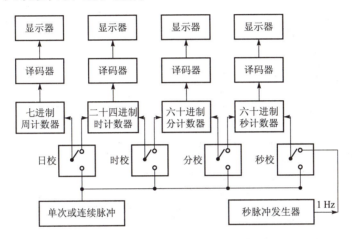

图 5-48　数字电子钟组成框图

5.8.2　查清组件功能

(1) 秒脉冲发生器 CD4060 是数字钟的核心部分，它的精度和稳定度决定了数字钟的质量，通常用晶体振荡器发出的脉冲经过整形、分频获得 1 Hz 的秒脉冲。如晶振为 32 768 Hz，通过 14 级二分频后可获得 2 Hz 的脉冲输出，电路图如图 5-49 所示。

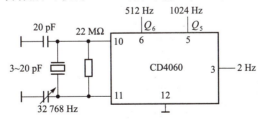

图 5-49　秒脉冲发生器

(2) 计数器用 74LS161 构成，译码器用 74LS248 构成，同时配 LC5011-11 共阴极数码管构成显示电路，触发器用 74LS74。

5.8.3　划分功能模块

数字电子钟逻辑电路参考图如图 5-50 所示。

将数字电子钟逻辑电路按电路功能划分成七个部分（图 5-50 中用虚线框出），各部分功能如下。

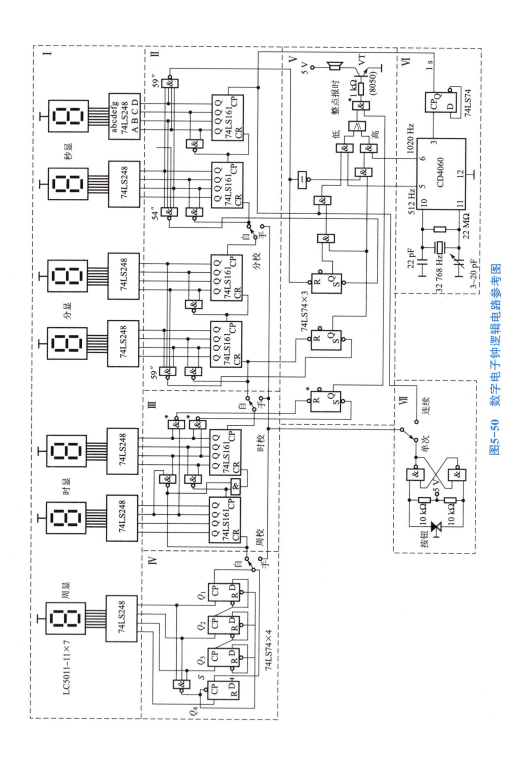

图5-50 数字电子钟逻辑电路参考图

（1）译码显示电路：显示周、时、分、秒。

（2）六十进制电路：计分、秒。

（3）二十四进制电路：计时。

（4）七进制电路：计周。

（5）报时电路：正点报时。

（6）秒信号发生器：产生标准秒信号。

（7）校正电路：单次或连续校正周、时、分。

5.8.4 逐块分析原理

1. 计数译码显示

秒、分、时分别为六十、六十、二十四进制计数器。秒、分均为六十进制，即显示00～59，它们的个位为十进制，十位为六进制。时为二十四进制计数器，显示为00～23，个位仍为十进制，而十位为三进制，但当十位计到2，而个位计到4时清零，就为二十四进制了。

这一部分电路均使用中规模集成电路74LS161实现秒、分、时的计数，其中秒、分为六十进制，时为二十四进制。从图5-50中可发现，秒、分两组六十进制计数电路完全相同。当计数到59时，再来一个脉冲变成00，然后再重新开始计数。图中利用"异步清零"反馈到$\overline{CR}$端，从而实现个位十进制、十位六进制的功能。

时计数器为二十四进制，当开始计数时，个位按十进制计数，当计到23时，再来一个脉冲，回到"0"。所以，这里必须使个位既能完成十进制计数，又能在低位满足"23"这一数字后，时计数器清零。图中采用了十位的2和个位的4相"与非"后再清零。

译码显示比较简单，采用共阴极LED数码管LC5011-11和译码器74LS248显示。

2. 周计数译码显示

周为七进制数，按人们一般的概念一周的显示为星期"日，1，2，3，4，5，6"，所以七进制计数器，根据译码显示器的状态表来进行，见表5-19。

按5-19状态表不难设计出"日"计数器的电路（"日"用数字8代）。日计数器电路是由4个D触发器（也可用JK触发器）组成的，其逻辑功能满足表5-19，即当计数器计到6后，再来一个脉冲，用7的瞬态将Q_4，Q_3，Q_2，Q_1置数，即为"1000"，从而显示"日"（8）。

表5-19 周显示状态表

Q_4	Q_3	Q_2	Q_1	显示
1	0	0	0	日
0	0	0	1	1
0	0	1	0	2
0	0	1	1	3
0	1	0	0	4
0	1	0	1	5
0	1	1	0	6

3. 整点报时电路

当时计数器在每次计到整点前六秒时，需要报时，这可用译码电路来解决。即当分为 59 时，秒在计数计到 54 时输出一延时高电平，直至秒计数器计到 58 时结束该高电平，该高电平脉冲打开低音与门，使报时声按 500 Hz 频率鸣叫五声，而秒计到 59 时，则驱动高音板 1 kHz 频率输出而鸣叫一声。

在图 5-50 中，当计数到整点的前六秒钟时，即分计到 59 分时，将分触发器 QH 端置 1，而等到秒计数到 54 秒时，将秒触发器 QL 端置 1，然后通过 QL 与 QH 相"与"后再和 1 s 标准秒信号相"与"而去控制低音喇叭鸣叫，直至 59 秒时，产生一个复位信号，使 QL 清 0，停止低音鸣叫，同时 59 秒信号的反相又和 QH 相"与"后去控制高音喇叭鸣叫，当计到分、秒从 59∶59→00∶00 时，鸣叫结束，完成整点报时。

鸣叫电路由高、低两种频率通过或门去驱动一个三极管，带动喇叭鸣叫。1 kHz 和 500 Hz 从晶振分频器近似获得，如图 5-49 中的 CD4060 分频器的输出端 Q_5 和 Q_6。Q_5 输出频率为 1 024 Hz，Q_6 为 512 Hz。

4. 秒脉冲电路

由晶振 32 768 Hz 经 14 级二分频器分频为 2 Hz，再经 D 触发器的二分频，即得 1 Hz 标准秒脉冲，供时钟计数器用。

5. 校正电路

在刚刚开机接通电源时，由于日、时、分、秒为任意值，所以，须进行调整。置开关在手动位置分别对时、分、秒进行单独计数，计数脉冲由单次脉冲或连续脉冲输入。若开关打在手动、单次端，调整日、时、分、秒即可按单次脉冲进行校正；若开关处于连续端，则不需要按动单次脉冲即可进行校正。

单次脉冲电路由门电路构成，连续脉冲即为标准秒脉冲。

5.8.5 整体工作过程

在详细说明了数字钟各组件的功能和各部分的作用后，其整体工作过程请读者自行分析。

用万用表检查 TTL 系列电路

1. 任务描述

选择常用的 TTL 集成电路若干（如 74LS00、74LS04、7413 等），这些电路的管脚最好有好有坏，试用万用表判断其好坏。

2. 任务提示

（1）将万用表拨到 $R×1$ kΩ 挡，黑表笔接被测电路的电源地端，红表笔依次测量其他各端对地端的直流电阻。正常情况下，各端对地端的直流电阻值约为 5 kΩ，其中电源正端对地端的电阻值为 3 kΩ 左右。如果测得某一端电阻值小于 1 kΩ，则被测电路已损坏；如测得电阻值大于 12 kΩ，也表明该电路已失去功能或功能下降，不能使用。

（2）将万用表表笔对换，即红表笔接地，黑表笔依次测量其他各端的反向电阻值，多数应大于 40 kΩ，其中电源正端对地电阻值为 3~10 kΩ。若阻值近乎为零，则电路内部已短路；若阻值为无穷大，则电路内部已断路。

（3）少数 TTL 电路内部有空脚，如 7413 的（3）（11）端，7421 的（2）(8)(12)(13)端等，测量时应注意查阅电路型号及引线排列，以免错判。

本章小结

本章介绍了数字电子技术的逻辑门电路、由逻辑门电路构成的组合逻辑电路、触发器、由触发器构成的时序逻辑电路、脉冲波形的产生和整形及分配电路等五类电路的基本概念、组成，讨论了电路所包含的基本原理和分析方法。

1. 数字电子技术包含了数字电路概念、数制与编码。
2. 逻辑函数包含基本概念、逻辑运算、逻辑函数的表示方法、逻辑代数的基本定律、逻辑函数的化简。
（1）逻辑运算有与、或、非、与非、或非、与或非、同或、异或。
（2）逻辑函数的表示方法有逻辑函数表达式、真值表、逻辑图。
（3）逻辑代数的基本定律有 0-1 定律、自等律、重叠律、互补律、交换律、结合律、分配律、非非律、吸收律、对合律、反演律。
（4）逻辑函数的化简有公式化简和卡诺图化简。
3. 逻辑门电路是指能实现一些基本逻辑关系的电路，通常包含与门、或门和非门三种基本逻辑门电路，以及包含与非门、或非门、与或非门、异或门、同或门等复合逻辑门电路。组合逻辑电路是由逻辑门电路构成的没有记忆性，能实现复杂逻辑功能的电路。
4. 触发器由逻辑门电路按照一定的接线方式组合而成，电路具有记忆功能。常用的触发器有基本 RS 触发器、时钟控制同步 RS 触发器、JK 触发器、T 触发器、D 触发器。时序逻辑电路则是由触发器构成的具有记忆性，能实现复杂逻辑功能的电路。
5. 脉冲波形的产生和整形及分配电路是由门电路构成的数字电子振荡器，其按照产生的波形不同可分为正弦波振荡器、三角波振荡器、锯齿波振荡器、矩形波振荡器。

思考与练习

一、填空题

5-1 数字信号的特点是在_____上和_____上都是断续变化的，其高电平和低电平常用_____和_____来表示。

5-2 数字电路中，常用的计数制除十进制外，还有_____、_____、_____。

5-3 $(10110010)_2 = (_____)_{10}$

5-4 $(35)_{10} = (_____)_2$

5-5 $(75)_{10} = (_____)_2$

5-6 逻辑代数中与普通代数相似的定律有_____、_____、_____。

5-7 逻辑函数 $F = \overline{A}\,\overline{B}\,\overline{C}\,\overline{D} + A + B + C + D = _____$。

5-8 逻辑函数 $F = A\overline{B} + \overline{A}B + \overline{AB} + AB = $ _____。

5-9 逻辑代数又称为 _____ 代数。最基本的逻辑关系有 _____、_____、_____三种。

5-10 描述逻辑函数各个变量取值组合和函数值对应关系的表格叫_____。

5-11 三线-八线译码器 74LS138 处于译码状态时，当输入 $A_2A_1A_0 = 001$ 时，输出 $\overline{Y}_7 \sim \overline{Y}_0 = $ _____。

5-12 能够将一个输入数据，根据需要传送到 m 个输出端的任何一个输出端的电路叫_____。

5-13 对于 T 触发器，当 $T = $ _____时，触发器处于保持状态。

二、选择题

5-14 某门电路的输入为 0、1、1，输出为 1，试问此逻辑门的功能是（　　）。
  A. 与非   B. 或非   C. 异或   D. 同或

5-15 下列各组数中，是八进制的是（　　）。
  A. 27452   B. 63957   C. 47EF8   D. 37481

5-16 函数 $F = AB + BC$，使 $F = 1$ 的输入 ABC 组合为（　　）。
  A. $ABC = 000$ B. $ABC = 010$ C. $ABC = 101$ D. $ABC = 110$

5-17 一只四输入端或非门，使其输出为 1 的输入变量取值组合有（　　）种。
  A. 15   B. 8   C. 7   D. 1

5-18 将 TTL 与非门作非门使用，则多余输入端应做（　　）处理。
  A. 全部接高电平 B. 部分接高电平，部分接地
  C. 全部接地   D. 部分接地，部分悬空

5-19 下列电路中，不属于组合逻辑电路的是（　　）。
  A. 译码器   B. 全加器   C. 寄存器   D. 编码器

5-20 存在一次变化问题的触发器是（　　）。
  A. 基本 RS 触发器   B. D 锁存器
  C. 主从 JK 触发器   D. 边沿 JK 触发器

5-21 一个四位二进制加计数器，由"0000"状态开始，经过 25 个时钟脉冲后，此计数器的状态为（　　）。
  A. 1100   B. 1000   C. 1001   D. 1010

三、判断题

5-22 方波的占空比为 0.5。（　　）

5-23 8421 码 1001 比 0001 大。（　　）

5-24 数字电路中用"1"和"0"分别表示两种状态，二者无大小之分。（　　）

5-25 二进制数 $(11)_8$ 比十进制数 $(18)_{10}$ 大。（　　）

5-26 十进制数 $(9)_{10}$ 比二进制数 $(10)_2$ 小。（　　）

5-27 逻辑变量的取值，1 比 0 大。（　　）

5-28 异或函数与同或函数在逻辑上互为反函数。（　　）

5-29 若两个函数具有相同的真值表，则两个逻辑函数必然相等。（　　）

5-30 因为逻辑表达式 $A + B + AB = A + B$ 成立，所以 $AB = 0$ 成立。（　　）

5-31 若两个函数具有不同的真值表，则两个逻辑函数必然不相等。（ ）

5-32 若两个函数具有不同的逻辑函数式，则两个逻辑函数必然不相等。（ ）

5-33 因为逻辑表达式 $A\overline{B}+\overline{A}B+AB=A+B+AB$ 成立，所以 $A\overline{B}+\overline{A}B=A+B$ 成立。
（ ）

四、问答题

5-34 数字电路中有哪些常用的开关器件？它们的开关条件分别是什么？

5-35 什么叫逻辑门？有哪几种最基本的逻辑门？

5-36 集成逻辑门有哪些类型？

五、计算题

5-37 在题图 5-1 中给出了输入信号 A、B、C 的波形，试画出与非门输出 $Y=\overline{A \cdot B \cdot C}$ 的波形。

题图 5-1

5-38 试画出用与非门构成具有下列逻辑关系的逻辑图。

（1）$L=\overline{A}$ （2）$L=A \cdot B$

5-39 试确定题图 5-2 中各门的输出 Y 或写出 Y 的逻辑函数表达式。

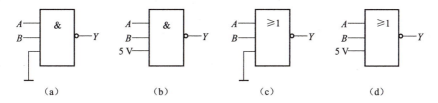

题图 5-2

5-40 试确定题图 5-3 中各门的输出 Y。

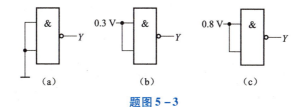

题图 5-3

5-41 试确定题图 5-4 中各门的输出 Y。

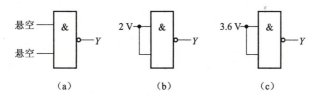

题图 5-4

5-42　分析题图 5-5 所示组合逻辑电路的逻辑功能（写出表达式、列出真值表、分析功能特点）。

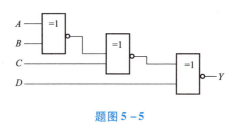

题图 5-5

第6章

电力电子电路

许多工业都需要可控和可调节的电力。以电力为对象的电子技术称为电力电子技术，它是现代电子技术的重要组成部分，有了它，半导体电子技术就从弱电领域进入了强电领域。

现代电力电子器件包括普通晶闸管、双向晶闸管、快速晶闸管、可关断晶闸管、光控晶闸管和逆导通晶闸管等。本章着重介绍普通晶闸管及其在可控整流、交流电压调节和直流电路方面的应用。

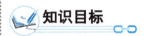

1. 掌握识别单向晶闸管的知识。
2. 了解单向晶闸管电路的工作要点。

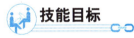

1. 能画出课本单向晶闸管电路图。
2. 用万用表判定单向晶闸管好坏。

单相可控整流机电路实物图如图 6-1 所示。

图 6-1 单相可控整流机电路实物图

135

实践活动：调光台灯电路安装和调试

1. 实践活动任务描述

图 6-2 所示为一种市面上所用的简易调光台灯电路，试根据图进行安装调试。

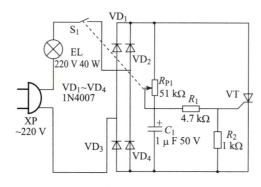

图 6-2 简易调光台灯电路

2. 实践仪器与元件

电子实验台（包含带开关的可调电阻、数量满足图 6-2 所示电路要求的其他元件）、数字示波器、万用表。

3. 活动提示

（1）弄清楚电路原理。

（2）按要求安装好电路。

（3）根据原理调试每一部分电路。

6.1 晶闸管基本知识

6.1.1 单向晶闸管

1. 单向晶闸管的结构

单向晶闸管是具有三个 PN 结的元件。常用的单向晶闸管实物图如图 6-3 所示。

2. 单向晶闸管的工作原理

单向晶闸管内的三个 PN 结是由相互交叠的四层 P 区和 N 区所构成，如图 6-4 所示。单向晶闸管的三个电极分别是由 P_1 区引出的阳极 A、由 N_2 区引出的阴极 K、由 P_2 区引出的控制极 G。

单向晶闸管的结构和符号如图 6-5 所示，其工作原理可用实验电路图 6-6 来说明。

当给单向晶闸管加上正向电压（阳极 A 接电源正极，阴极 K 接负极），在控制端 GK 输入触发信号，它就会立即导通。单向晶闸管一经导通后，即使触发信号消失，仍能保持导通状态。只有单向晶闸管两端所加正向电压降低到某一最小值时，才转为关断状态。

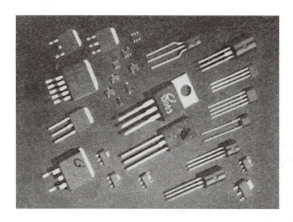

图6-3 常用单向晶闸管实物图

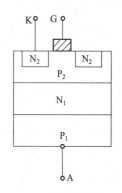

图6-4 晶闸管的原理图

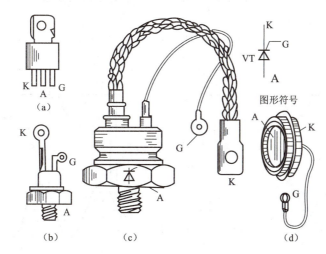

图6-5 单向晶闸管的结构和符号

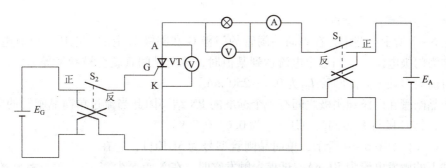

图6-6 单向晶闸管实验电路

如果给单向晶闸管加反向电压，即使有触发信号也无法工作导通而处于关断状态。同样，在没有加入触发信号或触发信号极性相反时，即使单向晶闸管加上正向电压，它也无法导通。总之，单向晶闸管具有可控开关的特性，它与一般导体三极管构成的开关控制作用不同。

3. 单向晶闸管的波形

将一个单向晶闸管 VT 与负载 R_L 串联，就可控制流过负载的平均电流，其电路如图 6-7 所示。电路中的输入电压可以是交流电压，也可以是直流电压。下面只讨论交流输入电压。

通常用移相角（或触发角）α 和导通角 θ 这两个参数来描述单向晶闸管的工作。导通角就是单向晶闸管在一个周期内导通的时间所对应的电角度，移相角就是从单向晶闸管承受正向电压起，到触发导通时所对应的电角度。

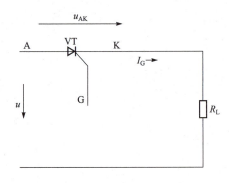

图 6-7 单向晶闸管与电阻串联的电路图

图 6-8 所示为图 6-7 电路的两个不同移相角所对应的晶闸管电压波形和门极电流波形。由图可见移相角度越大，负载 R_L 两端平均电压就越小。

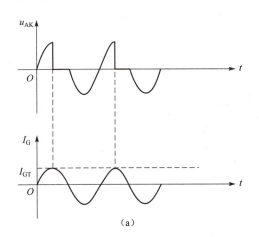
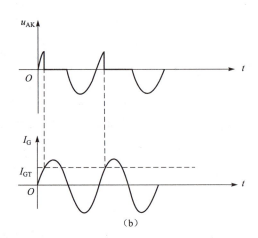

图 6-8 不同控制角的电压波形
(a) $\alpha = 90°$；(b) $\alpha < 90°$

4. 单向晶闸管的门极特性

在图 6-7 所示电路中，在单向晶闸管的门极 G 和阴极 K 上加一电压，就有电流流过，该电流称为门极电流 I_G。当这个电流达到某值时，单向晶闸管就会被触发导通，该值用 I_{GT} 表示。目前大多数单向晶闸管 I_{GT} 为 0.1~250 mA。

单向晶闸管在门极和阴极之间有一个标准的 PN 结，因此当流过单向晶闸管的电流达到触发值时，其 G 极与 K 极间的电压 U_{GK} 为 0.6~0.7 V。

【例 6-1】如图 6-9 所示，单向晶闸管型号为 3CT011，它在标准条件下的触发电流为 50 mA。试求：触发它时，在 X 点至少需要施加多大的电压？

【解】在 X 点施加的电压必须足以产生 50 mA 的门极电流，并设 G 极和 K 极的 PN 结电压为 0.7 V。

所以

$$U_{XK} = I_{GT}R + U_{GK} = 50 \text{ mA} \times 150 \text{ }\Omega + 0.7 \text{ V} = 8.2 \text{ V}$$

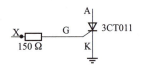

图 6-9 例 6-1 电路图

5. 单向晶闸管的主要参数

单向晶闸管的参数很多，普通型单向晶闸管的主要参数如下。

（1）额定平均电流 I_T。在规定的条件下，晶闸管允许通过的 50 Hz 正弦半波电流的平均值。

（2）正向断态重复峰值电压 U_{DRM}。指门极开路，晶闸管结温为额定值，允许重复施加在晶闸管上的正向峰值电压。

（3）反向重复峰值电压 U_{RRM}。指门极开路，晶闸管结温为额定值，允许重复施加在晶闸管上的反向峰值电压。

（4）维持电流 I_H。指维持晶闸管导通的最小电流。

（5）控制极触发电压 U_{GT} 和触发电流 I_{GT}。在规定的条件下，加在控制极上的可以使晶闸管导通所必需的最小电压和电流。

（6）正向平均压降 U_T。指在规定的条件下，当通过的电流为其额定电流时，晶闸管阳极、阴极间电压降的平均值。

单向晶闸管的选取主要需满足两个条件：第一个条件是要求单向晶闸管的 U_{DRM} 或 U_{RRM} 的较小值应大于 2~3 倍电路正常峰值电压；第二个条件是要求单向晶闸管的 I_T 应大于 1.5~2 倍的流过单向晶闸管的正常工作电流。

表 6-1 所示为 3CT 系列部分单向晶闸管型号和主要参数。

表 6-1　3CT 系列部分单向晶闸管型号和主要参数

型号	I_T/A	U_{DRM}、U_{RRM}/V	I_{DRM}、I_{RRM}/mA	U_T/V	I_{GT}/mA
3CT065	1	50~1 000	0.5	1.2	蓝：1~5
3CT102	3		1	1.8	0.05~50
3CT105	20		5	2	0.5~80
3CT011	0.05		0.03	1.5	绿：0.5~1

6.1.2　单结晶体管

1. 单结晶体管的结构

单结晶体管又称双基极二极管，它在结构上具有一个 PN 结，但却引出三个电极。图 6-10 所示为单结晶体管的示意图、图形符号及等效电路。

单结晶体管的内部结构是在一块高阻率的 N 型硅片侧的两端各引出一个电极，分别称为第一基极 B_1 和第二基极 B_2。而在基极之间靠近 B_2 处的 N 型硅片上掺入 P 型杂质，并引出一个电极，称为发射极 E，于是在发射极与硅片的交界处形成一个 PN 结。单结晶体管发射极与两个基极之间都存在着单向导电性。

2. 单结晶体管的工作原理

如图 6-10（c）等效电路图所示，当发射极 E 不加电压时，U_{BB} 加在 B_1 和 B_2 之间，R_{B1} 上的分压为

$$U_A = \frac{R_{B1}}{R_{B1}+R_{B2}} \times U_{BB} = \eta U_{BB} \tag{6-1}$$

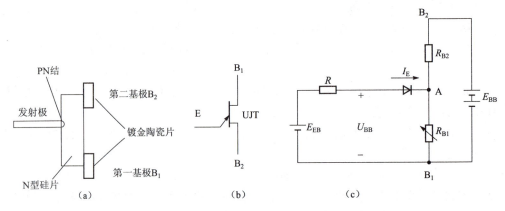

图 6-10 单结晶体管的示意图、图形符号及等效电路
（a）结构；（b）图形符号；（c）等效电路

式中，η 为分压比或分压系数，其值与单结晶体管的结构有关，是单结晶体管的一个重要参数，一般为 0.5~0.9。

在发射极 E 与 B_1 之间，加上可调的控制电压 U_E。当 $U_E < U_A$ 时，PN 结反向偏置，等效电路中的二极管截止，此时 E、B_1 极之间呈现高电阻，$I_E \approx 0$；当 $U_E = U_A + U_D$（U_D 为 PN 结的正向电压降，常温下一般取 $U_D = 0.7$ V），PN 结正向导通，发射极电流 I_E 突然增大，E、B_1 极的电阻突然大幅度减小，I_{B1} 出现一个较大的脉冲电流。这个突变点的电压称为峰点电压，用 U_P 表示。

单结晶体管导通后，因 EB_1 极之间的 PN 结的动态电阻 $\dfrac{\Delta U_E}{\Delta I_E}$ 表现为负阻，因此 I_E 自动地快速增大，而 U_E 自动地快速减小（在电路提供的 I_E 足够大的情况下，I_E 一直增大到负阻结束）。当发射极 I_E 增大到某一值时，电压 U_E 下降到最低点，该点电压值称为谷点电压，用 U_V 表示，而对应的电流 I_E 值称为谷点电流，用 I_V 表示。如果电路提供的 I_E 电流不足而稍小于 I_V，则 PN 结再次反偏，单结晶体管重新截止。若在谷点状态下调节 U_{EB} 使发射极电流继续增大时，则发射极电压略有上升，但总体变化不大。

单结晶体管伏安特性如图 6-11 所示。

3. 单结晶体管的基本电路

单结晶体管有多种应用，本章只讨论单结晶体管在晶闸管触发电路中的应用。本节先简单讲述单结晶体管的基本电路。

单结晶体管的基本电路（又称为单结晶体管多谐振荡电路）如图 6-12 所示，它由一个单结晶体管和 RC 充放电电路组成。接通电源后，在电容 C 两端可以获得连续的锯齿波电压，在 R_1 两端可以输出正脉冲信号，如图 6-13 所示。

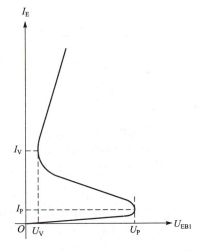

图 6-11 单结晶体管伏安特性

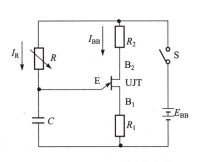

图 6-12 单结晶体管的基本电路

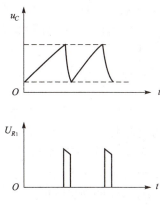

图 6-13 输出正脉冲信号

当接通电源后,有两路电流流通。电流 I_R 经电阻 R 对 C 充电,充电时间常数为 RC。另一路电流 I_{BB} 从 R_2 经 B_2B_1 流向 R_1,其数值较小。在电容器 C 上的电压上升到 U_P 以前,单结晶体管是截止的。当 U_C 上升到 U_P 时,单结晶体管 E-B_1 结突然导通,电容 C 通过 E-B_1 结和 R_1 回路放电。由于导通后起始电流很大,使 R_1 两端的电压 U_{R_1} 产生跃变。随着电容 C 的放电,U_C 迅速下降,当降到谷点电压后,电容放电不足以维持 I_V,单结晶体管又重新截止,开始了第二次的充放电过程。调节电阻 R 可以改变充电时间常数,从而改变脉冲信号出现的时间。

6.2 晶闸管的典型应用

6.2.1 可控整流

一般晶体管的可控整流电路分为单相和三相两种,由于篇幅有限,本章只介绍单相可控整流电路。

1. 单相半波可控整流电路

1)移相角为 $0° < \alpha < 90°$ 的应用电路

如图 6-14 (a) 所示,这是最简单的单向晶闸管应用电路。

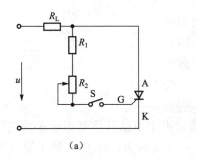
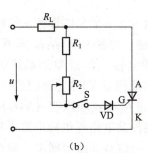

图 6-14 单向晶闸管应用电路

它的工作原理:当开关 S 打开时,晶闸管门极没有电流通过,晶闸管不导通。当开关 S 合上时,在电源的正半周作用下,就有电流流进 G 极,该电流达到或超过该晶闸管的触发电流，晶闸管就会导通。从图 6-14 可知，晶闸管的移相控制角 α 可由 R_2 来控制，R_2 越小，α 就越小，负载 R_L 的平均电压就越大；相反，如果 R_2 调得大，α 就会变大，负载 R_L 的平均电压就会变小。

负载两端电压平均值 $U_{R_L(AV)}$ 为

$$U_{R_L(AV)} = \frac{1}{2\pi}\int_\alpha^\pi \sqrt{2}U\sin(\omega t)\mathrm{d}\omega t = 0.45U\frac{1+\cos\alpha}{2} \qquad (6-2)$$

式中，U 为电源电压 u 的有效值。

该电路的 α 最大只能为 90°，电压调节范围为 0.225~0.45U。图 6-15 所示为 α=60° 的晶闸管两端电压和门极电流的理想波形。

此种电路只适合低阻负载（几百欧以下），不适合高阻负载。一般门极所接的电阻为几千欧，在晶闸管导通前，对低阻负载来说，其两端电压很小，相当于不工作。而当晶闸管导通后，大多数晶闸管的两端电压为 1~2 V，门极所接的电阻相当于被短路，不影响负载的正常工作。

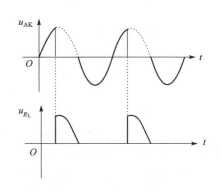

图 6-15 晶闸管端电压和门极电流波形

图 6-14（b）电路中，在门极端串联了一个二极管 VD，其作用是保护控制极不受过高的反向电压作用而损坏。

2）单结晶体管触发电路的单向晶闸管应用电路

上述的单向晶闸管应用电路虽然具有电路简单的明显优点，但也存在着触发点不稳定的问题，因为即使是同一类型的晶闸管其触发特性也很不一样，而且随温度的变化而变化，所以只能用于调压要求不高的场合。

目前在晶闸管触发电路中采用一些特殊的半导体元件，这些元件都具有工作特性较为稳定的特点，因此使得相应的电路触发点较为稳定。这些元件包括单结晶体管（UJT）、双基极二极管、硅单向开关（SUS）、硅双向开关（SBS）以及双向触发二极管（Diac）。本章只讨论单结晶体管构成的电路。

图 6-16 所示为含单结晶体管触发的典型单向晶闸管应用电路。电路中单结晶体管 UJT、R_1、R_2、R_3、R_4 和电容 C 组成单结晶体管多谐振荡电路，为单向晶闸管 VT 提供触发脉冲。交流电源 u 经过 R_L 和 R_5 以及稳压管（VD_Z）削波

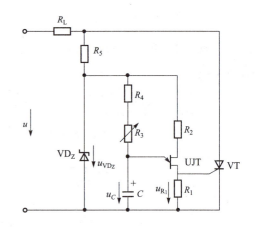

图 6-16 单向晶闸管应用电路

给单结晶体管多谐振荡电路提供梯形波电压，由于单结晶体管多谐振荡电路与负载 R_L 共用同一个交流电源，所以自动取得同步。图 6-17 所示为负载 R_L、稳压管（VD_Z）、电容 C 和电阻 R_1 两端的电压波形。

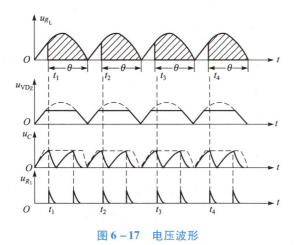

图 6-17 电压波形

1. "同步"问题

所谓"同步"就是指晶闸管触发电路发出的触发脉冲要保证晶闸管每次触发的移相角 α 都相等。如果不"同步",则每个周期晶闸管的导电时间是不同的,因此各个周期输出电压的平均值也不相同,这样就很难实现有规律地调节输出电压。

2. 稳压管 VD_Z 削波的好处

(1) 可以增大移相的范围。

(2) 可以提高触发脉冲的稳定性。

2. 单相全波可控整流电路

单相全波可控整流电路的形式有多种,这里只介绍一种由二极管桥式电路和一个晶闸管组成的单相全波可控整流电路,如图 6-18 所示。

电路中的触发电路可以是我们前面所讨论过的任一种触发电路。图 6-19 所示为交流电源输入 u_2 和 $\alpha = 45°$ 时的负载电阻 R_L 两端电压波形图。

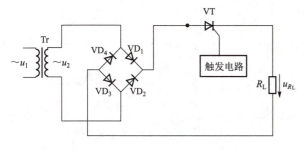

图 6-18 单相全波可控整流电路

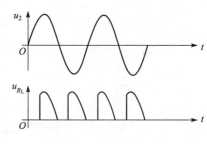

图 6-19 电压波形图

【例 6-2】 灯光自动调节电路

电路如图 6-20 所示。光控开关能随自然光线的强弱自动调节灯泡的亮度,从而达到节电的目的。

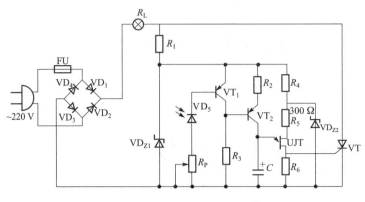

图 6-20 例 6-2 电路图

电路中交流电源经桥式整流后，输出脉动直流电压，加在晶闸管 VT 两端，再经限流电阻 R_1 降压后，作为光敏放大电路和触发电路的直流电源和同步电压。VD_5、VT_1 等组成光敏放大电路。VT_2、UJT 和电容 C 等组成晶闸管触发电路。

VT 两端的直流脉动电压升高时，如果 VT_2 导通，电容 C 充电电压即可达到单结晶体管 UJT 的峰点电压，UJT 由截止变为导通，C 的放大电流在 R_6 上产生触发脉冲电压，使晶闸管导通，灯泡亮。晶闸管导通后，两端电压很低，所以放大电路及触发电路均不工作。交流电源电压过零时，晶闸管关断。待下一个脉冲电压开始，电容 C 重新充电，重复上述过程。

照在光敏管 VD_5 上的光线发生变化时，流过 VD_5 的电流也发生变化，该电流经 VT_1 放大后控制 VT_2 的基极电流，从而使 VT_2 的电流也发生变化，这就改变了电容 C 的充电电流，使触发脉冲的相位发生变化。可知以上的调节是一个负反馈调节，所以当光线增强时，灯泡亮度减弱，而当光线减弱时，灯泡亮度会增强。调节电位器 R_P 可使天亮时灯泡熄灭。

6.2.2 交流调压

将图 6-18 所示的电路修改一下，将负载位置按图 6-21 进行调换，则单向晶闸管在电源的正负半周如期被触发导通，负载 R_L 两端电压却是交变的，波形图如图 6-22 所示。调节触发电路的移相角 α 就可以调节交流电压的大小。

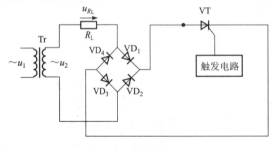

图 6-21 交流调压电路

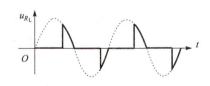

图 6-22 负载两端波形

6.2.3 在直流电路中的应用

单向晶闸管应用于直流电路的最大问题是当单向晶闸管两端加有正向电压时，单向晶闸管不能自动关断，因为必须让两端电压减小到零（使通过单向晶闸管的电流小于 I_H）时才能关断，所以在直流电路中应用单向晶闸管就需使用一些辅助电路来使通过单向晶闸管的电流小于 I_H。图 6-23（a）所示电路就是将一个晶体管开关与单向晶闸管跨接，当需要关断单向晶闸管时，就向晶体管发出一个短暂的导通触发脉冲使晶体管导通，这就相当于将单向晶闸管两端短接，使通过单向晶闸管的电流小于 I_H，引起单向晶闸管关断，一般来说中规模的单向晶闸管的关断需要几微秒。此外，晶体管的触发脉冲宽度被控制在避免致其损坏范围以内。

图 6-23（b）所示电路增加了一个电容 C，当触发单向晶闸管导通后，电容 C 充电，极性如图所示。如想关断单向晶闸管，则同样向晶体管发出一个触发脉冲使晶体管导通，电容 C 的电压就会短暂地反向加于单向晶闸管，而使单向晶闸管关断。该电路的可靠性显然要比图 6-23（a）所示的电路高。

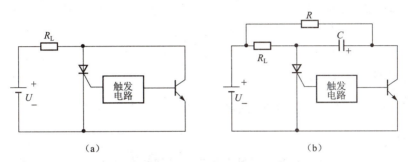

图 6-23 单向晶闸管应用电路

晶闸管的保护

无论是单向晶闸管还是双向晶闸管都有一个致命的缺点，就是过载能力差，所以在使用晶闸管时必须采取适当的过电流和过电压保护措施。

1. 晶闸管的过电流保护

引起晶闸管过电流的原因有多种：输出回路过载或短路；某个晶闸管被击穿短路，造成其他元件的过电流；触发电路工作不正常或受干扰，使晶闸管误触发，引起过电流等。常见的过电流保护措施有快速熔断器保护、过电流继电器保护、过电流截止保护，这里只简单介绍快速熔断器保护。

快速熔断器过电流时熔断的速度快，可在晶闸管损坏前起到保护晶闸管的作用，而普通熔断器由于熔断时间长，可能在晶闸管烧坏之后才熔断，因此起不到保护作用。快速熔断器的接入方式有三种，如图 6-24 所示：一是接在负载输出端，这种接法对输出回路的过载或短路起保护作用，但对元件本身故障引起的过电流起不到保护作用；二是与保护的晶闸管串联，可对元件本身的故障进行保护，以上两种接法需要同时采用；三是接在输入端，这样可以同时对输出端短路和元件短路实现保护。

2. 晶闸管的过电压保护

引起过电压的主要原因是电路中的电感性元件、电源变压器的接通或断开时，产生过高的感应电动势，以及雷击引起等。

过电压的保护常采用阻容吸收电路,利用电容吸收过电压,其实质就是将造成过电压的能量变成电场能量储存到电容器中,然后释放到电阻中消耗掉。阻容吸收电路可并联在整流电路的交流侧,也可以接在直流侧或晶闸管的两端,其接法如图6-25所示。

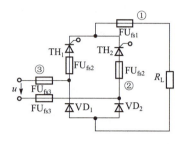

图6-24 快速熔断器接入方式

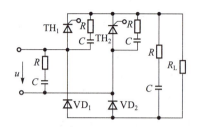

图6-25 阻容吸收装置(RC)接法

单向晶闸管的判定

1. 任务描述

挑选几只好的常用单向晶闸管,同时也挑选几只坏的常用单向晶闸管,用万用表来判定其好坏。

2. 任务提示

由单向晶闸管的结构可知,控制极 G 和阴极 K 之间是一个 PN 结;控制极 G 和阳极 A 之间是两个反向串联的 PN 结;而阳极 A 与阴极 K 之间同样存在两个反向串联的 PN 结。所以,用万用表测电极引脚之间的电阻,可以很方便地判断出各引脚。

用万用表 $R \times 100 \ \Omega$ 挡分别测量单向晶闸管任意两引出脚间的电阻,随两表笔的调换共进行 6 次测量,其中 5 次万用表的读数很大,一次读数很小。读数很小的那一次,万用表黑表笔接的是 G 极,红表笔接的是 K 极,剩下的一个极就是 A 极。若在测量中不符合以上规律,说明单向晶闸管损坏或接触不良。

电子器件焊接质量控制和焊点质量分析

1. 焊接质量控制

(1)电烙铁一定要充分预热,以使熔化的焊锡亮而有光泽且不会因温度不够而形成渣状,这样可以避免焊接不牢固和形成虚焊。

(2)焊点焊锡要饱满,但又不要过于饱满,以避免浪费焊锡和影响焊点美观。

(3)焊锡熔化后会像水一样流动,焊点被涂有松香油的焊盘限制了范围,熔化的焊锡在焊点处和连接点以水的特性相接,所以焊点以水滴均匀状为美观。

2. 焊接质量分析

如图6-26中示意。

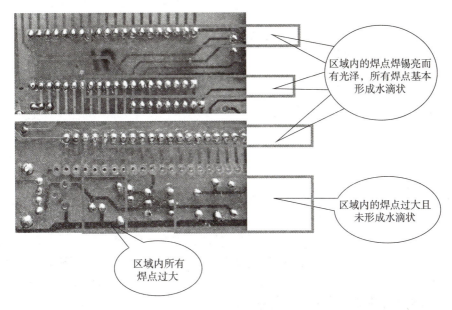

图 6-26 焊接质量分析

本 章 小 结

本章着重介绍了电力电子技术中的普通晶闸管和单结晶体管的基本概念、电路组成，讨论了由晶闸管组成的可控整流、交流调压和直流电路等实际电路的工作原理。

1. 单向晶闸管有三个 PN 结，其三个电极分别是由 P1 区引出的阳极 A、由 N2 区引出阴极 K、由 P2 区引出的控制极 G。

2. 单结晶体管又称双基极二极管，它在结构上具有一个 PN 结，引出三个电极。本章用单结晶体管构成脉冲触发电路，为单向晶闸管提供触发脉冲。

3. 单向晶闸管具有可控开关的特性，当给单向晶闸管 AK 两端加上正向电压，在控制端 GK 输入触发信号，它就会立即导通。单向晶闸管一经导通，即使触发信号消失，单向晶闸管仍能保持导通状态。只有单向晶闸管两端所加正向电压降低到某一最小值时，单向晶闸管才转为关断状态。

如果给单向晶闸管加反向电压，即使有触发信号，单向晶闸管也无法导通而处于关断状态。同样，在没有加入触发信号或触发信号极性相反时，即使单向晶闸管加上正向电压，它也无法导通。

4. 普通晶闸管参数有额定平均电流 I_T、正向平均压降 U_T、维持电流 I_H、反向重复峰值电压 U_{RRM}、正向断态重复峰值电压 U_{DRM}、额定平均电流 I_T。

5. 晶闸管的典型应用有可控整流（包含单相半波可控整流电路和单相全波可控整流电路）、交流调压以及在直流电路中的应用。

思考与练习

一、填空题

6-1 可控硅的三个电极为_____、_____、_____。

6-2 单结晶体管又叫_____，它的三个管脚分别表示_____、_____、_____。

二、判断题

6-3 晶闸管具有正向阻断和反向阻断能力。（ ）

6-4 可控硅导通后，在控制极加一个负脉冲，可控硅立即关断。（ ）

三、问答题

6-5 晶闸管导通的条件是什么？导通后流过晶闸管的电流怎样确定？负载电压是什么？

6-6 如何用万用表判别晶闸管元件的好坏？

6-7 晶闸管触发导通后，取消控制极上的触发信号还能保持导通吗？已导通的晶闸管在什么情况下才会自行关断？

6-8 晶闸管的导通角 θ 与控制角 α 的关系如何？

6-9 交流调压和可控整流有什么不同？试画出工作波形加以比较。

6-10 单相半波可控整流电路如图 6-14（a）所示，试分析下面三种情况下晶闸管两端电压 u_{VT} 与负载两端电压 u_{R_L} 的波形：

（1）晶闸管门极不加触发脉冲；

（2）晶闸管内部短路；

（3）晶闸管内部断开。

四、计算题

6-11 某电阻负载要求 0~24 V 直流电压，最大负载电流 $I_{R_L}=30$ A，如用 220 V 交流电直接供电与用变压器降压到 60 V 供电，都采用单相半波可控整流电路，是否都能满足要求？试比较两种供电方案晶闸管的导通角 θ，并选择晶闸管的电压和电流定额。

6-12 某电热设备（电阻性负载），要求直流电压 $U_{R_L}=75$ V，电流 7.5 A。采用单相桥式可控整流电路。试计算晶闸管的导通角 θ，画出有关电压与电流波形并选择晶闸管。

6-13 将图 6-23（b）所示电路中的晶体管换成晶闸管，电路如题图 6-1 所示。试分析该电路的工作原理。

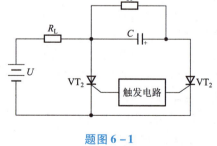

题图 6-1

第 7 章

变 压 器

导 读

变压器是利用电磁感应原理制成的静止电气设备,它能将某一电压值的交流电变换成相同频率所需电压值的交流电,也能够改变交流电流的数值、变换阻抗或改变相位。在电力系统中的输配电、自动控制及电子技术领域、焊接技术领域中,广泛使用了各种类型的变压器。本章主要学习变压器的结构、工作原理以及种类、型号等知识。

知识目标

1. 了解铁磁材料的特性、种类。
2. 了解磁路、交流铁芯线圈的相关计算。
3. 掌握变压器的结构、工作原理、变换特性及种类。

技能目标

1. 能正确判别变压器绕组同极性端。
2. 能正确识别电力变压器铭牌。

电力变压器如图 7-1 所示。

图 7-1　电力变压器

实践活动：用万用表判别变压器绕组的同极性端

1. 实践活动任务描述

如图 7-2 所示，1 和 2 是变压器一次绕组的两端，3 和 4 是二次绕组的两端，一次绕组的 1 端与二次绕组哪一端是同极性端呢？

2. 实践仪器与元件

干电池、变压器、导线、万用表。

3. 活动提示

用万用表判别变压器绕组极性的电路如

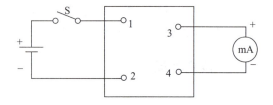

图 7-2　判别变压器绕组极性

图 7-2 所示。变压器一次绕组的 1、2 端通过一个开关与 1.5V 的干电池连接。二次绕组一侧接入一个万用表，分挡开关打到毫安挡。当开关 S 闭合瞬间（不能长时间闭合），如果毫安表的指针正向偏转或打开瞬间反偏，则 1 和 3 是同极性端；如指针反向偏转或打开瞬间正偏，则 1 和 4 是同极性端。

7.1　铁 磁 材 料

7.1.1　铁磁物质

一切物质都是由原子构成的，而原子所带电子数的不同（电子层结构不一样），使物质具有各种不同的性质。从磁性来分类，物质大致可分为非磁性物质和磁性物质两种。磁性物质是由铁磁性物质或亚铁磁性物质组成的,最常见的铁磁物质是铁,其次是钴、镍以及其合金、锰铝合金、稀土元素的一些化合物等。

7.1.2 铁磁物质的特性

1. 高导磁性

磁性材料的磁导率 μ_r 很高,可达数百、数千乃至数万,因此它们很容易被强烈磁化,显现出高导磁性的性质。

为什么磁性物质容易被磁化?这与其内部结构有关。众所周知,电流能够在其周围产生磁场。在物质分子中,电子因环绕原子核运动和本身自转运动而形成分子电流,进而产生磁场,因此每个分子相当于一个小小磁铁。同时在磁性物质内部还分成许多小区域,每个小区域因某种特殊作用力的作用使该区域内的小小磁铁排列整齐,显示出磁性,这样的小区域称为磁畴,如图 7-3 (a) 所示。

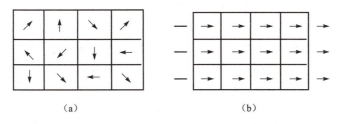

图 7-3 磁性物质的磁化

在没有外磁场作用时,各个磁畴排列混乱,磁场互相抵消,对外不显磁性。在外磁场作用下,磁畴将逐渐转向外磁场方向,显示出磁性,如图 7-3 (b) 所示。磁性物质内部的磁感应强度随外磁场的增强而增强,同时磁性物质被强烈磁化。

非磁性材料没有磁畴的结构,因此不具有磁化的特性。

2. 磁饱和性

磁性物质因磁化所产生的磁化磁场随外磁场的增强而增强,但不会无限地增大。当外磁场(或励磁电流)增大到一定值时,全部磁畴的磁场方向都转向外磁场的方向,这时磁化磁场的磁感应强度达到饱和值。此后外磁场再增大时,磁化磁场的磁感应强度保持不变,这就是磁饱和性。

3. 磁滞性

当铁芯线圈中通有交变电流(大小和方向都随时间变化而变化的电流)时,铁芯会被交变磁化。研究发现,当线圈中电流减小到零(这时磁场强度 H 为零)时,铁芯在磁化时所获得的磁性(磁感应强度 B)并未完全消失(此时的磁感应强度称为剩磁)。这种磁感应强度 B 滞后于磁场强度 H 变化的性质称为磁性物质的磁滞性。

磁性物质的磁滞性在生活中得到了广泛的应用。永久磁铁的磁性就是由剩磁维持的;自励直流发电机为了能够产生电动势,磁极也必须有剩磁。但有时剩磁是有害的。例如,工件在平面磨床上加工完毕后,由于电磁吸盘有剩磁,工件仍被吸住。为此,要通入反向去磁电流,才能将工件取下。

7.1.3 铁磁材料的类型

根据磁性物质的磁性特点，铁磁材料可分成以下三种类型。

1. 软磁材料

软磁材料的主要特点是磁导率高，容易磁化和退磁，磁滞损耗小。软磁材料有铸铁、硅钢、坡莫合金及铁氧体等，一般用来制造电机、电器及变压器等的铁芯。其中坡莫合金主要用来制作高频变压器及脉冲变压器的铁芯；铁氧体在电子技术中的应用很广泛，如可做计算机的磁芯、磁鼓以及录音机的磁带、磁头。

2. 永磁材料

永磁材料的主要特点是剩磁大，不容易退磁。永磁材料有钴钢、钨钢、锰钢、铝镍合金、钕铁硼合金等，常用来制造永久磁铁、扬声器、电工测量仪表等。特别是钕铁硼合金，因其有极高的剩磁性能，被广泛用于制作各种永磁电机的磁场，能有效地减少电能的损耗，提高电机的效率，在航空航天技术中也得到广泛应用。

3. 矩磁材料

矩磁材料因其磁滞回线接近矩形而得名，其剩磁较大，稳定性也好。矩磁材料有镁锰铁氧体（磁性陶瓷）、1J51型铁镍合金等，常用于计算机和控制系统中，用来制作记忆元件、开关元件和逻辑元件。

7.2 磁路基本知识

7.2.1 磁路的基本物理量

1. 磁感应强度

磁感应强度是表示磁场内某点的磁场强弱的物理量。它是一个矢量。磁场内某一点的磁感应强度可用该点磁场作用于 1 m 长、通有 1 A 电流、与磁场方向垂直的导体所受的力来衡量，即大小可用公式 $B = F/IL$ 来计算。它的单位为特斯拉（简称特，T），工程上常用较小的单位高斯（符号 Gs），$1\ Gs = 10^{-4} T$。

磁感线上某点切线的方向即为该点的磁感应强度的方向。如果磁场内各点的磁感应强度大小相等、方向相同，则这样的磁场为均匀磁场。

2. 磁通

磁感应强度 B 与垂直于磁场方向的面积 S 的乘积，称为通过该面积的磁通 Φ，即 $\Phi = BS$。

磁通单位为韦伯（Wb），工程上常用较小的单位麦克斯韦（Mx），有

$$1\ Wb = 10^8\ Mx$$

3. 磁导率

磁导率 μ 是一个用来表示磁场介质磁性的物理量，即用来衡量各种不同材料导磁能力的物理量。真空中的磁导率 μ_0 是常数，大小为 $4\pi \times 10^{-7} H/m$（亨/米）。其他物质的磁导率 μ 与真空磁导率 μ_0 的比值称为相对磁导率 μ_r，即

$$\mu_r = \frac{\mu}{\mu_0} \tag{7-1}$$

磁导率单位为 H/m，而相对磁导率量纲为 1。不同材料的相对磁导率相差很大，见表 7-1。经观察发现，磁性材料的相对磁导率比非磁性材料的要高几百倍以上。

表 7-1　不同材料的相对磁导率

材料名称	相对磁导率 μ_r	材料名称	相对磁导率 μ_r
空气、木材等非磁性材料	1	硅钢片	6 000 ~ 7 000
铸铁	200 ~ 400	铁氧磁体	几千
铸钢	500 ~ 2 200	坡莫合金	约 10 万

4. 磁场强度

磁场强度 H 是计算磁场时引用的一个与周围介质无关的物理量。它是一个矢量，方向与磁感应强度 B 相同，在数值上与磁感应强度 B 满足以下关系式，即

$$B = \mu H \tag{7-2}$$

磁场强度 H 的单位为 A/m（安/米）。

5. 磁通势

实验表明，通电线圈产生的磁场强弱与线圈内通入电流 I 的大小及线圈匝数 N 有关。线圈匝数 N 与电流 I 的乘积 NI 称为磁通势，用 F 表示，单位为 A（安），即

$$F = NI \tag{7-3}$$

7.2.2　磁路及其基本定律

由于铁磁材料具有良好的导磁性能，所以被各种电机、变压器等用作铁芯，线圈中通入电流后的绝大部分磁通经过铁芯形成闭合通路。这个被铁芯限定的磁通回路称为磁路。图 7-4 所示为直流电机的磁路分布，图 7-5 所示为交流接触器的磁路分布。

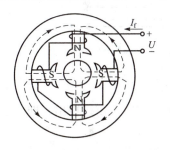

图 7-4　直流电机的磁路分布

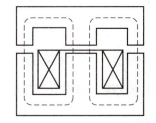

图 7-5　交流接触器的磁路分布

研究发现，磁路有类似于电路的欧姆定律的关系式，即

$$\begin{cases} \Phi = \dfrac{NI}{R_m} = \dfrac{F}{R_m} \\ R_m = \dfrac{L}{\mu S} \end{cases} \tag{7-4}$$

式中，Φ 为磁通，单位为 Wb；F 为磁通势，单位为 A；R_m 为磁阻，单位为 H^{-1}；N 为线圈匝数；I 为电流，单位为 A；L、μ、S 分别为磁路长度（单位为 m）、磁导率（单位为 H/m）、磁路横截面积（单位为 m^2）。

空气的 μ 值很小（约等于 1），所以与铁磁材料（$\mu = 200$ 以上）相比，在同样的长度和横截面积下，其磁阻很大，对电路影响也很大。因此，在叠装变压器铁芯时要将硅钢片的接缝尽量对齐，以便尽量减小磁路的空气间隙，这样就能够减小磁路的磁阻，从而达到尽量增加主磁通的目的。

7.3　交流铁芯线圈

铁芯线圈分直流铁芯线圈和交流铁芯线圈两种。直流铁芯线圈的励磁电流是直流，所产生的磁通是固定不变的，因此在线圈和铁芯中不会产生感应电动势，线圈中的电流 I 仅与线圈本身电阻 R 以及加在两端的电压 U 有关，功率损耗也只有 I^2R。而交流铁芯线圈在电磁关系、电压电流关系、功率损耗等方面与直流铁芯线圈不同。

7.3.1　电磁关系

铁芯线圈的交流电路如图 7-6 所示，线圈匝数为 N，磁通势 Ni 产生的磁通大部分通过铁芯而闭合，这部分磁通称为主磁通 Φ。此外，还有极少一部分磁通经过空气或其他非磁介质而闭合，这部分磁通称为漏磁通 Φ_σ。主磁通和漏磁通在线圈中分别产生主磁电动势 e 和漏磁电动势 e_σ。

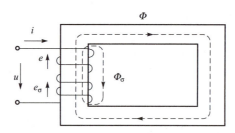

图 7-6　铁芯线圈的交流电路

7.3.2　电压、电流关系

铁芯线圈交流电路中电压与电流的关系可用基尔霍夫定律得出，即
$$u + e + e_\sigma = Ri \text{ 或 } u = Ri - e_\sigma - e$$
当电流为正弦物理量时，上式可用相量表示为
$$\dot{U} = R\dot{I} - \dot{E}_\sigma - \dot{E} \tag{7-5}$$
设主磁通 $\Phi = \Phi_m \sin(\omega t)$，则
$$e = -N\frac{\mathrm{d}\Phi}{\mathrm{d}t} = -N\frac{\mathrm{d}(\Phi_m \sin\omega t)}{\mathrm{d}t} = -N\omega\Phi_m\cos(\omega t)$$
$$= 2\pi f N \Phi_m \sin(\omega t - 90°) = E_m \sin(\omega t - 90°) \tag{7-6}$$
式中，$E_m = 2\pi f N \Phi_m$ 是主磁电动势 e 的幅值，而其有效值为
$$E = \frac{E_m}{\sqrt{2}} = \frac{2\pi f N \Phi_m}{\sqrt{2}} = 4.44 f N \Phi_m \tag{7-7}$$

式 (7-7) 是常用公式，应特别注意掌握。

由于线圈自身电阻 R 产生的电压和漏磁感应电动势都很小,与主磁电动势比较起来可忽略不计,故输入交流电压有效值为

$$U \approx E = 4.44 f N \Phi_m \tag{7-8}$$

7.3.3 功率损耗

在交流铁芯线圈中,除了线圈电阻 R 上有功率损耗 I^2R(称为铜损 ΔP_{Cu})外,处于交变磁化下的铁芯也有功率损耗(称为铁损 ΔP_{Fe})。铁损是由磁滞和涡流产生的。

当线圈通入交流电时,它所产生的磁通也是交变的。因此,不仅在线圈内产生感应电动势,在铁芯内也要产生感应电动势和感应电流。这种感应电流称为涡流,它在垂直于磁通方向的平面内形成环流。

磁滞和涡流都会引起铁芯发热,它们所造成的损耗分别称为磁滞损耗和涡流损耗。因硅钢的磁滞损耗小,所以它是变压器和电机中常用的铁芯材料。为了减小涡流损耗,在顺着磁场方向,铁芯应由彼此绝缘的钢片叠成(图 7-7),这样就可以限制涡流只能在较小的截面内流通。

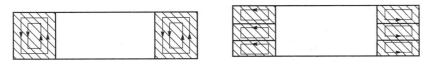

图 7-7 铁芯中的涡流

铁损差不多与铁芯内磁感应强度的最大值 B_m 的平方成正比,故 B_m 不宜选择过大,一般取 0.8~1.2 T。

由上述可知,交流铁芯线圈的有功功率为

$$P = UI\cos\varphi = I^2R + \Delta P_{Fe} \tag{7-9}$$

7.4 变压器的基本知识

7.4.1 变压器的用途

变压器是一种电能转换装置,也是一种常见的电气设备。在电力系统中,向远方传输电力时,为了减少线路上的电能损失和增加输送容量,需要升高电压;为了满足用户用电的要求,又需要降低电压,这就需要能改变电压的变压器。

目前,我国交流输电的电压最高已达 500 kV。这样高的电压,无论从发电机的安全运行方面还是从制造成本方面考虑,都不允许由发电机直接生产。发电机的输出电压一般有 3.15 kV、6.3 kV、10.5 kV、15.75 kV 等几种,因此必须用升压变压器将电压升高才能远距离输送。

电能输送到用电区域后,多数用电器所需电压是 380 V、220 V 或 36 V,少数电机也采用 3 kV、6 kV 等。为了适应用电设备的电压要求,还需通过各级变电站(所)利用变压器将电压降低为各类电器所需要的电压值。

7.4.2 变压器的基本结构

变压器的主要结构部件有：铁芯和绕组两个基本部分组成的器身，以及放置器身且盛满变压器油的油箱。此外，还有一些为确保变压器运行安全的辅助器件。图7-8所示为一台油浸式电力变压器外形图。

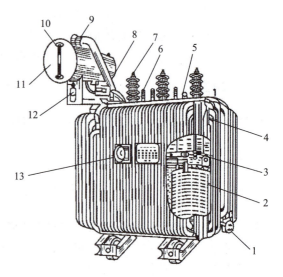

图7-8 油浸式电力变压器外形图

1—放油阀门；2—绕组；3—铁芯；4—油箱；5—分接开关；6—低压套管；7—高压套管；8—气体继电器；9—安全气道；10—油表；11—储油柜；12—吸湿器；13—湿度计

1. 铁芯

表面具有绝缘膜的硅钢片铁芯由铁芯柱和铁轭两部分组成，构成变压器磁路的主要部分。为了减小交变磁通在铁芯中引起的损耗，铁芯通常用厚度为0.3~0.5 mm的硅钢片叠装而成。图7-9所示的变压器，从外面看，线圈包围铁芯柱，称为芯式结构；图7-10所示的变压器，从外面看，铁芯柱包围线圈，则称为壳式结构。小容量变压器多采用壳式结构。交变磁通在铁芯中引起涡流损耗和磁滞损耗，为使铁芯的温度不致太高，在大容量变压器的铁芯中往往设置油道，而铁芯则浸在变压器油中，当油从油道中流过时，可将铁芯中产生的热量带走。

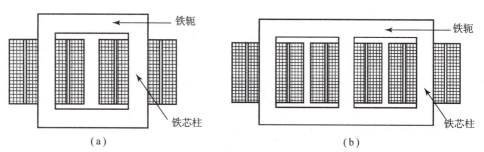

图7-9 芯式结构变压器

(a) 单相芯式变压器；(b) 三相芯式变压器

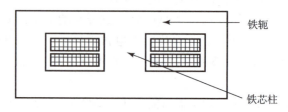

图7-10 壳式结构变压器

2. 绕组

绕组构成变压器电路的主要部分。原、副边绕组一般用铜或铝的绝缘导线缠绕在铁芯柱上。高压绕组电压高,绝缘要求高,如果高压绕组在内侧,离变压器铁芯近,则应加强绝缘,提高了变压器的成本。因此,为了绝缘方便,低压绕组紧靠着铁芯,高压绕组则套装在低压绕组的外面。两个绕组之间留有油道,既可以起绝缘作用,又可以使油把热量带走。在单相变压器中,高、低压绕组均分为两部分,分别缠绕在两个铁芯柱上,两部分既可以串联又可以并联。三相变压器属于同一相的高、低压绕组全部缠绕在同一铁芯柱上。

只有绕组和铁芯的变压器称为干式变压器。大容量变压器的器身放在盛有绝缘油的油箱中,这样的变压器称为油浸式变压器。

3. 油箱

油浸式变压器的器身浸在变压器油的油箱中。油是冷却介质,又是绝缘介质。油箱侧壁有冷却用的管子(散热器或冷却器)。

4. 绝缘套管

将线圈的高、低压引线引到箱外,使引线对地绝缘,担负着固定的作用。

此外,还有储油柜、吸湿器、安全气道、净油器和气体继电器。

7.4.3 变压器的种类

(1) 按冷却方式分类,可分为干式(自冷)变压器、油浸(自冷)变压器、氟化物(蒸发冷却)变压器。

(2) 按防潮方式分类,可分为开放式变压器、灌封式变压器、密封式变压器。

(3) 按铁芯或线圈结构分类,可分为芯式变压器(插片铁芯、C形铁芯、铁氧体铁芯)、壳式变压器(插片铁芯、C形铁芯、铁氧体铁芯)、环形变压器、金属箔变压器。

(4) 按电源相数分类,可分为单相变压器、三相变压器、多相变压器。

(5) 按用途分类,可分为电源变压器、调压变压器、音频变压器、中频变压器、高频变压器、脉冲变压器。

7.5 单相变压器

7.5.1 变压器的工作原理

图 7-11 所示为单相变压器工作原理图,为了分析问题的方便,将互相绝缘的两个绕组分别画在两个铁柱上。与电源相连的绕组称为原绕组(或称初级绕组、一次绕组、原边),与其有关的各个物理量均标有下标 1。与负载相连的绕组称为副绕组(或称次级绕组、二次绕组、副边),与其有关的各个物理量均标有下标 2。设原、副绕组的匝数分别为 N_1、N_2。

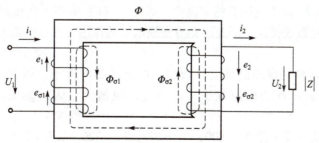

图 7-11 单相变压器工作原理图

当原绕组接上交流电源后，交变电流即在铁芯中产生交变磁场，磁感线绝大部分都在闭合的铁芯中通过。磁感线不仅在原绕组中产生感应电动势，而且由于磁感线穿过副绕组，从而也在副绕组中产生感应电动势，如图7-11所示。由此可见，变压器是利用电磁感应原理，将能量从一个绕组传输到另一个绕组而进行工作的。

7.5.2 变压器的电压变换

因漏磁通很小，其产生的漏磁电动势也很小，对电路的影响也小，可忽略不计。根据本章7.3节可知，原、副绕组产生的感应电动势 E_1、E_2 分别为（设频率为 f，主磁通的最大值为 Φ_m）

$$E_1 = 4.44 f N_1 \Phi_m$$
$$E_2 = 4.44 f N_2 \Phi_m$$

由此可得

$$\frac{E_1}{E_2} = \frac{N_1}{N_2}$$

如果原绕组的阻抗忽略不计，则 $U_1 \approx E_1$。副绕组开路时的运行方式称为空载运行。如果此时空载运行，则有 $U_2 = E_2$，这时有

$$\frac{U_1}{U_2} \approx \frac{E_1}{E_2} = \frac{N_1}{N_2} = K \tag{7-10}$$

可见，变压器空载运行时，原、副绕组上电压的比值等于两者的匝数比，这个比值 K 称为变压器的变压比或变比。当原、副绕组匝数不同时，变压器就可以把某一数值的交流电压变换为同频率的另一数值的电压，这就是变压器的电压变换作用。

如果变压比 $K>1$，则 $U_1>U_2$，$N_1>N_2$，这样的变压器称为降压变压器；相反，$K<1$ 的变压器称为升压变压器。

7.5.3 变压器的电流变换

变压器原绕组接额定电压，副绕组与负载相连时的状态称为变压器的负载运行。这时副绕组中有电流 i_2 通过。变压器是一种静止的电气设备，在电功率传递的过程中功率损耗很小。在理想情况下，可以认为变压器原边功率等于副边功率，即

$$U_1 I_1 = U_2 I_2$$

故有

$$\frac{I_1}{I_2} = \frac{U_2}{U_1} \approx \frac{N_2}{N_1} = \frac{1}{K} = K_i \tag{7-11}$$

式中，I_1 与 I_2 的比值 K_i 称为变压器的变流比。式（7-11）表明了变压器原、副绕组中的电流与原、副绕组的匝数成反比，即变压器有变换电流的作用，并且电流大小与同侧绕组的匝数成反比。

综上所述，变压器的高压侧绕组匝数多，而通过的电流小，因此高压侧绕组所用的导线较细；反之，低压侧绕组匝数少，而通过的电流大，因此低压侧绕组所用的导线较粗。

【例7-1】 已知一变压器 $N_1=800$，$N_2=200$，$U_1=220\text{ V}$，$I_2=8\text{ A}$，负载为纯电阻，忽略变压器的漏磁和损耗，求变压器的副边电压 U_2，原边电流 I_1。

【解】 变压比为

$$K = N_1/N_2 = \frac{800}{200} = 4$$

副边电压为

$$U_2 = \frac{U_1}{K} = \frac{220}{4} = 55 \text{ (V)}$$

原边电流为

$$I_1 = \frac{I_2}{K} = \frac{8}{4} = 2 \text{ (A)}$$

输入功率为

$$P_1 = U_1 I_1 = 440 \text{ V·A}$$

输出功率为

$$P_2 = U_2 I_2 = 440 \text{ V·A}$$

7.5.4 变压器的阻抗变换

当变压器副边接上阻抗为 $|Z|$ 的负载运行后，有

$$|Z| = \frac{U_2}{I_2} = \frac{\frac{N_2}{N_1}U_1}{\frac{N_1}{N_2}I_1} = \left(\frac{N_2}{N_1}\right)^2 \frac{U_1}{I_1} = \frac{1}{K^2}|Z'| \qquad (7-12)$$

式（7-12）中的 $|Z'|$ 相当于直接接在原绕组上的等效阻抗，如图7-12所示。由式 $|Z'| = K^2|Z|$ 可知，负载阻抗通过变压器接电源时，相当于把阻抗提高为原值的 K^2 倍。

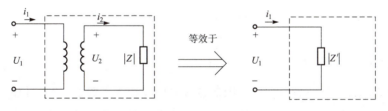

图 7-12 变压器的阻抗变换

在电子电路中，为了获得尽可能大的输出功率，往往对电路的输出阻抗与负载阻抗有相应的要求。例如，音响设备的输出阻抗为几百欧以上，而作为负载扬声器的阻抗却在十几欧以内。为了能够在扬声器中获得最佳的音响效果（即最大功率输出），就要求两者的阻抗尽量相等。为此，两者需要通过一个变压器连接，以达到阻抗匹配的目的。

7.5.5 变压器绕组的极性

在使用变压器或其他磁耦合线圈时，经常会遇到两个线圈的极性问题。例如，某变压器的原绕组由两个匝数相等、绕向一致的绕组组成，每个绕组的额定电压均为 110 V，如图 7-13（a）所示。当电源电压为 220 V 时，则把两个绕组串联起来，接法如图 7-13（b）所示；当电源电压为 110 V 时，则把两个绕组并联起来，接法如图 7-13（c）所示。

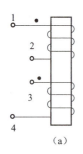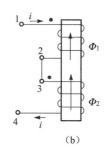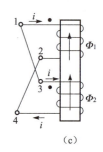

图 7-13 变压器绕组的连接

接法正确时，两个绕组产生的磁通方向相同，它们在铁芯中互相叠加。如接法错误，则两个绕组产生的磁通方向相反，它们在铁芯中互相抵消，使得铁芯中的主磁通为零，结果每个绕组均无感应电动势产生，相当于处在短路状态，会把变压器烧毁。

可见，变压器的一、二次绕组都是被同一主磁通连接时，各个绕组所感应的电动势虽然大小和方向不断变化，但在同一瞬间是一定的。即一次绕组某一端出现正极性时，二次绕组某一端也出现正极性；而其对应的另一端则出现负极性。我们把瞬时极性相同的端点称为同极性端或同名端，在线圈上标示记号"●"。在图 7-14 中，2 和 4 是同名端，1 和 3 是同名端。当电流从两个线圈的同名端流入（或流出）时，产生的磁通方向相同；当磁通变化时，在同名端感应电动势的极性也相同。

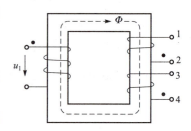

图 7-14 变压器的极性

7.6 三相变压器

7.6.1 三相变压器概述

现代电力系统都采用三相制供电，因而需要采用三相变压器来实现三相电压的变换。三相变压器可由三台相同容量的单相变压器组成，再按需要将原、副绕组接成星形或三角形。也可采用图 7-15 所示的三相芯式变压器，该图原、副绕组均采用星形连接。

在图 7-15 中，各相高压绕组的首端和末端分别用 A、B、C 和 X、Y、Z 表示，低压绕组则用 a、b、c 和 x、y、z 表示。

三相变压器（电力变压器）主要用于电力系统进行电能的传输，因此容量都较大，电压也比较高。图 7-1 所示为某电厂高压升压变压器 SF9-20000/13.8，它是采用电风扇冷却（散热）的、容量 20 000 kV·A、高压侧电压为

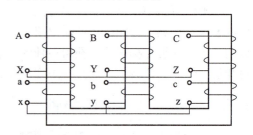

图 7-15 三相芯式变压器

13.8 kV 的三相电力变压器。变压器高压侧输出电压与外部变电所连接，经变电所的升压变压器升压后把电能输送到电力网络。为了避免雷击，该变压器输出电压的每条相线都与一个避雷器连接。

7.6.2 电力变压器的铭牌

在每台电力变压器的油箱上都有一块铭牌，标志其型号和主要参数，作为正确使用的依据，见表7-2。

表7-2 电力变压器的铭牌

电力变压器					
产品型号	SL7-500/10	标准代号	××××		
额定容量	500 kV·A	产品代号	××××		
额定电压	10 kV	出厂序号	××××		
额定频率	50Hz 三相	开关位置	高压		低压	
连接组标号	Yyn0		电压/V	电流/A	电压/V	电流/A
阻抗电压	4%	Ⅰ	10 500	27.5		
冷却方式	油冷	Ⅱ	10 000	28.9	400	721.7
使用条件	户外	Ⅲ	9 500	30.4		
××变压器厂　　××年××月						

表7-2所示变压器为降压变压器，将10 kV的高压降为400 V的低压，供三相负载使用。下面对铭牌的主要参数加以说明。

1. 产品型号

目前我国生产的中小型变压器主要有 S5、SL5、SF5、SZ5、SZL5 等系列。这些符号的含义是：S—三相；D—单相；F—风冷；W—水冷；Z—有载调压；L—铝线圈变压器。

上述变压器型号中各部分的含义为（以 SL7-500/10 为例）

2. 额定容量

额定容量是指变压器在额定工作状态下，副绕组的视在功率。

3. 额定电压

高压侧额定电压是指加在高压绕组上的正常工作电压值。它是根据变压器的绝缘强度和允许发热量等条件规定的。而低压侧额定电压是指变压器空载运行时，高压绕组加上额定电压后，副绕组两端的电压值，一般比负载运行的额定电压高5%（因电力系统电压调整率为5%）。

4. 连接组标号

Y—高压绕组作星形连接、y—低压绕组作星形连接；D—高压绕组作三角形连接、d—低压绕组作三角形连接；N—高压绕组作星形连接时的中性线、n—低压绕组作星形连接时的中性线。

5. 额定电流

额定电流是指按变压器允许发热的条件而规定的满载电流值。三相变压器中的额定电流是指线电流值。

【例 7-2】 某照明变压器的额定容量为 500 V·A，额定电压为 220 V/36 V。求：

（1）原、副边的额定电流；

（2）在副边最多可接几盏 36 V 100 W 的白炽灯？

【解】（1）原边额定电流

$$I_{1N} = \frac{S_N}{U_{1N}} = \frac{500}{220} = 2.27 \text{ （A）}$$

副边额定电流

$$I_{2N} = \frac{S_N}{U_{2N}} = \frac{500}{36} = 13.9 \text{ （A）}$$

（2）每盏白炽灯的额定电流

$$I_N = \frac{P}{U} = \frac{100}{36} = 2.78 \text{ （A）}$$

最多允许接白炽灯的盏数为 $\frac{13.9}{2.78} = 5$（盏）。

7.6.3 变压器的外特性、功率损耗和效率

1. 变压器的外特性

当变压器的副绕组接上负载后，随着负载电流 I_2 的变化，变压器内部的损耗也发生变化，因此副绕组的输出电压 U_2 也发生变化。变压器的外特性是指其输出电压 U_2 与负载电流 I_2 之间的变化关系，用曲线来表示则称为变压器的外特性曲线。如图 7-16 中曲线 $\cos \varphi = 0.8$ 为电感性负载运行时变压器的外特性曲线。

变压器副绕组输出电压除了用外特性表示之外，还可用电压调整率来表示，即

$$\Delta U\% = \frac{U_{2N} - U_2}{U_{2N}} \times 100\% \quad (7-13)$$

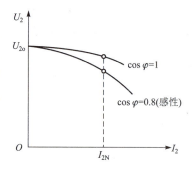

图 7-16 变压器的外特性曲线

式中，U_{2N} 为变压器空载时副绕组的额定电压；U_2 为副绕组输出额定电流时的电压。一般要求电压调整率越小越好。常用的电力变压器从空载到满载，电压调整率为 3%~5%。

2. 变压器的功率损耗和效率

和交流铁芯线圈一样，变压器的功率损耗也包括铁芯中的铁损 ΔP_{Fe} 和绕组上的铜损 ΔP_{Cu} 两部分。铁损的大小与铁芯内磁感应强度的最大值有关，与负载大小无关；而铜损则与负载大小（与电流平方成正比）有关。

变压器的效率常确定为

$$\eta = \frac{P_2}{P_1} \times 100\% = \frac{P_2}{P_2 + \Delta P_{Fe} + \Delta P_{Cu}} \times 100\% \quad (7-14)$$

式中，P_2 为变压器的输出功率；P_1 为输入功率。

变压器的功率损耗小，所以效率很高，通常在 95% 以上。在一般电力变压器中，当负载为额定负载的 50%~75% 时，效率达到最大值。

7.7 其他常用变压器简介

7.7.1 自耦变压器

自耦变压器的铁芯上只有一个绕组，为原、副绕组公用，副绕组从原绕组直接由抽头引出，如图 7-17 所示。自耦变压器可输出连续可调的电压，也可用来变换电压和电流，其变压比和变流比的计算与双绕组变压器相同。

通常自耦变压器的副边抽头制成沿绕组自由滑动的触点，可以自由、平滑地调节电压，因此又称为调压器。其外形和电路如图 7-18 所示。

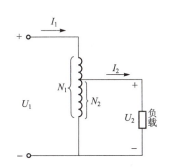

图 7-17 自耦变压器工作原理图

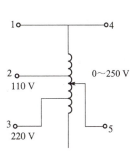

图 7-18 调压器外形和电路

在使用调压器时要注意以下几点。

（1）原、副边不能接错；否则会烧毁变压器。

（2）接电源的输入端共 3 个，用于接 110 V 或 220 V 的电源，不可将其接错；否则会烧毁变压器。

（3）接通电源前，要将手柄旋转到零位。接通电源后，缓慢转动手柄，调节出所需要的输出电压。

7.7.2 互感器

1. 电压互感器

如图 7-19 所示，U_1 为被测电网或电气设备的高压，U_2 为电压表的测量值。因 $U_1/U_2 = K$，所以 $U_1 = KU_2$，其中 K 为变压比。

电压互感器的用途：①使测量仪表与高压电路分开，以保证工作安全；②扩大测量仪表的量程。为了配套，副边低压额定值固定为 100 V。

为确保安全，使用电压互感器时，要将其铁壳和副绕组的一端接地，以防副边绝缘损坏出现高压而造成意

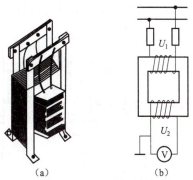

图 7-19 电压互感器
(a) 构造；(b) 接线图

外事故。

2. 电流互感器

电流互感器（图7-20）的原边与被测电路相串联，副边接电流表。原边匝数少，一般只有一匝或几匝，通过电流 I_1 较大，用粗导线绕成；副边匝数多，通过电流 I_2 较小，用细导线绕成。由于 $\frac{I_1}{I_2} = \frac{N_2}{N_1} = \frac{1}{K}$，所以 $I_1 = \frac{I_2}{K}$（K 值小于1）。

为安全起见，应采取：① 电流互感器副线圈的一端和铁壳必须接地；② 使用电流互感器时，副绕组电路是不允许断开的。

钳形电流表（图7-21）是将电流互感器和电流表组成一体的便捷式仪表。副边与电流表组成闭合回路，铁芯是可以开合的。测量时，先张开铁芯，套进被测电流的导线，闭合铁芯后即可测出电流。

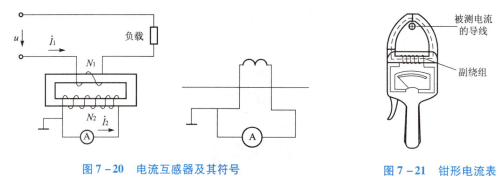

图7-20 电流互感器及其符号　　　　　图7-21 钳形电流表

电 磁 铁

电磁铁是利用通电的铁芯线圈吸引衔铁或保持某种机械零件、工件于固定位置的一种电器。衔铁的动作可使其他机械装置发生联动。当断开电源时，电磁铁的磁性随着消失，衔铁或其他零件即被释放。

电磁铁可分为线圈、铁芯、衔铁三部分。它的结构形式通常有图7-22所示的几种。电磁铁按使用场合分为交流电磁铁和直流电磁铁两种。

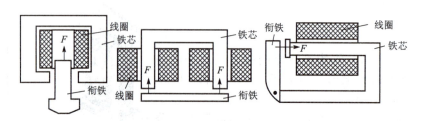

图7-22 电磁铁的几种形式

在交流电磁铁中，为了减小铁损，它的铁芯是由钢片叠成的。而在直流电磁铁中，铁芯是用整块软钢制成的。

在直流电磁铁中，励磁电流仅与线圈电阻有关，不因气隙的大小而改变。而交流电磁铁在吸合过程中，线圈中电流变化很大，吸合时，随着气隙的减小，磁阻减小，线圈的电感和感抗增大，使得电流逐渐减小。因此，如果由于某种机械故障，衔铁或机械可动部分被卡住，通电后衔铁吸合不上，线圈中就会流过较大电流而使线圈严重发热，甚至烧毁。这点必须注意。

变压器的检修

1. 任务描述

配电变压器的检修分为大修和小修两类，其中，大修又称为吊芯检修，小修又称为不吊芯检修，在此主要学习小修。

（1）检查接头状况是否良好。

检查出线接头及各处铜铝接头，若有接触不良或接点腐蚀，则应修理或更换，同时还应检查绝缘套管的导电杆螺钉有无松动及过热。

（2）绝缘套管的清扫和检查。

清扫高、低压绝缘套管的积污，检查有无裂痕、破损和放电痕迹。检查后，要针对故障及时处理。

（3）检查变压器是否漏油。

清扫油箱和散热管，检查箱体结合处、油箱和散热管焊接处及其他部位有无漏油及锈蚀。若焊缝渗漏，应进行补焊或用胶黏剂补漏。若是密封渗漏，可能的原因有以下几个。

a. 密封垫圈老化或损坏。

b. 密封圈不正，压力不均匀或压力不够。

c. 密封填料处理不好，发生硬化或断裂。

检查后针对具体情况进行处理。老化、硬化、断裂的密封和填料应给予更换；在装配时，注意压紧螺钉要均匀压紧，垫圈要放正。油箱及散热管的锈蚀处应铲锈除漆。

（4）检查防爆管。

有防爆功能的变压器，应检查防爆膜是否完好；同时检查它的密封性。

（5）查看气体继电器是否正常。

检查气体继电器是否漏油、阀门的开关是否灵活、动作是否正确可靠、控制电缆及继电器接线的绝缘电阻是否良好。

（6）油枕的检查。

检查储油柜上的油表指示的油位是否正常，并观察油枕内实际油面，对照油表的指示进行校验。若变压器缺油要及时补充；同时应检查并及时清除储油柜内的油泥和水分。

（7）吸湿器的检查和处理。

吸湿器内的硅胶每年要更换一次。若未到一年，硅胶就已吸潮失效（颜色变红），也应取出放在烘箱内，在110℃~140℃烘干脱水后再用。将硅胶重新放入吸湿器前，使用筷子把粒径小于3~5 mm的颗粒除去，以防它们落入变压器油中引起不良后果。

（8）接地线检查。

检查变压器接地线是否完整良好，有无腐蚀现象，接地是否可靠。

（9）高低压熔断器的检查。

检查与变压器配用的保险及开关触点的接触情况、机构动作情况是否良好。采用跌落式保险保护的变压器，还应检查熔丝是否完整、熔丝直径是否适当。

（10）测量变压器绝缘电阻。

用兆欧表测定线圈绝缘电阻。测量时以额定转速 120 r/min 均匀摇兆欧表一分钟，读取仪表显示值并记录变压器温度。

最后检查消防设施是否完好，包括四氯化碳灭火器、二氧化碳灭火器、干粉灭火器及沙箱（不能使用泡沫灭火器）。

2. 任务提示

变压器运行中出现的不正常现象的分析如下。

（1）声音异常。

变压器正常运行时声音应为连续均匀的"嗡嗡"声，如果产生不均匀或其他响声都属于不正常现象。

a. 内部有较高且低沉的"嗡嗡"声，则可能是过负荷运行，可根据变压器负荷情况鉴定并加强监视。

b. 内部有短时"哇哇"声，则可能是电网中发生过电压，可根据有无接地信号、表针有无摆动来判定。

c. 变压器有放电声，则可能是套管或内部有放电现象，这时应对变压器作进一步检测或停用。

d. 变压器有水沸声，则为变压器内部短路故障或接触不良，这时应立即停用进行检查。

e. 变压器有爆裂声，则为变压器内部或表面绝缘击穿，这时应立即停用进行检查。

f. 其他可能出现"叮当"声或"嘤嘤"声，则可能是个别零件松动，可以根据情况处理。

（2）油温异常。

a. 变压器的绝缘耐热等级为 A 级时，线圈绝缘极限温度为 105℃，根据国际电工委员会的推荐，为保证绝缘不过早老化，温度应控制在 85℃ 以下。若发现在同等条件下温度不断上升，则认为变压器内部出现异常、内部故障等多种原因，这时应根据情况进行检查处理。

b. 导致温度异常的原因有散热器堵塞、冷却器异常、内部故障等多种原因，这时应根据情况进行检查处理。

（3）油位异常。

变压器油位变化应该在标记范围之间，如有较大波动则认为不正常。常见的油位异常有以下几种。

a. 假油位，如果温度正常而油位不正常，则说明是假油位。运行中出现假油位的原因有呼吸器堵塞、防爆管通气孔堵塞等。

b. 油位下降，原因有变压器严重漏油、油枕中油过少、检修后缺油、温度过低等。

（4）渗漏油。

渗漏油是变压器常见的缺陷，渗与漏仅是程度上的区别，渗漏油常见的部位及原因有以下几种。

a. 阀门系统，蝶阀胶材质安装不良，放油阀精度不高，螺纹处渗漏。

b. 胶垫接线桩头、高压套管基座流出线桩头、胶垫胶不密封、无弹性，小瓷瓶破裂渗漏油。

c. 设计制造不良，材质不好。

（5）套管闪络放电。

套管闪络放电会造成发热，导致老化，绝缘受损甚至引起爆炸，常见原因有以下两个。

a. 高压套管制造不良，未屏蔽接地，焊接不良，形成绝缘损坏。

b. 套管表面过脏或不光滑。

3. 变压器的故障处理

为了正确地处理故障，首先应掌握下列情况：①系统运行方式，负荷状态，负荷种类；②变压器上层油温，温升与电压情况；③事故发生时天气情况；④变压器周围有无检修及其他工作；⑤系统有无操作；⑥运行人员有无操作；⑦何种保护动作，事故现象情况等。

变压器的故障常被分为内部故障和外部故障两种。内部故障为变压器油箱内发生的各种故障，其主要类型有各相绕组之间发生的相间短路、绕组的线匝之间发生的匝间短路、绕组或引出线通过外壳发生的接地故障等。外部故障为变压器油箱外部绝缘套管及其引出线上发生的各种故障，其主要类型有绝缘套管闪络或破碎而发生的接地通过外壳短路、引出线之间发生相间故障等或引起变压器内部故障或绕组变形等。

（1）套管故障。

常见的是炸毁、闪络和漏油，其原因有以下几个。

a. 密封不良，绝缘受潮劣化。

b. 呼吸器配置不当或者吸入水分未及时处理。

c. 分接开关故障，常见的有表面熔化与灼伤、相间触头放电或各接头放电，主要原因有：螺钉松动；载荷调整装置不良和调整不当；绝缘板绝缘不良；接触不良，制造工艺不好，弹簧压力不足；酸价过高，使分接开关接触面被腐蚀。

（2）绕组故障。

主要有匝间短路、绕组接地、相间短路、断线及接头开焊等。产生这些故障的原因有以下几个。

a. 在制造或检修时，局部绝缘受到损害，遗留下缺陷。

b. 在运行中因散热不良或长期过载，绕组内有杂物落入，使温度过高绝缘老化。

c. 制造工艺不良，压制不紧，机械强度不能经受短路冲击，使绕组变形绝缘损坏。

d. 绕组受潮，绝缘膨胀堵塞油道，引起局部过热。

e. 绝缘油内混入水分而劣化，或与空气接触面积过大，使油的酸价过高绝缘水平下降，或油面太低，部分绕组暴露在空气中未能及时处理。

（3）铁芯故障。

铁芯故障大部分原因是铁芯柱的穿心螺杆或铁轮的夹紧螺杆的绝缘损坏而引起的。其后果可能使穿心螺杆与铁芯叠片造成两点连接，出现环流引起局部发热，甚至引起铁芯的局部熔毁；也可能造成铁芯叠片局部短路，产生涡流过热，引起叠片间绝缘层损坏，使变压器空载损失增大，绝缘油劣化。运行中变压器发生故障后，如判明是绕组或铁芯故障应吊芯检查。首先测量各相绕组的直流电阻并进行比较，如差别较大，则为绕组故障。然后进行铁芯外观检查，再用直流电压、电流表法测量片间绝缘电阻。如损坏不大，在损坏处涂漆即可。

此外，变压器着火也是一种危险事故，因变压器有许多可燃物质，处理不及时可能发生爆炸或使火灾扩大。

由于上述种种原因，在运行中一经发生绝缘击穿，就会造成绕组的短路或接地故障。匝间短路时的故障现象是变压器过热、油温增高、电源侧电流略有增大、各相直流电阻不平衡，严重时差动保护或电源侧的过流保护也会动作。发现匝间短路应及时处理，因为绕组匝间短路常常会引起更为严重的相间短路等故障。

电磁共振

当振荡电路为非理想状态且有电阻时，电阻发热，成为阻尼振荡；当振荡电路中有外加的周期性电动势作用时，成为受迫振荡；当外加电动势的频率与电路自由振荡的固有频率ω相同时，振幅达最大值，成为电磁共振。

电磁共振对变压器类的设备危害很大，具体有下列几种主要危害。

(1) 电磁共振产生高压会使高压侧熔断器熔丝熔断，引起跳闸事故。
(2) 电磁共振产生高压会损坏线圈绝缘。
(3) 电磁共振引起的过流如不做过流保护动作，就会长期过流，使线圈烧毁。
(4) 电磁共振会使变压器有异声。
(5) 电磁共振会使高压母线放电。
(6) 电磁共振会使变压器控制系统不正常工作。
(7) 电磁共振会使相关表指针指示失常或出现低频摆动等现象。

防止和处理电磁共振的异常现象最常见的思路就是改变可能产生电磁共振的操作程序，避免在运行方式方面构成电磁共振的条件，就可消除电磁共振现象。

本 章 小 结

本章介绍了磁性材料及其特性、磁路和铁芯线圈的基本知识，重点学习了变压器的工作原理。

1. 磁性材料的磁性能有高导磁性、磁饱和性和磁滞性，磁路是磁通形成的闭合回路，铁芯线圈的损耗主要是铁损和铜损。

2. 变压器具有变压、变流和变阻抗的作用，变压比等于匝数比，根据变压比大小可判别变压器是升压变压器还是降压变压器。

3. 变压器通常划分为单相变压器和三相变压器两类，生活中应用比较多的特殊变压器有自耦变压器、电压互感器、电流互感器和钳形电流表。

第7章 变压器

思考与练习

一、填空题

7-1 磁性材料的磁性能对电磁器件的性能和工作状态有很大影响，它的特性主要表现为_____和_____。

7-2 交流铁芯线路中的功率损耗主要有_____和_____。

7-3 变压器是一种利用_____原理传输电能或信号的器件，具有_____作用，在电力系统和电子电路中应用广泛。

7-4 变压器主要由_____和_____组成，在变压器的绕组中，与电源相连的绕组称为_____绕组，而与负载相连的绕组称为_____绕组。

7-5 已知变压器的原绕组匝数为2 200，副绕组匝数为55，则该变压器的变压比为_____，变流比为_____。如果原绕组输入有效值为1 000 V的交流电压，则副绕组输出电压有效值为_____ V。

7-6 已知变压器原绕组电压和功率因数一定，空载时副绕组输出230 V电压，有载时输出220 V电压，则该变压器的电压变化率为_____。

7-7 电压互感器是常用来扩大_____测量范围的仪器，其原绕组匝数多，与被测高压电网并联；副绕组匝数少，与_____连接。使用电压互感器时，_____必须可靠接地，原、副绕组一般装有_____作为_____保护。

7-8 电流互感器是常用来扩大_____测量范围的仪器，其原绕组匝数少，与被测电路串联；副绕组匝数多，与_____连接。使用电压互感器时，_____必须可靠接地，在运行中电流互感器不允许其_____绕组开路。

二、选择题

7-9 铁磁材料在磁化过程中，当外加磁场 H 不断增加，而测得的磁感强度几乎不变的性质称为（　　）。

  A. 磁滞性　　　　B. 剩磁性　　　　C. 高导磁性　　　　D. 磁饱和性

7-10 制造变压器的材料应选用（　　），制造计算机记忆元件的材料应选用（　　），制造永久磁铁应选用（　　）。

  A. 软磁材料　　　　B. 硬磁材料　　　　C. 矩磁材料

7-11 某线圈匝数为1 000，通过1 mA的恒定电流，当磁路的平均长度为10 cm时，线圈中的磁场强度（A/m）应为（　　）。

  A. 1　　　　B. 10　　　　C. 100　　　　D. 1 000

7-12 当环形铁芯线圈为（　　）匝时，可使磁通势达到700 A，流过线圈的电流为2 A。

  A. 1 400　　　　B. 350　　　　C. 700　　　　D. 1 000

7-13 减少涡流损耗可采用的方法是（　　）。

  A. 增大铁芯的磁导率　　　　B. 增大铁芯的电阻率
  C. 减小铁芯的磁导率　　　　D. 减少铁芯的电阻率

7-14 变压器原边100匝，副边1 200匝，在原边两端接有电动势为10 V的蓄电池组，则副边的输出电压为（　　）。

  A. 120 V   B. 12 V   C. 0.8 V   D. 0 V

7-15　一个理想变压器原、副边的匝数比是100∶1，它能正常地向接在副边两端的一个"20 V 100 W"的负载供电，则变压器的输入电压与输出电流分别是（　　）。

  A. 2 000 V，0.05 A   B. 200 V，0.5 A

  C. 20 V，5 A

三、问答题

7-16　在电能输送过程中，为什么都采用变压输送？

7-17　变压器的作用是什么？它可分为哪些类别？

四、计算题

7-18　一个理想变压器，原边的输入电压为220 V，副边输出电压为22 V，若将副边增加100匝，其输出电压增大为33 V，则原边的匝数为多少？

7-19　理想变压器的输入电压为220 V，输出电压为12 V。若将副边拆去12匝后，输出电压降为10 V，则变压器的原、副边的匝数比变为多少？

7-20　某晶体管收音机的输出阻抗为250 Ω（即要求负载阻抗为250 Ω时能输出最大功率），接负载为8 Ω的扬声器，求输出变压器的变压比。

7-21　一个理想变压器原、副边绕组的匝数分别为2 000和50，负载电阻R_L为10 Ω，负载获得的功率为160 W。试求原边绕组的电流和电压。

7-22　单相变压器的原边电压U_1为3 000 V，变压比K为10，求副边电压U_2。如果副边所接负载R_L为6 Ω，那么原边的等效电阻R是多少？

第8章

电 动 机

电机是一种实现机械能和电能相互转换的电磁装置。电机包括发电机和电动机,其中把机械能转换成电能的装置叫发电机,把电能转换成机械能的装置叫电动机。由于电源有交流和直流之分,故电机也分为交流电机和直流电机两大类。

本章主要讨论交流异步电动机,以异步电动机为主体,重点分析三相交流异步电动机和单相交流异步电动机的结构、工作原理和运行特性等,并简单介绍其他类型常用的电机。

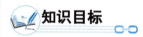

1. 掌握电动机的基本构造、工作原理。
2. 掌握电动机的机械特性。
3. 掌握电动机的启动、反转、调速及制动。

1. 能正确判断电动机三相绕组的分相。
2. 能正确判断电动机首、尾端。

YC系列三相异步电动机如图8-1所示。

图 8-1 YC 系列三相异步电动机

实践活动：三相异步电动机定子绕组首尾端的判别

1. 实践活动任务描述

当电动机接线板损坏，定子绕组的六个线头分不清楚时，如果盲目接线，可能引起电动机内部故障，因此接线前必须分清六个线头的首尾端。

2. 实践仪器与元件

36 V 交流电源、36 V 灯泡、万用表、导线若干。

3. 活动提示

判别的方法有以下两种。

(1) 用 36 V 交流电源和灯泡判别首、尾端。

a. 用万用表的电阻挡，分别找出三相绕组的各相两个线头。

b. 先任意给三相绕组的线头分别编号为 U_1 和 U_2、V_1 和 V_2、W_1 和 W_2，并把 V_1、U_2 连接起来，构成两相绕组串联。

c. U_1、V_2 线头上接一只灯泡。

d. W_1、W_2 两个线头上接通 36 V 交流电源，如果灯泡发亮，说明线头 U_1、U_2 和 V_1、V_2 的编号正确。如果灯泡不亮，则把 U_1、U_2 或 V_1、V_2 中任意两个线头的编号对调一下再测。

e. 再按上述方法对 W_1、W_2 两线头进行判别。

(2) 用万用表判别首、尾端。

①方法一。

a. 用万用表的电阻挡，分别找出三相绕组的各相两个线头。

b. 给各相绕组编号为 U_1 和 U_2、V_1 和 V_2、W_1 和 W_2。

c. 按所示接线，用手转动电动机转子，如万用表（微安挡）指针不动，则证明假设的编号是正确的；若指针有偏转，说明其中有一相首尾端假设编号不对。应逐相对调重测，直至正确为止。

②方法二。

a. 先分清三相绕组各相的两个线头，并将各相绕组端子编号为 U_1 和 U_2、V_1 和 V_2、W_1 和 W_2。

b. 注视万用表（微安挡）指针摆动的方向，合上开关瞬间，若指针摆向大于零的一边，则接电池正极的线头与万用表负极所接的线头同为首端或尾端；如指针反向摆动，则接电池正极的线头与万用表正极所接的线头同为首端或尾端。

c. 再将电池和开关接另一相两个线头，进行测试，就可正确判别各相的首、尾端。

8.1 三相异步电动机结构和工作原理

8.1.1 三相异步电动机的结构

电动机的作用是将电能转换成机械能，可分为交流电动机和直流电动机两大类。交流电动机又分为异步电动机和同步电动机；直流电动机按照励磁方式的不同分为他励、并励、串励和复励等四种电动机。

三相异步电动机主要由定子和转子两部分组成，如图 8-2 所示。固定不动的部分叫定子，转动的部分叫转子。为保证转子能在定子腔内自由地转动，定子与转子之间要留有 0.2～2 mm 的空气隙。

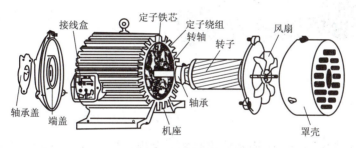

图 8-2 三相异步电动机的组成结构

1. 定子

定子主要由机座、定子铁芯和定子绕组三部分组成。

机座主要用来固定定子铁芯和定子绕组，并以前、后两个端盖支撑转子的转动，其外表还有散热作用。中小型机的机座一般用铸铁制成，大型机多采用钢板焊接而成。为了搬运方便，常在其上面安装吊环。

定子铁芯是电机磁路的一部分，为了减小磁滞和涡流损耗，常用 0.35～0.5 mm 厚的硅钢片叠装而成。在定子铁芯（图 8-3）的内圆冲有沿圆周均匀分布的槽，在槽内嵌放三相定子绕组。

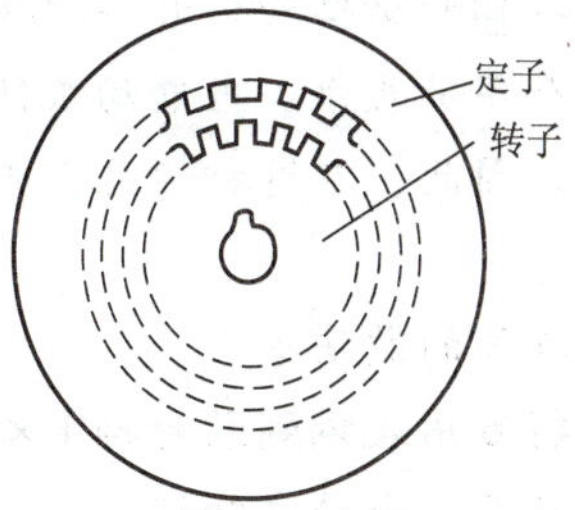

定子绕组是电机电路的一部分，通入三相交流电产生旋转磁场。由嵌放在定子铁芯槽中的线圈按一定的规则连接成三相定子绕组。三相定子绕组之间及绕组与定子铁芯

图 8-3 定子和转子的铁芯片

槽之间均垫有绝缘材料,定子绕组在槽内嵌放完毕后再用胶木槽楔固紧。三相绕组定子的结构完全对称,一般有六个出线端(U_1、U_2、V_1、V_2、W_1、W_2)置于机座外侧的接线盒内,可根据需要接成星形或三角形。

2. 转子

转子主要由转子铁芯、转子绕组和转轴三部分组成。

转子铁芯也是电机磁路的一部分,一般用 0.5 mm 厚的表面有绝缘层的硅钢片叠装而成。铁芯外圆冲有均匀分布的槽,用以放置转子绕组。

转子绕组有笼型和绕线型两种。笼型绕组是在铁芯槽中嵌放裸铜条或铝条,两端与端环连接。由于形状像鼠笼,故称笼型转子。绕线型转子绕组与定子绕组相似,也是由绝缘的导线绕制而成的三相对称绕组,其绕组一般接成星形,三个首端分别接到固定在转轴上的三个滑环上,由滑环上的电刷与外加变阻器连接,从而构成转子的闭合回路。只要调节变阻器的阻值就可达到调节电动机转速的目的。因此,在某些对启动性能及调速有特殊要求的设备中,如起重机、卷扬机、鼓风机、压缩机泵类等,较多采用绕线型异步电动机,如图 8-4 所示。

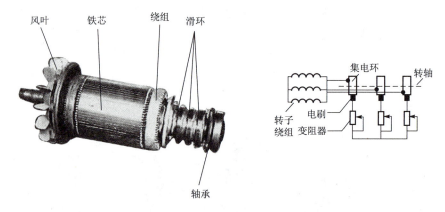

图 8-4 绕线型异步电动机及其结构图

转轴的作用是支撑转子、传递和输出转矩,并保证转子与定子之间各处有均匀的空气隙。转轴一般用中碳钢棒料经车削加工而成。

三相异步电动机绕组分相

三相异步电动机有三个绕组和六个接线柱,六个接线柱常用 U_1、U_2、V_1、V_2、W_1、W_2 这六个字母表示。当电动机使用久后,六个字母有可能丢失,字母丢失后就不能正确连接电动机。因此,在这种情况下首先须将三个绕组区分出来。一般常用的区分方法是使用万用表分相。

具体的做法如下。

将万用表调到欧姆挡 $1 \times 100\ \Omega$,然后测量六个接线柱,可找到测量值很小的三组,这三组就是三个独立绕组。

8.1.2 三相异步电动机的工作原理

1. 旋转磁场的产生

三相异步电动机定子绕组接成星形,如图 8-5（a）所示。定子绕组中通入三相对称交流电流,其波形图如图 8-5（b）所示。三相对称交流电流的表达式为

$$i_U = I_m \sin(\omega t) \qquad (8-1)$$
$$i_V = I_m \sin(\omega t - 120°) \qquad (8-2)$$
$$i_W = I_m \sin(\omega t + 120°) \qquad (8-3)$$

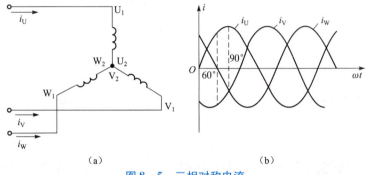

图 8-5 三相对称电流

(a) 定子绕组星形连接；(b) 波形图

从图 8-5 可以看出,三相对称交流电流的相序（即电流出现正幅值的顺序）为 U→V→W。不同时刻三相对称交流电流正负方向见表 8-1。

表 8-1 不同时刻三相对称交流电流正负方向

ωt	i_U	i_V	i_W
0°	0	−	+
60°	+	−	0
90°	+	−	−

由表 8-1 可知,不同时刻三相电流正负不同,也就是三相电流的实际方向不同。在某一时刻,将每相电流所产生的磁场相加,便得出三相电流的合成磁场。不同时刻合成磁场的方向也不同,如图 8-6 所示。

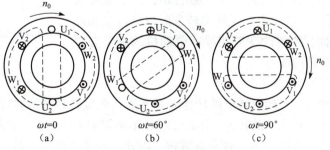

图 8-6 三相电流产生的旋转磁场（$p=1$）

由上可知，当定子绕组中通入三相电流后，它们共同产生的合成磁场是随电流的交变而在空间不断地旋转，这就是旋转磁场。

2. 旋转磁场的转速和转向

旋转磁场的转速与磁极对数、定子绕组的空间配置有关。前述每相绕组只有一个线圈，彼此空间相差120°，产生的旋转磁场只有一对磁极。当电流变化一周时，该旋转磁场在空间也旋转一周。

如果每相绕组由两个串联的线圈组成，同时使每相绕组的首端与首端、末端与末端之间在空间上相差60°，按前述分析方法，可得到两对磁极的旋转磁场。当电流变化一周时，该旋转磁场旋转半周。

可见，当旋转磁场具有 p 对磁极时，交流电每变化一周，其旋转磁场在空间转动 $1/p$ 周。因此，三相交流电机定子旋转磁场每分钟的转速 n_0、定子电流频率 f 及磁极对数 p 之间的关系为

$$n_0 = \frac{60f}{p} \tag{8-4}$$

旋转磁场的转速又称为同步转速。我国三相电源的频率为50 Hz，于是由式（8-4）可得到不同磁极对数 p 的旋转磁场转速 n_0，见表8-2。

表 8-2 不同磁极对数 p 的旋转磁场转速 n_0

p	1	2	3	4	5	6
$n_0/(\text{r}\cdot\text{min}^{-1})$	3 000	1 500	1 000	750	600	500

旋转磁场的转向由定子绕组中通入电流的相序来决定。欲改变旋转磁场的转向，只需改变通入三相绕组的电流相序，即把三相绕组任意两根的首端与电源相连的线对调，就可改变定子绕组中电流的相序，旋转磁场方向即可改变。

3. 异步电动机的转动原理、转差率

1) 异步电动机的转动原理

图8-7所示为三相异步电动机转子转动的原理图，图中N、S表示两极旋转磁场，转子中只画有两根导条（铜或铝）。当旋转磁场向顺时针方向旋转时，其磁力线切割转子导条，导条中就感应出电动势。电动势的方向由右手定则确定。

在电动势的作用下，闭合的导体中就有电流。这电流与旋转磁场相互作用，使转子导体受到电磁力 F。电磁力的方向可由左手定则来确定。由电磁力产生电磁力矩，转子就转动起来。由图8-7可知，电动机转子的旋转方向与旋转磁场的旋转方向一致。因此，要想改变三相异步电动机的旋转方向只需改变旋转磁场的转向即可。

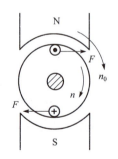

图 8-7 电动机转动原理图

2) 异步电动机的转差率

电动机正常工作时，电动机转子的转速 n 是不能达到旋转磁场的转速 n_0 的，即 $n < n_0$。如果转子的转速等于旋转磁场的转速，则转子导体不再切割旋转磁场的磁感线，不再产生感应电动势和电流，电磁力将为零，转子将减速。因此，异步电动机中的"异步"就是指电

动机转子转速与旋转磁场转速之间存在差异的意思。异步电动机旋转磁场的转速 n_0 与电动机转子转速 n 之差与旋转磁场转速 n_0 的比值称为异步电动机的转差率 s，即

$$s = \frac{n_0 - n}{n_0} \times 100\% \tag{8-5}$$

转差率是电动机的一个重要参数。正常工作时，电动机的额定转速与磁场转速接近，故转差率很小。通常异步电动机在额定负载时的转差率为 2% ~ 5%。在电动机启动瞬间，旋转磁场已经产生，但转子还没转动起来（$n=0$），这时转差率最大（$s=1$）；当转子转速接近磁场转速时，$s \approx 0$。可见，转差率的正常范围是 $0 < s \leq 1$。

【例 8-1】 有一台三相异步电动机，其额定转速 $n = 975$ r/min。试求电动机的磁极数目和额定负载时的转差率 s。（电源频率 $f = 50$ Hz）

【解】 由于电动机的额定转速接近而略小于同步转速，而同步转速对应于不同的磁极对数有一系列固定的值（表 8-2）。显然与 $n = 975$ r/min 最相近的同步转速为 $n_0 = 1\,000$ r/min，与此对应的磁极对数为 $p = 3$。因此，额定负载时的转差率 s 为

$$s = \frac{n_0 - n}{n_0} \times 100\% = \frac{1\,000 - 975}{1\,000} \times 100\% = 2.5\%$$

8.1.3　三相异步电动机的铭牌

要正确使用电动机，必须要看懂铭牌。某 Y132M-4 型电动机的铭牌见表 8-3。

表 8-3　某 Y132M-4 型电动机的铭牌

三相异步电动机		
型号 Y132M-4	功率 7.5 kW	频率 50 Hz
电压 380 V	电流 15.4 A	接法 △
转速 1 440 r/min	绝缘等级 A	工作方式　连续
年　月　编号		××电机厂

此外，它的主要技术数据还有：功率因数 0.85，效率 87%。

三相异步电动机铭牌中各个数据的意义如下。

1. 型号

上述电动机的型号中各个部分的含义说明如下：

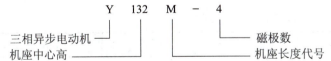

三相异步电动机机座中心高的单位为 mm，机座长度代号表示为：S—短机座；M—中机座；L—长机座。三相异步电动机产品名称及其代号见表 8-4。

表 8-4　三相异步电动机产品名称及其代号

产品名称	代号	产品名称	代号
异步电动机	Y（异）	防爆型异步电动机	YV（异防）
绕线型异步电动机	YR（异绕）	高启动转矩异步电动机	YQ（异启）

2. 电压

铭牌上所标的电压值是指电动机在额定运行时定子绕组上应加的线电压有效值。三相异步电动机的额定电压有 380 V、3 000 V 及 6 000 V 等多种。一般规定，电动机的工作电压不应高于和低于额定值的 5%。

3. 电流

铭牌上所标的电流值是指电动机在额定运行时定子绕组的线电流有效值。

4. 功率和效率

铭牌上所标的功率值是指电动机在额定运行时轴上输出的机械功率值。输出功率与输入功率不等，其差值等于电动机本身的损耗功率，包括铜损（ΔP_{Cu}）、铁损（ΔP_{Fe}）及机械损耗等。以上述的 Y132M-4 型电动机为例，加以说明。

输入功率

$$P_1 = \sqrt{3}\, U_1 I_1 \cos\varphi = \sqrt{3} \times 380 \times 15.4 \times 0.85 = 8.6\ (\text{kW})$$

输出功率

$$P_2 = 7.5\ \text{kW}$$

效率

$$\eta = \frac{P_2}{P_1} = \frac{7.5}{8.6} \times 100\% = 87\%$$

一般笼型电动机在额定运行时的效率为 72%~93%，在额定功率的 75% 左右时效率最高。

5. 功率因数

三相异步电动机是电感性负载，功率因数较低，在额定负载时为 0.7~0.9；而在轻载和空载时更低，空载时只有 0.2~0.3。

6. 转速

由于电动机的负载对转速要求不同，须生产不同磁极对数的电动机，因此有不同的转速等级。最常用的是四磁极电动机，其同步转速 $n_0 = 1\ 500$ r/min。

7. 温升与绝缘等级

绝缘等级表示电机各绕组及其他绝缘部件所用绝缘材料的等级。绝缘材料按耐热性能可分为七个等级，见表 8-5。

表 8-5 绝缘等级及其最高允许温度

绝缘等级	Y级	A级	E级	B级	F级	H级	C级
最高允许温度/℃	90	105	120	130	155	180	180 以上

8. 定额工作制（即工作方式）

它是指电动机按铭牌值工作时，可持续运行的时间和顺序。电动机定额分连续定额、短时定额、断续定额三种，分别用 S_1、S_2、S_3 表示。

9. 接法

定子绕组的接法分为星形接法和三角形接法两种，接法如图 8-8 所示。

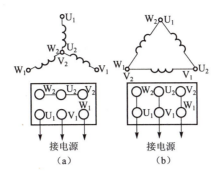

图 8-8　定子绕组的接法
(a) 星形接法；(b) 三角形接法

8.2　三相异步电动机的运行特性

电磁转矩 T（以下简称转矩）是三相异步电动机最重要的物理量之一。转矩的一个表达式为

$$T = K \frac{sR_2 U_1^2}{R_2^2 + (sX_{20})^2} \tag{8-6}$$

式中，K 为常数；s 为转差率；X_{20} 为转子静止时每相绕组的感抗；R_2 为转子电阻。

由此可见，转矩 T 与定子每相电压 U_1 的平方成比例，所以当电源电压有所变动时，对转矩的影响很大。此外，转矩还受转子电阻 R_2 的影响。

三相异步电动机的运行特性主要是研究转矩与转差率或转矩与转子转速的关系。在电源电压 U_1 和转子电阻 R_2 一定的条件下，转矩 T 与转差率 s 的关系曲线 $T=f(s)$（图 8-9）或转速 n 与转矩 T 的关系曲线 $n=f(T)$（图 8-10）称为电动机的机械特性（也称运行特性）曲线。

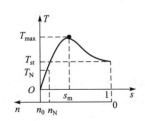

图 8-9　三相异步电动机的
$T=f(s)$ 曲线

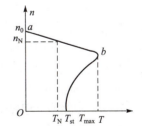

图 8-10　三相异步电动机的
$n=f(T)$ 曲线

研究机械特性的目的是分析电动机的运行性能。根据机械特性曲线（图中 n_0 为同步转速），对三个转矩进行讨论。

1. 额定转矩 T_N

额定转矩是电动机在额定负载时的转矩，它可从电动机铭牌上的额定功率 P_{2N} 和额定转速 n_N 应用下式求得，即

$$T_N = 9550\frac{P_{2N}}{n_N} \tag{8-7}$$

式中，转矩单位为 N·m；功率单位为 kW；转速单位为 r/min。

2. 最大转矩 T_{max}

在机械特性图上，转矩有一个最大值，称为最大转矩或临界转矩。如果负载转矩超过最大转矩，电动机就没法带动负载了，发生所谓"闷车"现象。闷车后，电动机的电流马上升高六七倍，造成电动机因严重过热而烧坏。

最大转矩与额定转矩的比值称为过载系数 λ，即

$$\lambda = \frac{T_{max}}{T_N} \tag{8-8}$$

λ 表明电动机的过载能力。一般三相异步电动机的 λ 为 1.8~2.2。

3. 启动转矩 T_{st}

电动机刚接入电网但尚未转动的一瞬间，轴上产生的转矩叫做启动转矩。启动转矩必须大于电动机轴上所带的机械负载力矩，电动机才能启动。因此，启动转矩是衡量电动机启动性能好坏的重要指标，通常用启动转矩倍数 λ_{st} 表示，即

$$\lambda_{st} = \frac{T_{st}}{T_N} \tag{8-9}$$

式中，T_N 为电动机的额定转矩；λ_{st} 大小约为 2.0。

下面结合机械特性曲线来分析电动机的运行特性。

（1）在电动机启动瞬间（即 $n=0$ 或 $s=1$），电动机轴上产生的转矩为启动转矩。如果启动转矩大于电动机轴上所带的机械负载转矩，则电动机就能够启动；反之，电动机就无法启动。

（2）当电动机转速达到同步转速（即 $n=n_0$ 或 $s=0$）时，转子电流为零，因而转矩 T 也为零。

（3）当电动机在额定状态下运行时，对应的转速为额定转速 n_N，对应的转差率为额定转差率 s_N，在电动机轴上产生的转矩称为额定转矩 T_N。

（4）当转速为某值 n_C 时，电动机产生的转矩最大，称为最大转矩 T_{max}，该转速称为临界转速。电动机在运行当中拖动的负载转矩必须小于最大转矩，电动机才能稳定运行；否则电动机因无法拖动负载而被迫停转。

通常电动机稳定运行在图 8-10 所示特性曲线的 ab 段，从这段曲线可以看出，当负载转矩有较大变化时，异步电动机的转速变化不大，因此异步电动机具有硬的机械特性。

【例 8-2】 有一台笼型三相异步电动机，额定功率 $P_N=40$ kW，额定转速 $n_N=1450$ r/min，过载系数 λ=2.2，求额定转矩 T_N、最大转矩 T_{max}。

【解】 $T_N = 9550\frac{P_N}{n_N} = 9550 \times \frac{40}{1450} = 263.45$ (N·m)

$T_{max} = \lambda T_N = 2.2 \times 263.45 = 579.59$ (N·m)

8.3 三相异步电动机的启动

电动机接通电源以后，转速由零增加到稳定转速的过程叫做启动过程。根据加在定子绕

组上启动电压的不同，可分为全压启动和降压启动。

8.3.1 全压启动

如果加在电动机定子绕组上的启动电压为电动机的额定电压，这样的启动叫做全压启动（又叫直接启动）。

在电动机刚接通电源的瞬间，旋转磁场已经产生，但转子还来不及转动。此时磁场以同步转速做切割转子导体的运动，必然在转子导体中产生很强的感应电流。由于互感的作用，在定子绕组中也产生很强的感应电流。通常全压启动时的启动电流可达电动机额定电流的 4~7 倍。

如启动电流过大，供电线路上的电压降也随之增大，使电动机两端的电压减小。这样不仅使电动机本身的启动转矩减小，还影响同一电路上的其他用电设备正常工作。

启动电流过大，还会使电动机绕组产生大量的热。当启动时间过长或启动过于频繁时，会影响电动机的寿命。长期使用会使电动机内部绝缘老化，甚至烧毁电动机。

小型电动机可采用全压启动。一般情况下，当电动机的容量小于 10 W 或其容量不超过电源变压器容量的 15%~20% 时，启动电流不会影响同一供电线路上的其他用电设备的正常工作，可允许全压启动。

8.3.2 降压启动

大中型电动机不允许全压启动，而是采用降压启动，以便减小启动电流。启动时用降低加在定子绕组上电压的方法来减小启动电流，当启动结束后，再使电压恢复到额定值运行，这种启动方法叫做降压启动。降压启动方法很多，这里介绍自耦变压器降压启动和星形－三角形换接降压启动。

1. 自耦变压器降压启动

如图 8-11 所示，启动原理如下：启动时，先将开关 S_1 闭合，然后再将开关 S_2 置于"启动"位置上，线电压经自耦变压器降压后加到电动机的定子绕组上，这时电动机在低于额定电压下运行，启动电流较小。当电动机转速上升到一定程度时，将转换开关 S_2 的手柄从"启动"位置迅速投向"运行"位置。使自耦变压器脱离电源和电动机，电动机在电源电压（额定电压）下正常运行。

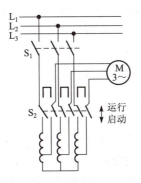

图 8-11 自耦变压器降压启动电路

通常把启动用的自耦变压器叫做启动补偿器。一般功率在 75 kW 以下的笼型异步电动机广泛使用这种降压启动方法。

2. 星形－三角形换接降压启动

在同一个对称三相电源的作用下，对称三相负载作星形连接时的线电流是三角形连接时线电流的1/3；负载接成星形时相电压是其接成三角形时相电压的$1/\sqrt{3}$，这就是星形－三角形换接降压启动的理论依据。

如图8-12所示，启动时先将开关操作手柄投向"启动"位置，使定子绕组连接成星形，这样加在每相绕组上的电压为额定电压的$1/\sqrt{3}$，实现了降压启动。启动过程结束后，迅速将开关的操作手柄投向"运行"位置，使定子绕组连接成三角形，这样每相绕组上的电压为电动机正常工作时的额定电压，电动机开始正常运行。这种方法只适用于正常运行时定子绕组为三角形连接的电动机，尤其适用于空载或轻载启动。

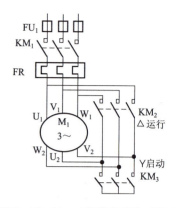

图8-12 Y-△换接降压启动电路

8.4 三相异步电动机的调速、反转和制动

8.4.1 三相异步电动机的调速

调速就是在同一负载工作时得到不同的转速，以便获得最高的生产率和保证加工质量。根据电动机转速计算公式，即

$$n = (1-s)n_1 = (1-s)\frac{60f}{p} \quad (8-10)$$

可知，改变电动机的转速有三种方法，即改变电源频率f、改变磁极对数p、改变转差率s。前两者是笼型电动机的调速方法，后者是绕线型电动机的调速方法。现分别介绍如下。

1. 变频调速

图8-13所示为变频调速装置，它主要由整流器、逆变器两大部分组成。整流器先将频率f为50 Hz的三相交流电变换为直流电，再由逆变器变换为频率f_1可调、电压有效值U_1也可调的三相交流电供给三相笼型电动机。由

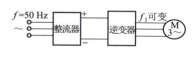

图8-13 变频调速装置

此得到电动机的无级调速，并具有硬的机械特性。频率调节范围一般为0.5~320 Hz。

2. 变极调速

由公式$n_1 = 60f/p$可知，如果磁极对数p减小一半，则旋转磁场的转速n_1提高一倍，转子转速n相应地差不多也提高一倍。因此，改变磁极对数p可得到不同的转速。而要改变磁极对数p，需要改变定子绕组的接法。

图8-14所示为双速电动机中改变定子绕组接法的示意图。图8-14（a）中每相绕组由相同的两个线圈串联而成，因此磁极对数$p=2$。图8-14（b）中将每相原来串联的两个线圈改为反并联（将原来每相绕组首、末端相连，从中间引出新首端）。图8-14（c）所示为并联后的直观图，可见此时的磁极对数改变为$p=1$。在换极时，一个线圈中的电流方向不变；而另一个线圈中的电流必须改变方向。

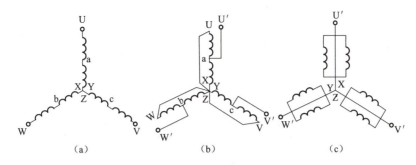

图 8-14 双速电动机中改变定子绕组接法的示意图
(a) 线圈串联；(b) 线圈变串联为并联；(c) 线圈并联

3. 变转差率调速

只要在绕线型电动机的转子电路中接入一个调速电阻（和启动电阻一样接入，如图 8-14 所示），改变电阻的大小，就可以得到平滑调速。比如增大调速电阻时，转差率上升，而转速下降。这种调速方法的优点是设备简单、投资少，但能量损耗较大，广泛应用于起重设备中。

8.4.2 三相异步电动机的反转

据前所述，只要将从电源接到定子绕组的三根端线的任意两根对调，磁场旋转方向就会改变，电动机的旋转方向就随之改变。同样，只要将连接电动机的三根相线中的任意两根对调过来，再接通电源，电动机就能够反转。

但要注意，改变电动机的旋转方向，应在停转之后换接。如果电动机正在高速旋转时突然将电源反接，不但冲击强烈，而且电流较大，如果缺乏防范措施，容易发生事故。

8.4.3 三相异步电动机的制动

许多生产机械工作时，为了提高生产力，并为了安全起见，往往需要电动机快速停转或由高速运行迅速改为低速运行，这就必须对电动机进行制动。所谓制动，就是要使电动机产生一个与旋转磁场方向相反的电磁转矩（亦即制动转矩），可见电动机制动状态的特点是电磁转矩方向与原有转动方向相反。三相异步电动机常用的制动方法有能耗制动、反接制动和回馈制动。

1. 能耗制动

这种制动方法在于切断三相电源的同时，接通直流电源，使直流电流通入定子绕组（图 8-15）。直流电流的磁场是固定不变的，而转子由于惯性继续按原方向转动。根据右手定则和左手定则不难确定这时的转子电流（向里）与固定磁场相互作用产生的转矩方向（逆时针）。它与电动机转动的方向（顺时针）相反，因而起到制动的作用。制动转矩的大小与直流电流大小有关。直流电流的大小一般为电动机额定电流的 0.5~1 倍。因这种方法是用消耗转子的动能（转换为电能）来进行制动的，所以称为能耗制动。

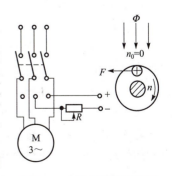

图 8-15 能耗制动原理图

这种制动能量消耗小，制动平稳，广泛应用于要求平稳准确停车的场合，如在有些机床中采用这种方法。这种制动方法也可用于起重机这类机械上，用来限制重物下降速度，使重物匀速下降。

2. 反接制动

如图 8-16 所示，反接制动时，将电源开关由"运转"位置（上）切换到"制动"位置（下），这样就能把其中的两相电源接线对调。由于电压相序相反了，所以定子旋转磁场方向也反了，而转子由于惯性仍继续按原方向旋转。这时的电磁转矩方向与电动机的转动方向相反，因而起到制动的作用。当转速接近零时，再利用控制电器将电源自动切断；否则电动机将会反转。

这种制动方法比较简单，效果较好，但能量消耗较大。对有些中型车床和铣床主轴的制动常采用这种方法。

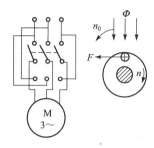

图 8-16 反接制动原理图

3. 回馈制动

回馈制动发生在电动机转子转速 n 大于定子磁场转速 n_0 的时候，如果起重机下放重物时，重物拖动转子，使其转速 $n > n_0$。这时转子绕组切割定子旋转磁场改变了方向，则转子绕组感应电动势和电流方向也随之相反，电磁转矩也反了，变为制动转矩，使重物受到制动而均匀下降。实际上这台电动机已转入发电机运行状态，它将重物的势能转变为电能而回馈到电网，故称为回馈制动，如图 8-17 所示。

将双速电动机从高速调到低速的过程中，也自然发生这种制动。因为刚将磁极对数 p 加倍时，磁场转速 n_0 立即减半，但由于惯性，转子转速 n 只能逐渐下降，因此出现 $n > n_0$ 的情况，迫使电动机转速迅速下降。

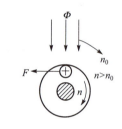

图 8-17 回馈制动原理图

三相异步电动机的使用与维护

1. 使用前的检查

（1）对长期搁置未使用的开启式或防护式电动机，如内部有灰尘或脏物时，应将电动机拆开，用干抹布去抹，不应用湿布或沾有汽油、煤油、机油的布擦拭电动机的内部。

（2）拆除电动机出线端子上的所有外部接线及出线端子本身之间的连接线，用兆欧表测量电动机各相绕组之间及每相绕组与机壳之间的绝缘电阻是否符合要求。按要求，电动机每 1 kV 工作电压，绝缘电阻不得低于 1 MΩ。一般额定电压为 380 V 的三相异步电动机，绝缘电阻大于 0.5 MΩ 才可使用。如发现绝缘电阻较低，则为电动机受潮所致，应烘干处理，然后再测绝缘电阻，合格后才可使用；如绝缘电阻为零，则说明电动机定子绕组有接地故障或相间绝缘损坏，必须排除故障后方可使用。

（3）检查定子绕组的连接是否正确，检查电动机轴承的润滑油是否泄漏，检查电动机的接地装置是否良好，检查电动机的启动设备是否完好，熔断器有无熔断，熔丝规格是否合适，电动机的传动装置及所带动的负载是否良好。

2. 运行时的注意事项及维护

（1）操作者在操作各种开关时必须操作到位。在场人员不应站在电动机及被拖动设备两侧，以免旋转物切向飞出造成伤害事故。

（2）采用全压启动时，次数不宜过于频繁。如果电动机的功率较大，要随时注意电动机的温升情况。

（3）电动机运行时听其发出的声音是否正常，观察温度是否正常、通风是否良好。

（4）要定期检修电动机，清扫内部，更换润滑油等；定期测量电动机的绝缘电阻。

8.5 单相异步电动机

单相异步电动机是利用单相交流电源供电的一种小容量交流电机。由于它结构简单、成本低廉、运行可靠、维修方便，并可直接在单相220 V交流电源上使用，因此被广泛用于办公场所、家用电器方面。在工农业生产及其他领域中，如台扇、吊扇、洗衣机、电冰箱、吸尘器、电钻、小型鼓风机、小型机床、医疗机械等均需要单相异步电动机来驱动运行。

与三相异步电动机不同的是，单相异步电动机没有启动转矩，不能自行启动，因此必须解决单相异步电动机的启动问题。根据启动方法的不同，单相异步电动机可分为电容分相式、电阻分相式和罩极式电动机三种。这里只介绍电容分相式和罩极式电动机。

8.5.1 电容分相式单相异步电动机

图8-18所示为电容分相式单相异步电动机工作原理图。在定子铁芯上嵌放有两套绕组，即工作绕组 U_1U_2（又称主绕组）和启动绕组 Z_1Z_2（又称副绕组）。它们结构相同，但在空间上互差90°电角度。启动绕组与适当的电容 C 串联后，可使两个绕组中的电流在相位上相差90°，这就是分相。在空间相位上互差90°电角度的两相电流，也能产生旋转磁场，单相异步电动机的笼型转子便在该旋转磁场作用下获得转矩而旋转起来。

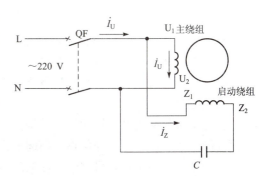

图8-18 电容分相式单相异步电动机工作原理

电动机转动以后，如切断启动绕组，电动机仍能够继续运行。故在转子转速接近额定转速时，有的借助离心力的作用把开关断开（启动时是依靠弹簧使其闭合的），以切断启动绕组；有的采用启动继电器把它的吸引线圈串联在工作绕组的电路中。启动时由于电流比较大，继电器动作，其常开触点闭合，将启动绕组与电源接通。随着转速的增大，工作绕组中电流减小，当减小到一定值时，继电器复位，切断启动绕组。

电容分相式单相异步电动机结构简单、使用方便，只要将其中任一绕组的首端和末端与电源的接线改变一下，就能够实现电动机的反转。其常用于吊风扇、台风扇、电冰箱、洗衣机、空调器、通风机、录音机、复印机、电子仪表及医疗机械等各种空载或轻载启动的机械上。

8.5.2 单相罩极式异步电动机

单相罩极式异步电动机是结构最简单的一种单相异步电动机，它的定子铁芯部分通常由 0.5 mm 厚的硅钢片叠压而成。按磁极形式的不同可分为凸极式和隐极式两种，其中凸极式结构最为常见。凸极式按励磁绕组布置位置的不同又可分为集中励磁和单独励磁两种。图 8-19 所示为单独励磁罩极电动机结构。

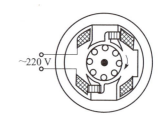

图 8-19 凸极式罩极电动机结构

罩极式电动机每个磁极面的 1/4~1/3 处开有小槽，在小槽部分的极面上套有铜制的短路环，就好像把这部分磁极罩起来一样，所以称为罩极式电动机。励磁绕组用具有绝缘层的铜线绕成，套装在磁极上，转子则采用笼型结构。

给罩极式电动机励磁绕组通入单相交流电时，磁极中将产生随电流交变的磁场。由于短路环的影响，被短路环罩住的那部分磁极中的磁通变化将滞后于未罩住部分的磁通变化，这样在磁极之间即形成一个连续移动的磁场，从未罩部分磁极向被罩部分磁极移动，就像旋转磁场一样，从而使笼型转子受力而旋转。

罩极式电动机的主要优点是结构简单、制造方便、成本低、运行噪声小、维护方便；缺点是启动性能及运行性能差，效率和功率因数都较低。其主要用于小功率空载启动的设备，如换气扇、录音机、电动工具及办公自动化设备等。

8.6 直流电动机

直流电机是直流发电机与直流电动机的总称。直流电机具有可逆性，既可作发电机运行，也可作电动机运行。作直流发电机运行时，将机械能转变为电能输出；而作电动机运行时，将电能转变为机械能输出。自从整流技术出现以后，直流发电机已几乎被淘汰，因此本章只介绍直流电动机。

直流电动机与交流电动机相比，结构更复杂，使用维护更麻烦，价格也贵，但由于其具有调速性能好、启动转矩大等优点，在起重机械、运输机械、冶金传动机构、精密机械设备及自动控制系统等领域均获得比较广泛的应用。但随着近年来交流电动机变频调速技术的迅速发展，在许多领域中直流电动机有被交流电动机取代的趋势。

8.6.1 直流电动机的主要构造

直流电动机主要由磁极、电枢和换向器三部分组成，如图 8-20 所示。

1. 磁极

磁极（图 8-21）是用来在电动机中产生磁场的。它分为极心和极掌两部分。极心上放置励磁绕组，极掌的作用是使电动机空气隙中磁感应强度的分布最为合适，并用来挡住励磁绕组。

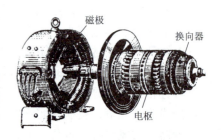

图 8-20 直流电机的组成部分

2. 电枢

电枢是电动机中产生感应电动势的部分。直流电动机的电枢是旋转的。电枢铁芯呈圆柱状,由硅钢片叠成,表面冲有槽,槽中放电枢绕组,如图8-22所示。

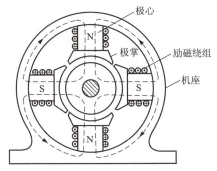

图8-21 直流电机的磁极和磁路

图8-22 直流电动机的电枢和电枢铁芯片

3. 换向器

换向器是直流电动机的一种特殊装置,如图8-23所示。它是由楔形铜片组成,铜片间用云母垫片绝缘。换向铜片放置在套筒上,用压圈固定,压圈本身又用螺帽固紧。换向器装在转轴上。电枢绕组的导线按一定规则与换向铜片相连接。换向器的凸出部分是焊接电枢绕组的。在换向器的表面用弹簧压着固定的电刷,使转动的电枢绕组得以同外电路连接起来。

8.6.2 直流电动机的工作原理

如图8-24所示,A、B为电刷,开始时将直流电源接在两个电刷之间通过换向器使电流通入电枢线圈,电流方向为d→c→b→a,根据左手定则,线圈将按顺时针方向转动;当转过90°时,电刷与换向器绝缘,线圈无电流,但线圈仍然依靠惯性继续沿顺时针方向转动;当转过180°时,电流通过换向器改变方向,变成a→b→c→d,根据左手定则判断,线圈仍按顺时针方向转动。此后依靠换向器来改变电流方向,线圈持续不断地转动下去。

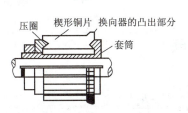

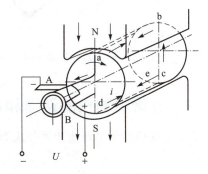

图8-23 换向器外形和剖面图

图8-24 直流电动机工作原理

8.6.3 直流电动机的励磁方式

励磁方式是直流电动机主磁场产生的方式。根据主磁极绕组与电枢绕组连接方式的不同,可分为并励、串励、复励、他励等四种直流电动机。现分别简介如下。

并励电动机的接线图如图 8-25 所示。并励电动机的转速基本不变,为恒速电动机。由于磁通不变,并励电动机转矩与负荷电流成比例。并励电动机与三相异步电动机特性相似,一般很少使用。

串励电动机的接线图如图 8-26 所示。由于串励电动机磁通与负荷电流成正比,其转速大体上与电流成反比。空载时速度无约束,很危险。当 I 较小时,串励电动机转矩与 I_a 成正比;I 较大时,串励电动机转矩则与 I 成正比。串励电动机常用于电动车、电动机、起重机、卷扬机等。

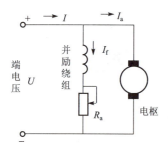

图 8-25 并励电动机接线图

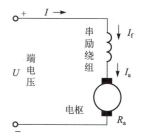

图 8-26 串励电动机接线图

复励电动机的接线图如图 8-27 所示。因为复励电动机有并励绕组,即使空载也不会有危险的转速。复励电动机启动转矩大,适用于负荷转矩不变的情况,如起重机等。

他励电动机的接线图如图 8-28 所示。它的特点是励磁绕组(主磁极绕组)由单独电源供电,电枢绕组与主磁极绕组不在同一电路上。

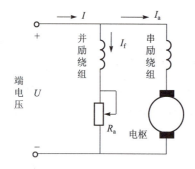

图 8-27 复励电动机接线图

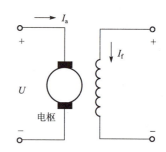

图 8-28 他励电动机接线图

8.6.4 直流电动机的调速和反转

直流电动机转子的转速计算公式为

$$n = \frac{U - R_a I_a}{C_e \Phi} \tag{8-11}$$

式中,C_e 为电动势常数,它与电动机结构有关;Φ 为每极主磁通;U 为电源电压;$R_a I_a$ 为电枢回路电压降。

从此式可看出,直流电动机的调速有以下几种方法。

(1) 改变电源电压 U。

(2) 改变主磁通 Φ。

(3) 改变电枢回路的电压降 $R_a I_a$，通常在电枢回路中串入调速电阻 R_{av}，将电枢回路的电压降改变为 $(R_a + R_{av}) I_a$。

直流电动机的旋转方向取决于磁场方向和电枢绕组中的电流方向。只要改变两者之一，就可改变电动机的转向。但不可同时改变磁场方向和电枢绕组的方向；否则电动机转向不改变。

8.7　控制电动机

控制电动机是指在自动控制系统中作为传递信息、转换控制信号用的电动机。控制电动机与驱动电动机在电磁过程和遵循的基本电磁规律上没有本质区别。但是驱动电机是作为动力源使用的，主要任务是完成能量的转换，面临的主要问题是如何提高转换的效率。而控制电机在自动控制系统中，只起一个元件的作用，其主要任务是完成控制信号的传递和转换，能量转换对控制电机来说是次要的，因此它要求具有较高的精确度和可靠性，能够对信号作出快速反应。此外，控制电机还具有输出功率小、质量轻、体积小、动作灵敏、耗电少等优点。本节主要介绍伺服电动机和步进电动机。

8.7.1　伺服电动机

伺服电动机又称为执行电动机，它在自动控制系统中作为执行元件，具有服从控制信号的要求而动作的职能。在电压信号到来之前，转子静止不动；电压信号到来时，转子立即转动；当电压信号消失后，转子也能自行停转。它的作用是把输入的电压信号转换为转轴上的角位移或角速度输出。只要改变控制电压的大小和方向，就可以改变伺服电动机的转速和转动方向。伺服电动机分为直流伺服电动机和交流伺服电动机两种。在这仅介绍交流伺服电动机。

1. 交流伺服电动机的基本结构

交流伺服电动机主要由定子和转子两部分构成。在定子铁芯中嵌放两个形式相同、在空间上互差 90°电角度的两相绕组，即励磁绕组和控制绕组。其转子有两种基本形式，即笼型转子和非磁性空心杯转子。目前广泛使用笼型转子。

2. 交流伺服电动机的工作原理

图 8-29 所示为交流伺服电动机工作原理图。其中 $f_1 f_2$ 为励磁绕组，两端施加恒定的励磁电压；$k_1 k_2$ 为控制绕组，两端施加控制电压。由于励磁绕组和控制绕组在空间上互差 90°电角度，只要励磁电压 u_f 与控制电压 u_k 有一定的相位差（最佳为 90°），就能够在电动机的气隙中产生旋转磁场，转子就会转动起来。

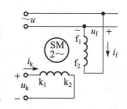

图 8-29　工作原理图

当控制绕组上的控制电压为零时，气隙中只有励磁电流 i_f 产生的脉动磁场，电动机无能力启动，转子不转；而当有控制电压输入时，气隙中有旋转磁场产生，电动机启动旋转。当控制电压消失后，为了维护伺服电动机的伺服性，转子应立即停转。实际的伺服电动机的转子电阻通常很大，使它的临界转差率 $s_m > 1$（临界转差率与转子电阻大小成正比），以获得较好的启动、运行和制动特性。

3. 交流伺服电动机的控制方式

交流伺服电动机的控制方式有三种，即幅值控制、相位控制和幅－相控制。

1）幅值控制

图 8-30 所示为幅值控制接线原理图。这种控制方式是通过调节电阻器，以改变控制电压的大小，从而改变电动机的转速。控制电压 u_k 与励磁电压 u_f 之间的相位差始终保持 90°电角度不变，当控制电压为零时，电动机停转。

2）相位控制

图 8-31 所示为相位控制接线原理图。这种控制方式是保持控制电压的幅值不变，通过调节控制电压的相位，对伺服电动机进行控制。控制电压与励磁电压之间的相位差 φ 的大小，可通过移相器来调节，以使气隙中的旋转磁场椭圆度发生变化，从而达到改变电动机转速的目的。

3）幅－相控制

图 8-32 所示为幅－相控制接线原理图。这种控制方式是将励磁绕组串联电容器 C 后，接到单相交流电源 u 上，励磁绕组上的电压 $u_f = u - u_C$，控制绕组上的电压 u_k 的相位始终与 u 同相。

当调节控制电压 u_k 的幅值，改变电动机转速时，由于转子绕组与励磁绕组之间的耦合作用，励磁绕组中的电流将发生变化，致使励磁绕组电压 u_f 及电容 C 上的电压 u_C 随之变化，所以这是一种幅值与相位复合控制方式。这种控制方式的实质是利用串联电容器来分相，用电阻器来调幅，它不需要复杂的移相和调幅装置，设备简单、成本低廉，是一种常用的控制方式。

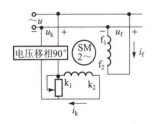

图 8-30　幅值控制接线原理图

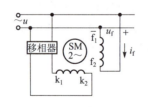

图 8-31　相位控制接线原理图

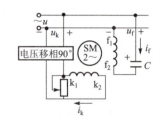

图 8-32　幅－相控制接线原理图

8.7.2　步进电动机

步进电动机是一种能将电脉冲信号变换为转角或转速的控制电机。其转动的角度与输入电脉冲的个数成正比，而其转速则与输入电脉冲的频率成正比，因此又称为脉冲电动机。步进电动机能快速启动、反转及制动，有较大的调速范围，不受电压、负载及环境条件变化的影响，在数控技术、自动绘图设备、自动记录设备、工业设施的自动控制、家用电器等许多领域都得到广泛的应用。

前面学习的交流电动机、直流电动机等都是平滑旋转的，而步进电动机却是一跳一跳地旋转，即输入一个信号，电动机转过一个角度。步进电动机种类多，按运动方式可分为旋转型和直线型两种。通常使用的旋转型步进电动机又分为反应式、永磁式两种。由于反应式步进电动机具有惯性小、反应快和速度高等优点，故应用较多。步进电动机按定子绕组相数的不同又可分为三相、四相、五相、六相等多种。

1. 反应式步进电动机的结构

三相反应式步进电动机的结构如图 8-33 所示。定子和转子铁芯均由硅钢片叠成，定子上有六个磁极，不带小齿，每两个相对的磁极上有一相控制绕组，转子只有四个齿，上面没有绕组。

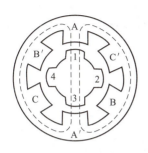

图 8-33 三相反应式步进电动机的结构

2. 反应式步进电动机的运行方式

工作时脉冲电信号按一定的顺序轮流加到定子三相绕组上，按其通电顺序的不同，三相反应式步进电动机有三拍、六拍及双三拍三种运行方式。下面就简单介绍三相双三拍运行方式，其余的两种运行方式可参考其他书籍。

三相双三拍运行方式，每次有两相通电，即按 AB-BC-CA-AB 的顺序供电。当 A、B 相通电时，转子的位置应兼顾到使 A、B 两对磁极所形成的两路磁通在气隙中的磁阻最小，因此转子将转到图 8-34（a）所示的位置。当 A 相断电，B、C 相通电时，转子将转到图 8-34（b）所示的位置。当 B 相断电，C、A 相通电时，转子将转到图 8-34（c）所示的位置。因此，当按照 AB-BC-CA-AB 的顺序供电时，转子沿顺时针方向转动。这种每次有两相通电，每三拍完成一个循环的运行方式称为双三拍运行。

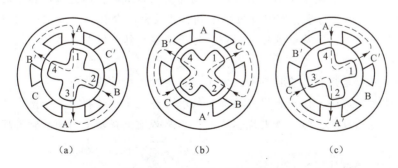

（a）　　　　　　　（b）　　　　　　　（c）

图 8-34 三相双三拍运行方式

三相异步电动机的拆装

1. 任务描述

1）电动机的拆卸

（1）对轮的拆卸。

对轮（联轴器）常采用专用工具——拉马来拆卸。拆卸前，标出对轮正、反面，记下在轴上的位置，作为安装时的依据。拆掉对轮上止动螺钉和销子后，用拉马勾住对轮边缘，扳动丝杠，把它慢慢拉下。操作时，拉钩要勾得对称，钩子受力一致，使主螺杆与转轴中心重合。旋动螺杆时，注意保持两臂平衡、均匀用力。若拆卸困难，可用木槌敲击对轮外圆和丝杠顶端。如果仍然拉不出来，可将对轮外表快速加热（温度控制在200℃以下），在对轮受热膨胀而轴承尚未热透时，将对轮拉出来。加热时可用喷灯或火焊，但温度不能过高、时间不能过长，以免造成对轮过火或轴头弯曲。

注意：切忌硬拉或用铁锤敲打。

(2) 端盖的拆卸。

拆卸端盖前应先检查紧固件是否齐全、端盖是否有损伤，并在端盖与机座接合处作好对正记号，接着拧下前、后轴承盖螺钉，取下轴承外盖，再卸下前、后端盖紧固螺钉。如系大、中型电动机，可用端盖上的顶丝均匀加力，将端盖从机座止口中顶出。没有顶丝孔的端盖，可用撬棍或旋具在周围接缝中均匀加力，将端盖撬出止口，如图8-35所示。

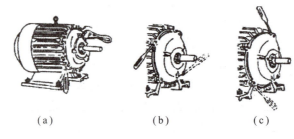

图 8-35 电动机端盖的拆卸

(3) 抽出转子。

在抽出转子前，应在转子下面气隙和绕组端部垫上厚纸板，以免抽出转子时碰伤铁芯和绕组，对于30 kg以内的转子，可以直接用手抽出。较大的电机，可使用一端安装假轴，另一端使用吊车起吊的方法，应注意保护轴颈、定子绕组和转子铁芯风道。

(4) 卸轴承。

常用方法，一种是用拉马直接拆卸，方法按拆卸对轮的方法进行。

第二种方法是加热法，使用火焊直接加热轴承内套。操作过程中，一是应使用石棉板将轴承与电机定子绕组隔开，防止着火烧伤线圈；二是必须先将轴承内润滑脂清理干净，防止着火。

电动机拆卸次序参见图8-36。

2) 电动机的装配

(1) 轴承安装前工作。

①装配应先检查轴承滚动件是否转动灵活，转动时有无异响、表面有无锈迹。②应将轴承内防锈油清洗干净，并防止有异物遗留在轴承内。

(2) 轴承的安装（图8-37）。

轴颈在50 mm以下的轴承可以使用直接安装方法，如使用紫铜棒敲击轴承内套将轴承砸入，或使用专用的安装工具；轴颈在50 mm以上可以使用加热法，包括专业的轴承加热器或电烤箱等，但温度必须控制在120℃以下，防止轴承过火。

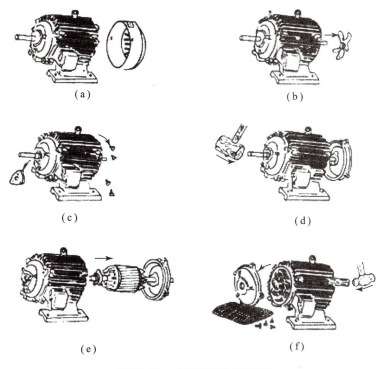

图 8-36 电动机拆卸次序图

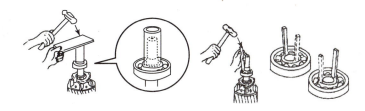

图 8-37 轴承的安装

轴承安装完毕后必须检查是否安装到位,且不能立即转动轴承,防止将滚珠磨坏。

(3) 后端盖的装配。

按拆卸前所作的记号,转轴短的一端是后端。后端盖的突耳外沿有固定风叶外罩的螺丝孔。装配时将转子竖直放置,将后端盖轴承座孔对准轴承外圈套,然后一边使端盖沿轴转动,一边用木榔头敲打端盖的中央部分。如果用铁锤,被敲打面必须垫上木板,直到端盖到位为止,然后套上后轴承外盖,旋紧轴承盖紧固螺钉。

按拆卸所作的标记,将转子放入定子内腔中,合上后端盖。

按对角交替的顺序拧紧后端盖紧固螺钉。注意边拧螺钉,边用木榔头在端盖靠近中央部分均匀敲打,直至到位。

(4) 前端盖的装配。

将前轴内盖与前轴承按规定加好润滑油,参照后端盖的装配方法将前端盖装配到位。装配时先用旋具清除机座和端盖止口上的杂物,然后装入端盖,按对角顺序上紧螺栓,具体步骤如图 8-38 所示。

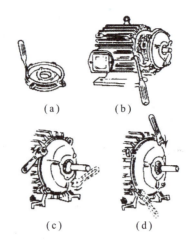

图 8-38 前端盖的装配

2. 任务提示

1) 电动机拆卸前的准备

(1) 办理工作票。

(2) 准备好拆卸工具,特别是拆卸对轮的拉马、套筒等专用工具。

(3) 布置检修现场。

(4) 了解待拆电动机结构及故障情况。

(5) 拆卸时作好相关标记。标出电源线在接线盒中的相序,并三相短路接地;标出机座在基础上的位置,整理并记录好机座垫片;拆卸端盖、轴承、轴承盖时,记录好哪些属负荷端,哪些属非负荷端。

(6) 拆除电源线和保护接地线,测定并记录绕组对地绝缘电阻。

(7) 把电动机拆离基础,运至检修现场。

2) 电动机大修时检查的项目

(1) 检查电动机各部件有无机械损伤,若有则应作相应修复。

(2) 对解体的电动机,将所有油泥、污垢清理干净。

(3) 检查定子绕组表面是否变色、漆皮是否有裂纹、绑线垫块是否松动。

(4) 检查定子、转子铁芯有无磨损和变形,通风道有无异物,槽楔有无松动或损坏。

(5) 检查转子短路环、风扇有无变形、松动、裂纹。

使用外径千分尺和内径千分尺分别测量轴承室、轴颈,对比文件包内标准是否合格。在进行以上各项修理、检查后,对电动机进行装配、安装,调整各部位间隙,按规定进行检查和试车。

电动机常见故障

1. 电动机过热

(1) 使用的电压经常波动超过 ±10%,产生三相不平衡电流,引起电动机损耗增加,导致电动机过热。

（2）电动机负载超过定额或电动机使用久后在转轴上的油腻或转子扫膛引起负荷增加等，都会产生三相电流超过额定值而使电动机发热。

（3）缺相运行或绕组匝间短路等。

2. 轴承过热

（1）装配工艺不当造成滚道表面受伤变形，运转摩擦发热。

（2）轴承与轴、轴承与轴承室配合过紧或过松。

（3）零部件加工精度不够，如机座两端止口不同轴、端盖止口与轴承室不同轴，轴承加工不均匀等。

（4）轴承本身质量差，间隙过大，滚道不干净，有锈蚀，滚动体不圆等。

（5）润滑不良，有油脂，脏污。

3. 轴承异声

（1）润滑脂过少，补充润滑剂。

（2）滚珠或滚柱有伤痕，则更换。

（3）轴承滚道侵入杂质，可清洗轴承。

本 章 小 结

本章介绍了三相异步电动机的结构、工作原理、运行特性、调速和制动，介绍了单相异步电动机及其应用，介绍了直流电动机和控制电动机。

1. 不管何种电动机，都是由定子和转子两大部分组成。电动机转动的关键是通电时定子绕组产生旋转磁场，其转速与交流电路的频率和磁极对数有关。转差率是电动机的一个重要参数，正常工作的电动机转差率很小，这时电动机的额定转速接近于同步转速。要熟悉电动机铭牌中型号的组成及含义。

2. 电动机的运行特性，掌握额定转矩和最大转矩以及启动转矩的计算。

3. 本章介绍了三相异步电动机的启动，学习了大功率电动机为什么要降压启动，降压启动的类型有哪些。

4. 本章还介绍三相异步电动机的调速、反转和制动的各种方法。

5. 本章还学习了单相异步电动机、直流电动机和控制电动机的知识。

思考与练习

一、填空题

8-1 异步电动机主要由_____和_____两个基本部分组成。此外，还有_____、_____、_____和_____等零部件。

8-2 旋转磁场的同步转速 n 由三相交流电源的_____和磁极的_____来决定。

8-3　改变电动机转速的方法有三种，它们分别是＿＿＿＿＿＿、＿＿＿＿＿＿和＿＿＿＿＿＿。

8-4　要想使电动机反转，只要将接在三相电源的三根相线中的＿＿＿＿＿＿＿＿＿＿即可。

8-5　当电动机的容量小于＿＿＿＿＿＿或其容量不超过电源变压器容量的＿＿＿＿＿＿时，可允许全压启动，其优点是＿＿＿＿＿＿＿＿＿＿＿＿。

8-6　大、中型电动机不允许＿＿＿＿＿＿启动。启动时用降低加在定子绕组上电压的方法来减小＿＿＿＿＿＿，当启动过程结束后，再使电压恢复到＿＿＿＿＿＿，这种方法叫＿＿＿＿＿＿启动。

8-7　常用的降压启动方法有＿＿＿＿＿＿＿＿＿和＿＿＿＿＿＿＿＿＿。

8-8　单相电容异步电动机的定子由＿＿＿＿＿＿绕组和＿＿＿＿＿＿绕组组成，它们在定子铁芯的空间上相差＿＿＿＿＿＿，转子制成＿＿＿＿＿＿型。

8-9　改变电动机定子绕组接线的＿＿＿＿＿＿，可以改变＿＿＿＿＿＿的方向，＿＿＿＿＿＿随之改变，这样就改变了电动机的转动方向。

8-10　一台三相异步电动机的额定转速为 1 440 r/min，交流电源的频率为 50 Hz，则该异步电动机的同步转速为＿＿＿＿＿＿，额定转差率为＿＿＿＿＿＿，磁极对数为＿＿＿＿＿＿。

8-11　使电动机迅速停机的电气制动方法有＿＿＿＿＿＿、＿＿＿＿＿＿和＿＿＿＿＿＿。

8-12　直流电动机按励磁方式的不同可分为＿＿＿＿＿＿、＿＿＿＿＿＿、＿＿＿＿＿＿和＿＿＿＿＿＿四种类型电动机。

8-13　步进电动机改组时，驱动电源将脉冲信号电压按一定的顺序轮流加到三相绕组上，按通电顺序的不同，其控制方式有＿＿＿＿＿＿、＿＿＿＿＿＿和＿＿＿＿＿＿三种。

8-14　交流伺服电动机的控制方式有＿＿＿＿＿＿、＿＿＿＿＿＿和＿＿＿＿＿＿三种。

8-15　罩极式电动机的转子是笼型的，定子结构有＿＿＿＿＿＿和＿＿＿＿＿＿两种形式，其中＿＿＿＿＿＿结构最为常见。

二、选择题

8-16　以下不属于异步电动机实现调速的方法的是（　　　）。
　　A. 改变交流电源频率　　　　　　B. 改变电动机的磁极对数
　　C. 改变电动机的额定工作电压　　D. 改变电动机的转差率

8-17　型号为"Y132M-4"的电动机，以下说法错误的是（　　　）。
　　A. 它是异步电动机
　　B. 它的机座中心高为 132 mm
　　C. 它有 4 对磁极

8-18　已知三相异步电动机有六个磁极，则该电动机的同步转速（r/min）为（　　　）。
　　A. 1 500　　　　B. 1 000　　　　C. 750　　　　D. 500

三、问答题

8-19　如何使三相异步电动机实现反转？

8-20　三相异步电动机在一定负载转矩下运行，如果电源电压降低，电动机的电磁转矩、电流和转速有何变化？

8-21 三相异步电动机在断了一根电源线后，为何不能启动？而为何在运行中断了一根电源线却能继续运转？

8-22 什么是步进电动机？它的运行特点是什么？它主要在什么场合下使用？

8-23 步进电动机与伺服电动机相比，两者有哪些不同之处？

四、计算题

8-24 一台三相六磁极异步电动机接电源频率 50 Hz，试问：它的旋转磁场在定子电流的一周内转过多少空间角度？同步转速是多少？若满载时转子转速为 950 r/min，空载时转子转速为 997 r/min，试求额定转差率 s_N 和空载转差率 s_0。

8-25 Y-200L-4 三相异步电动机的启动转矩 T_{st} 与额定转矩 T_N 的比值为 1.9，试问在电压降低 30%、负载阻转矩为额定值的 80% 的重载情况下能否启动？满载时能否启动？

8-26 一台三相笼型异步电动机，频率为 50 Hz，额定转速为 2 880 r/min，额定功率为 7.5 kW，最大转矩为 50 N·m，求它的过载系数。

8-27 Y-200L-4 三相异步电动机，额定功率 $P_2 = 30$ kW，额定电压 $U_1 = 380$ V，额定转速 $n = 1 470$ r/min，额定电流 $I_1 = 56.8$ A，效率 $\eta = 92.2\%$，$f = 50$ Hz。求电动机功率因数、额定转矩 T_N 和转差率 s。

第 9 章

电动机控制电路

导读

电动机是将电能转换为机械能、拖动生产机械的驱动元件。与其他原动机相比，电动机的控制方法更为简便，并可实现遥控和自动控制。用电动机拖动工作机械运行的系统称为电力拖动系统，电力拖动系统主要由电动机、传动机构和控制设备三个基本部件组成。目前的控制设备仍大量使用传统的、经典的电气控制技术，即以继电接触器进行控制，其电气控制电路由各种有触点电器，如接触器、继电器、按钮、开关等组成。它能实现电力拖动系统的启动、反向、制动、调速和保护，实现生产过程自动化。因此，本章以电动机及其电力拖动为重点，以继电接触器控制电路基本环节为主线，阐明电动机基本控制电路及常用生产机械的电气控制。

1. 了解继电控制电路的基本结构和工作原理。
2. 掌握常用低压电器的使用和图形符号。
3. 掌握电器组成的一些常用电气控制线路。

1. 能阅读电气原理图。
2. 能完成电气控制线路的安装接线。

电动机控制柜如图 9-1 所示。

图 9-1 电动机控制柜

实践活动:电动机正、反转电气控制线路安装接线

1. 实践活动任务描述

按照本章图 9-14(c)的电动机正、反转电气控制线路图完成安装接线。

2. 实践仪器与元件

三相电源及三相异步电动机、万用表、接触器、熔断器、断路器、按钮等低压电器以及常用电工工具。

3. 活动提示

首先将完成电动机正、反转电气控制线路图所需的材料清单填写入表 9-1 中。然后依次给电路图进行编号,如图 9-2 所示。编号从主电路电源开关 QS(QF)的出线端按相序依次编号为 U_{11}、V_{11}、W_{11},然后按从上到下、从左到右的顺序递增;控制电路按"等电位"原则从上到下、从左到右依次从 1 开始,奇数递增编号。

表 9-1 材料清单

名称	型号	台(套)数	功能和作用

接下来可以对照图 9-15 所示的接线图开始进行安装接线。注意可以按照先控制电路后主电路的顺序安装。

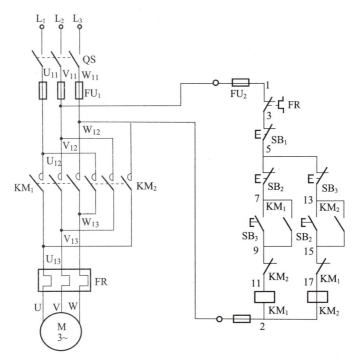

图 9－2　编好号的控制线路图

9.1　常用低压电器

9.1.1　开关电器与熔断器

1. 刀开关（QS）

刀开关俗称刀闸开关或刀闸，是一种最常用的手动电器，其结构如图 9－3 所示，由安装在瓷底板上的刀片（动触点）、刀座（静触点）和胶木盖构成。刀开关可分为单级、双级和三级几种，并且双级和三级均配有熔断器。

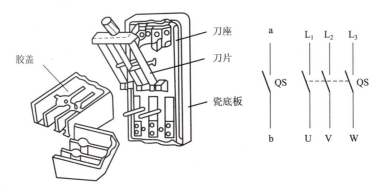

图 9－3　刀开关及图形符号

刀开关主要用于不频繁地接通与断开的交直流电源电路，通常只作隔离开关用，也可用于小容量三相异步电动机的直接启动。使用刀开关切断电流时,在刀片与刀座分开时会产生电弧,特别是切断较大电流时,电弧持续不易熄灭。因此,选用刀开关时,一定要根据电源的负载情况确定其额定电压和额定电流。

2. 熔断器（FU）

熔断器是一种最常见的短路保护器,主要由熔体和外壳组成。熔体一般用电阻率较高的易熔合金制成。熔断器串联在电路中,当电路出现严重过载或短路时,熔体因过热而迅速熔断,从而达到保护电路和设备使其不受损坏的作用。电气控制电路中常用的熔断器如图9－4所示。

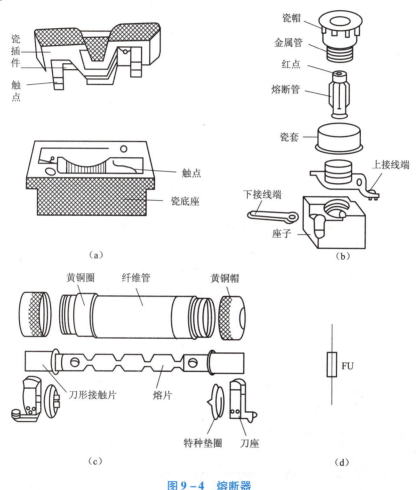

图9－4 熔断器
(a) 插入式;(b) 螺旋式;(c) 无填料密闭式;(d) 图形符号

为了起到保护作用,选择熔断器的熔体时必须考虑负载性质。对于电阻性负载如白炽灯等,可按熔体额定电流 I_{FUN} 不小于负载总电流来确定;对于单台电动机负载,电路可按 $I_{FUN}=1.5\sim2.5$ 倍电动机的额定电流来确定;对于多台电动机的负载电路,可按 $I_{FUN}=1.5\sim2.5$ 倍容量最大的一台电动机的额定电流再加上其余电动机的额定电流之和来确定。

3. 断路器（QF）

断路器俗称自动空气开关,用于低压（500 V以下）交、直流配电系统中,相当于刀开关、熔断器、过电流继电器、欠电压继电器和热继电器的一种组合,因而它是一种既有手动开关作用又能自动进行欠电压、失电压、过载和短路保护的开关电器。断路器的结构和工作原理如图9-5所示,主要由触点、脱扣器、灭弧装置和操作机构组成。正常工作时,手柄处于"合"位置,此时触点保持闭合状态;扳动手柄置于"分"位置时,主触点处于断开状态。空气断路器的"分"和"合"在机械上都是互锁的。

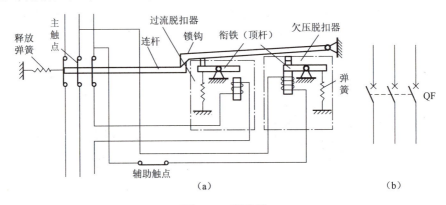

图9-5 断路器
(a) 电路结构;(b) 图形符号

当被保护电路发生短路或产生瞬时过电流时,过电流脱扣器的衔铁被吸合,撞击杠杆,顶开搭钩,则连杆在弹簧的拉力下断开主电路。

当被保护电路发生过载时,通过发热元件的电流增大,双金属片向上弯曲变形,达一定幅度时,推动杠杆,顶开搭钩,主触点断开,起到过载保护作用。

当被保护电路失电压或电压过低时,欠电压脱扣器的电磁吸力小于弹簧的拉力,衔铁被弹簧拉开,撞击杠杆而将搭钩顶开,电路分断起到欠电压保护作用。

9.1.2 按钮及接触器

1. 按钮(SB)

按钮是一种手动主令电器,按钮内的动合(常开)触点用来接通控制电路,发出"启动"指令;动断(常闭)触点用来断开控制电路,发出"停止"指令。最常见的按钮是复合式的,包括一个动合触点和一个动断触点,其外形、结构和符号如图9-6所示。按钮主

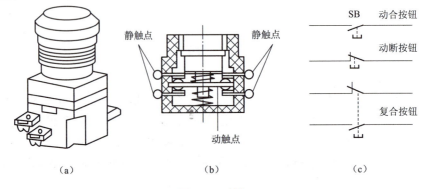

图9-6 按钮
(a) 外形;(b) 结构;(c) 符号

要由桥式双断点的动触点、静触点、按钮帽和复位弹簧组成。当按下按钮,动触点下移,先断开常闭静触点,后接通常开静触点。松开按钮,在复位弹簧的作用下,又恢复到初始状态。按钮适用短时间接通与分断 5 A 以下电流的电路,与接触器、继电器、启动器配合使用实现远距离控制。

按钮帽上有颜色之分,规定红色的按钮帽作停止使用,绿色、黑色等作启动使用。

2. 接触器(KM)

接触器主要用来远距离接通和分断低压电力线路以及频繁控制交、直流电动机通、断的执行电器。接触器按电流种类分为交流接触器和直流接触器。常用交流接触器的外形、结构及符号如图 9 - 7 所示。它主要由电磁机构、触点系统和灭弧装置等组成。电磁机构包括吸引线圈、静铁芯和衔铁,所有触点均和衔铁相连接。当吸引线圈两端施加额定电压时,产生电磁力将衔铁吸下,带动常开触点闭合接通电路,常闭触点断开而切断电路。当吸引线圈断电时,电磁力消失,复位弹簧使所有触点均复位为常态。

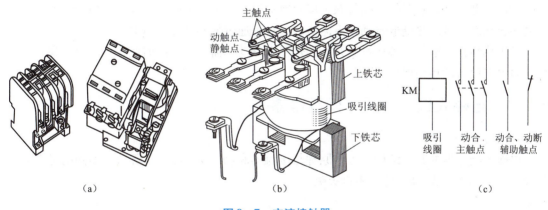

图 9 - 7 交流接触器
(a) 外形;(b) 结构;(c) 符号

一般情况下,交流接触器有五对常开触点,两对常闭触点。其中五对常开触点又有主触点(三对)和辅助触点(两对)之分。主触点截面尺寸较大,设有灭弧装置,允许通过较大电流,所以接入主电路中与负载串联;辅助触点截面尺寸较小,不设灭弧装置,允许通过较小电流,通常接入控制电路中与常开按钮并联。

直流接触器的基本结构、工作原理与交流接触器相似,但灭弧系统有所不同,一般加装了磁吹灭弧装置。

3. 热继电器(FR)

热继电器是一种感受元件受热而动作的电器,常用作电动机的过载、断相和缺相保护。热继电器的工作原理、结构如图 9 - 8 所示,主要由发热元件、热膨胀系数不同的双金属片、触点和动作机构组成。发热元件绕制在双金属片上,并与被保护设备的电路串联,当电路正常工作时,对应的负载电流流过发热元件,产生的热量不足以使金属片产生明显弯曲变形。当电气设备过载时,发热元件中通过的电流超过了它的额定值,因而热量增大,双金属片弯曲变形,当弯曲程度达一定幅度时,热继电器的触点动作,其结果是使常开触点闭合,常闭触点断开。因为热继电器的常闭触点和接触器的电磁线圈相串联,所以当热继电器动作后,接触器的线圈断电,其主触点也随之切断了电气设备主电路,起到了过载保护的目的。

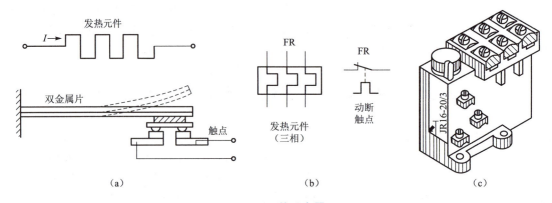

图 9-8 热继电器
(a) 原理;(b) 符号;(c) 结构

欲使热继电器重新工作,须待双金属片冷却后,按下复位按钮,使热继电器的常闭触点恢复闭合状态方可。热继电器动作电流值的大小可通过偏心凸轮进行调整。

由于热惯性,电气设备从过载开始到热继电器动作需要一定的时间,因而这种保护不适用于对电气设备的短路保护。

9.1.3 电磁式继电器和时间继电器

1. 电磁式继电器(KA)

电磁式继电器的基本结构、工作原理与接触器相似,如图 9-9 所示。不同的是触点容量较小(一般为 5 A、10 A),不设灭弧装置。

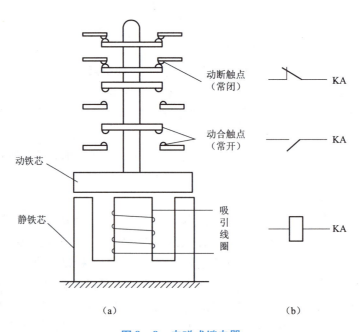

图 9-9 电磁式继电器
(a) 基本结构;(b) 符号表示

电磁式继电器种类很多,常用的有电流继电器、电压继电器和中间继电器等。电流继电器用于电动机等负载电路的过载、短路、过电流及欠电流的保护;电压继电器用于电动机等负载的过电压、欠电压和失电压的保护;中间继电器实质也是一种电压继电器,但它的触点数目较多,触点和电流容量相对较大,在各种自动控制线路中起着信号传递、放大、分路隔离和记忆等作用。

2. 时间继电器(KT)

时间继电器是在电路中起着动作时间控制作用的继电器。当它的感应部分接收输入信号后,须经过一定的时间(延时)才能使它的执行部分动作,并输出信号以操纵控制回路。

时间继电器按工作原理可分为电磁式、空气阻尼式、电子式和电动机式;按延时方式可分为通电延时类和断电延时类。不同的延时方式的表示符号如图 9-10 所示,延时长短可根据实际需要预先进行调整。

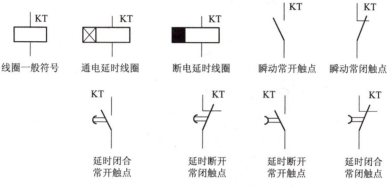

图 9-10 时间继电器的图形符号

在生产实际中常用的是空气阻尼式时间继电器,其优点是结构简单、价格低廉、延时范围较大且不受电源电压及频率波动的影响;缺点是延时精确度低、延时误差大。图 9-11 所示为 JS7-A 系列空气阻尼式时间继电器的结构示意图,它主要由电磁系统、延时机构和工作触点三部分组成。

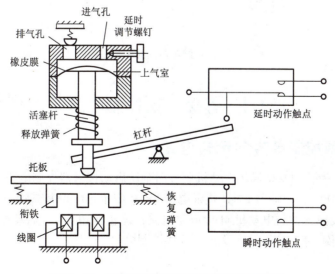

图 9-11 空气阻尼式时间继电器结构示意图

3. 速度继电器（KS）

速度继电器主要用作笼型异步电动机的反接制动控制，也称反接制动继电器。它主要由转子、定子和触点三部分组成。转子是一个圆柱形永久磁铁，定子是一个笼型空心圆环，由硅钢片叠成，并装有笼型铝条。

速度继电器的工作原理如图 9–12 所示。其转子轴与电动机的轴相连接，而定子套在转子上。当电动机转动时，速度继电器的转子（永久磁铁）随之转动，在空间产生旋转磁场，定子铝条切割旋转磁场，而在其中感应出电流。此电流又在旋转的转子磁场作用下产生转矩，使定子沿转子转动方向旋转，和定子装在一起的摆锤推动动触点动作，使常闭触点断开，常开触点闭合。当电动机转速低于某一值时，定子产生的转矩减小，动作的触点复位。

常用的速度继电器有 JY1 型和 JFZ0 型。一般速度继电器的动作转速在 120 r/min 以上，触点的复位转速在 100 r/min 以下，转速为 3 000 ~ 3 600 r/min 时能可靠工作。

速度继电器的结构及图形符号如图 9–12 所示。

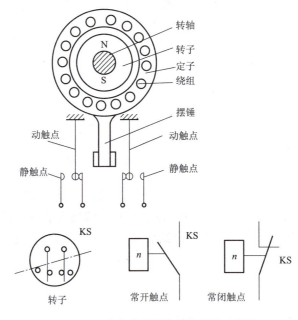

图 9–12　速度继电器的结构及图形符号

9.2　直接启动控制电路

9.2.1　接触器控制单方向运转电路

图 9–13 所示为三相笼型异步电动机单方向全压启动接触器控制电路。该电路由刀开关 QS，熔断器 FU_1、FU_2，接触器 KM，热继电器 FR 和按钮 SB_1、SB_2 等组成。其中 QS、FU_1、KM 主触点、FR 发热元件与电动机 M 构成主电路；停止按钮 SB_1、启动按钮 SB_2、KM 常开辅助触点、KM 线圈、FR 常闭触点及 FU_2 构成控制电路。

1. 电路工作原理

电动机启动时，合上电源刀开关 QS，接通控制电路电源。按下启动按钮 SB_2，其常开触点闭合，接触器 KM 线圈通电吸合，KM 常开主触点与常开辅助触点同时闭合。前者使电动机接入三相交流电源，启动旋转；后者使并接在启动按钮 SB_2 两端的电路接通。这样，当松开启动按钮 SB_2 时，虽然 SB_2 一路已断开，但 KM 线圈仍通过自身常开辅助触点这一通路而保持通电，从而确保电动机继续运转。这种依靠接触器自身辅助触点而使其线圈保持通电的作用称为自锁，起自锁作用的辅助触点称为自锁触点，这段电路称为自锁电路。

要使电动机停止运转，可按下停止按钮 SB_1，接

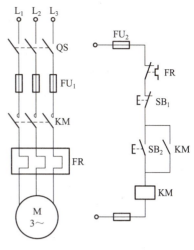

图 9-13 接触器控制单方向运转电路

触器 KM 线圈断电释放，KM 的常开主触点、常开辅助触点均断开，切断电动机主电路和控制电路，电动机停止转动。当手松开停止按钮后，SB_1 的常闭触点在复位弹簧作用下，虽又恢复到原来的常闭状态，但原来闭合的 KM 自锁触点早已随着接触器 KM 线圈断电而断开，接触器线圈已不再依靠自锁触点这条支路通电，从而使电动机停止运转。

2. 电路的保护环节

图 9-13 所示电路的保护环节有以下几个。

（1）熔断器 FU_1、FU_2 为主电路与控制电路的短路保护。

（2）热继电器 FR 具有长期过载保护作用。这是由于热继电器的热惯性较大，只有当电动机长期过载时 FR 才动作，串接在控制电路中的 FR 常闭触点断开，切断 KM 线圈电路，使接触器 KM 断电释放，电动机停止转动，实现电动机过载保护。

（3）电路的欠电压与失电压保护。这一保护是依靠接触器自身的电磁机构来实现的。当电源电压降低到一定值或电源断电时，接触器电磁机构反力大于电磁吸力，接触器衔铁释放，常开触点断开，电动机停止转动，而当电源电压恢复正常或重新供电时，接触器线圈均不会自行通电吸合，只有在操作人员再次按下启动按钮 SB_2 后，电动机才能启动。这样，一方面防止电动机在电压严重下降时仍低压运行而烧毁电动机；另一方面防止电源切断后再恢复时电动机自行启动旋转，造成设备和人身事故。

9.2.2 三相异步电动机正、反转控制电路

生产机械的运行部件往往要求实现正、反两个方向的运动，如机床主轴正转和反转、起重机吊钩的上升与下降、机床工作台的前进与后退等，这就要求拖动电动机实现正、反转。由第 8 章可知，将接至三相异步电动机的三相交流电源进线中的任意两相对调，即可实现三相异步电动机的正、反转。

此种电路实质上是一个电动机正转接触器控制电路与一个电动机反转接触器控制电路的组合，但为了避免误操作引起电源的相间短路，在两个单向运行控制电路中设置了必要的互锁。图 9-14 所示为接触器控制电动机正、反转电路。

图 9-14（a）所示电路是由两个单向旋转控制电路组合而成。主电路由正、反转接触

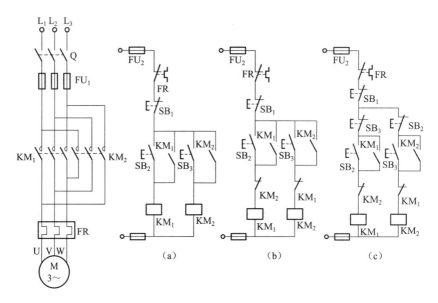

图 9-14　接触器控制电动机正、反转电路

器 KM_1、KM_2 的主触点来实现电动机两相电源的对调，进而实现电动机的正、反转。但若发生在按下正转启动按钮 SB_2，电动机已进行正向旋转后，又按下反向启动按钮 SB_3 的情况时，由于正、反转接触器 KM_1、KM_2 线圈均通电吸合，其主触点均闭合，将发生电源两相短路，致使熔断器 FU_1 熔体烧断，电动机无法工作。为防止出现上述情况，应将 KM_1、KM_2 正、反转接触器的常闭辅助触点串接到对方线圈电路中，形成相互制约的控制，这种相互制约的控制关系称为互锁，这两对起互锁作用的常闭触点称为互锁触点。按电动机正、反转运行操作顺序的不同，有"正—停—反"与"正—反—停"两种控制电路。

1. 电动机"正—停—反"控制电路

图 9-14（b）是利用正、反转接触器的常闭辅助触点 KM_1、KM_2 实现互锁的，这种由接触器或继电器常闭触点构成的互锁为电气互锁。在这一电气互锁的电气控制电路中，要实现电动机由正转变反转或由反转变正转，都必须先按下停止按钮，然后再进行反转或正转的启动控制。这就构成了"正—停—反"或"反—停—正"的操作控制。

2. 电动机"正—反—停"控制电路

在生产实际中，为提高劳动生产率，减少辅助工时，要求直接进行电动机正转变反转或反转变正转的换向控制。为此，将正、反转启动按钮的常闭触点串接在反、正转接触器线圈电路中，起互锁作用，这种互锁称按钮互锁，也称机械互锁。图 9-14（c）是具有电气、按钮双重互锁的电动机正、反转电路。这种电路，若电动机正转运行需直接转换为反转时，可按下反转启动按钮 SB_3，此时反转启动按钮的常闭触点先断开，于是切断了正转接触器线圈电路，正转接触器立即断电释放，使串接在反转接触器电路中的正向接触器常闭辅助触点 KM_1 恢复闭合；进一步按下反转启动按钮，方使其常开触点闭合，于是接通反转接触器线圈电路，反转接触器线圈通电吸合，KM_2 主触点闭合，电动机反向启动旋转，实现了电动机正、反转的直接变换；直到电动机须停止时才按下停止按钮 SB_1，完成了"正—反—停"的操作控制。这种具有双重互锁的电动机正、反转电路在电力拖动控制系统中广为应用。图 9-15 所示为电动机正、反转控制接线图。

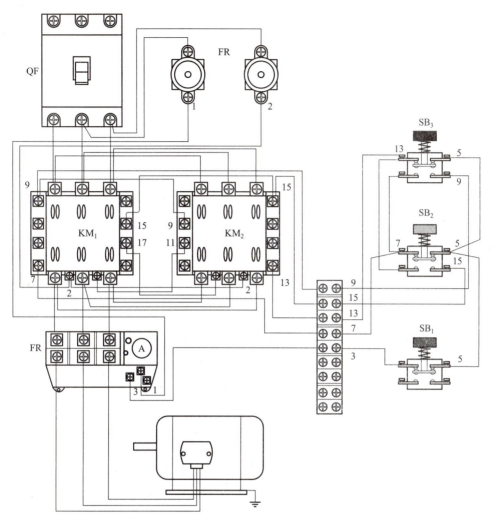

图 9-15 电动机正、反转控制接线图

9.3 三相异步电动机降压启动控制电路

三相笼型异步电动机采用全压启动,控制电路简单,但当电动机容量超过 10 kW 时,因启动电流较大,一般采用降压启动。降压启动可以减小启动电流,从而减小线路电压降,也就减小了启动时对线路的影响。但电动机的电磁转矩与电动机定子端电压的平方成正比,所以电动机的启动转矩相应减小,故降压启动适用于空载或轻载下进行。

对于正常运行时定子绕组接成三角形的三相笼型异步电动机,均可采用Y/△降压启动。启动时,定子绕组先接成星形进行降压启动,待电动机转速上升到接近额定转速时,将定子绕组换接成三角形,电动机便进入全压下的正常运转。

图 9-16 所示为Y/△降压启动控制电路图。该电路的工作原理:合上三相电源开关 QS,按下启动按钮 SB_2,则 KM_1、KT、KM_3 线圈同时通电吸合并自锁,电动机三相定子绕组接成星

形进行减压启动；当电动机转速接近额定转速时，通电延时型时间继电器 KT 动作，其触点 KT（5—8）断开，KT（4—6）闭合。前者使 KM_3 线圈断电释放，后者使 KM_2 线圈经 KM_3（6—7）触点通电吸合，电动机由星形改接成三角形，进入正常运转状态。而 KM_2（4—5）触点断开，使 KT 和 KM_3 在电动机Y/△降压启动完成后断电释放，并实现 KM_2 与 KM_3 的电气互锁。

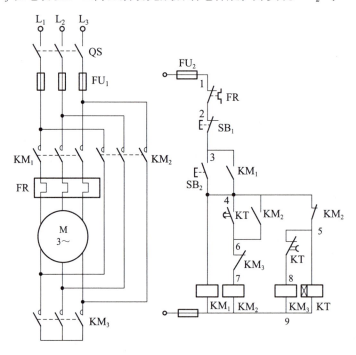

图 9-16　Y/△降压启动控制电路图

此电路具有短路保护、过载保护、失压保护、欠压保护和电路的互锁，适用于电动机容量不大于 125 kW 的三相异步电动机作Y/△减压启动和停止的控制。

分段电阻测量法排除电气线路故障

分段电阻测量法排除电气线路故障电路图如图 9-17 所示。

检查时先切断电源，按下启动按钮 SB_2，然后逐段测量相邻两标号点 1—2、2—3、3—4 的电阻。如测得某两点间电阻很大，说明该触点接触不良或导线断路。例如，测得 2—3 两点间电阻很大时，说明停止按钮 SB_1 接触不良。

注意事项如下。

(1) 用电阻测量法检查故障时一定要断开电源。

(2) 所测量电路如与其他电路并联，必须将该电路与其他电路断开；否则所测电阻值不准确。

(3) 测量高电阻电器元件时，要将万用表的电阻挡扳到适当的挡位。

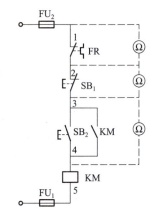

图 9-17　分段电阻测量法排除电气故障电路图

9.4 三相异步电动机电气制动控制电路

许多机床一般都要求能迅速停车和准确定位,为此要求对电动机进行制动,强迫其立即停车。制动方法一般分为机械制动和电气制动两大类:机械制动是用机械抱闸、液压制动器等机械装置制动;电气制动实质上是在电动机停车时产生一个与电动机转子原来转动方向相反的制动转矩或产生一个静止力矩阻止电动机旋转,迫使电动机迅速停车。下面介绍机床上常用的电气制动控制电路,即反接制动电路和能耗制动电路。

9.4.1 反接制动控制电路

反接制动是在电动机停车时,利用改变电动机定子绕组中三相电源的相序,产生与转动方向相反的转矩而得到制动作用的。为防止电动机制动停车时反转,必须在电动机转速接近零时及时将反接电源切除,电动机才能真正地停下来。在反接制动时,转子与定子旋转磁场的相对转速接近电动机同步转速的两倍,此时转子绕组中流过的反接制动电流相当于电动机全压启动时启动电流的两倍,为此,在反接制动时,应在电动机定子电路中串入反接制动电阻,以减小反接制动电流,减小制动冲击。由于反接制动转矩大,因而制动迅速。机床中广泛应用速度继电器来实现电动机反接制动的控制。电动机与速度继电器转子是同轴连接的,当电动机转速为 120~3 000 r/min 时,速度继电器的触点动作;转速低于 100 r/min 时,其动作的触点恢复原位。

图 9-18 所示为电动机单向反接制动控制电路,图中 KM_1 为电动机单向运行接触器,KM_2 为反接制动接触器,KS 为检测电动机转速的速度继电器,R 为定子反接制动电阻。

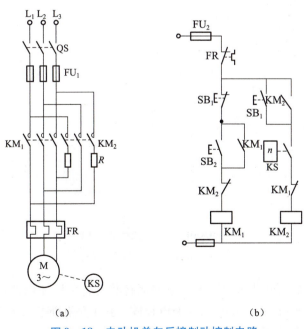

图 9-18 电动机单向反接制动控制电路
(a) 主电路; (b) 控制电路

电路工作原理：电动机已处于单向旋转状态，此时 KM_1 通电并自锁，与电动机有机械连接的速度继电器 KS 转速已大大超过其动作值（即 120 r/min），其相应的常开触点闭合，为反接制动做准备。停车时，按下停止按钮 SB_1，首先 SB_1 常闭触点断开，使 KM_1 线圈断电释放，KM_1 主触点断开，切断电动机原相序三相交流电源，电动机仍以惯性高速旋转。此时，将停止按钮 SB_1 按到底时，其常开触点闭合，使 KM_2 线圈经 KS 常开触点（早已闭合）通电并自锁，电动机定子串入不对称制动电阻，经 KM_2 主触点接入反相序三相交流电源进行反接制动，电动机转速迅速下降。当速度继电器转速低于 100 r/min 时，KS 释放，其常开触点复位，使 KM_2 线圈断电释放，电动机断开反相序交流电源，反接制动结束，电动机自然停止至零。

9.4.2 能耗制动控制电路

能耗制动是电动机脱离三相交流电源后，给电动机定子绕组加一直流电源，以产生静止磁场，起阻止旋转的作用，达到制动的目的。能耗制动比反接制动所消耗的能量小，其制动电流比反接制动时要小得多。因此，能耗制动适用于电动机能量较大，要求制动平稳和制动频繁的场合，但能耗制动需要直流电源的整流装置。下面以时间控制原则来分析单向运行能耗制动的控制电路。

图 9-19 所示为时间控制原则电动机单向运行能耗制动电路。图中 KM_1 为单向运行接触器，KM_2 为能耗制动接触器，KT 为时间继电器，T 为整流变压器，UR 为桥式整流电路。

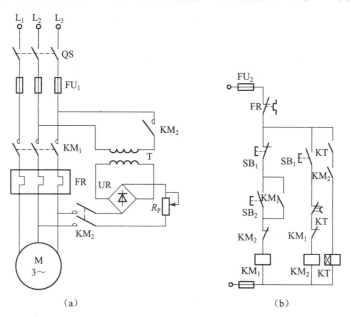

图 9-19 能耗制动控制电路
(a) 主电路；(b) 控制电路

电路工作原理：如果电动机现已处于单向运行状态，KM_1 通电并自锁。若要使电动机停止转动，按下停止按钮 SB_1，KM_1 线圈断电释放，其主触点断开，电动机断开三相交流电源。同时，KM_2、KT 线圈通电并自锁。KM_2 主触点将电动机两相定子绕组接入直流电源，进行能耗制动，电动机转速迅速降低，当转速接近零时，时间继电器 KT 延时时间结束，其常闭触点断开,KM$_2$、KT 线圈相继断电释放,能耗制动结束。

图 9-19 中 KT 的瞬动常开触点与 KM$_2$ 自锁触点串接,其作用是:当 KT 线圈断线或发生机械卡住故障,致使 KT 通电延时,常闭触点断不开,常开瞬动触点也合不上时,按下停止按钮 SB$_1$,只构成点动能耗制动。若无 KT 常开瞬动触点串接在 KM$_2$ 常开辅助触点电路中,在发生上述故障时,按下停止按钮 SB$_1$ 时,将使 KM$_2$ 线圈长期通电,造成电动机两相定子绕组长期接入直流电源。能耗制动控制电路接线图如图 9-20 所示。

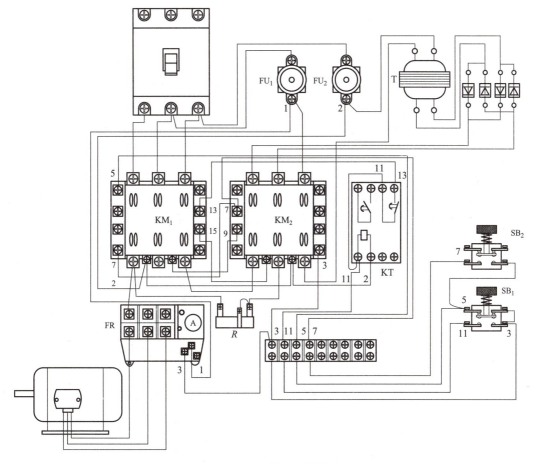

图 9-20 能耗制动控制电路接线图

9.5 三相异步电动机调速控制电路

为使生产机械获得更大的调速范围,除采用机械变速外,还可以采用电气控制方法实现电动机的多速运行。

由电机原理可知,异步电动机转速表达式为

$$n = (1-s)n_1 = (1-s)\frac{60f}{p}$$

因而电动机转速与供电电源频率 f、电动机的转差率 s 及电动机定子绕组的极对数 p 有关。

下面以常用的双速电动机为例介绍其控制电路。

图 9-21 所示为 4/2 极双速电动机定子绕组接线示意图，图 9-21（a）将定子绕组的 U_1、V_1、W_1 接电源，而 U_2、V_2、W_2 接线端悬空，则三相定子绕组接成三角形，每相绕组是由两个线圈串联，电流方向如图 9-21（a）中虚线箭头所示，磁场具有四个极（即两对极），电动机为低速。若将接线端 U_1、V_1、W_1 连在一起，而将 U_2、V_2、W_2 接电源，则三相定子绕组变为双星形，每相绕组是由两个线圈并联，电流方向如图 9-21（b）中的实线箭头所示，磁场变为两个极（即一对极），电动机为高速。

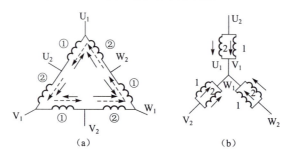

图 9-21　4/2 极双速电动机定子绕组接线示意图

图 9-22 所示为接触器控制双速电动机的控制电路，图中 KM_1 为电动机三角形连接的接触器，KM_2、KM_3 为电动机双星形连接的接触器，SB_2 为低速启动按钮，SB_3 为高速启动按钮。

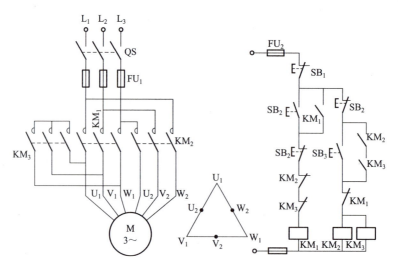

图 9-22　双速电动机手动控制电路

电路工作原理：合上电源开关 QS，当电动机低速运转时，按下 SB_2 按钮，KM_1 线圈通电并自锁，KM_1 主触点闭合，电动机定子绕组作三角形连接，电动机低速运转。

若须换为高速运转时，可按下 SB_3，KM_1 线圈断电释放，主触点断开，自锁触点断开，互锁触点闭合。当按钮 SB_3 按到底时，KM_2、KM_3 线圈同时通电，并经 KM_2、KM_3 常开触点串联组成的自锁电路，KM_2、KM_3 主触点闭合，将电动机定子绕组接成双星形，获得高速运转。

该电路也可根据转速要求直接按下高速启动按钮 SB_3，使电动机定子绕组连成双星形进行高速启动运转。电动机停止旋转由停止按钮 SB_1 控制。

9.6 直流电动机控制电路

直流电动机具有良好的启动、制动与调速性能，容易实现各种运行状态的控制，从而获得广泛的应用。直流电动机有串励、并励、复励和他励四种，其控制电路基本相同。本节仅讨论直流他励电动机的单向旋转启动电气控制电路。

图 9-23 所示为直流电动机电枢串二级电阻，按时间原则启动电路。图中 KM_1 为线路接触器，KM_2、KM_3 为短接启动电阻接触器，KA_1 为过电流继电器，KA_2 为欠电流继电器，KT_1、KT_2 为断电延时时间继电器，R_1、R_2 为启动电阻，R_3 为放电电阻。

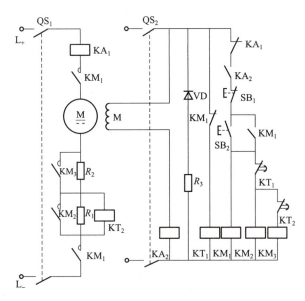

图 9-23 直流电动机单向旋转启动电路

电路工作原理：合上电动机电枢电源开关 QS_1、励磁与控制电路电源开关 QS_2。KT_1 线圈通电，其常闭触点断开，切断 KM_2、KM_3 线圈电路，确保启动时将电阻 R_1、R_2 全部串入电枢回路。按下启动按钮 SB_2，KM_1 线圈通电并自锁，主触点闭合，接通电枢回路，电枢串入二级启动电阻启动；同时 KM_1 常闭辅助触点断开，KT_1 线圈断电，使 KM_2、KM_3 线圈延时通电，为短接电枢回路启动电阻 R_1、R_2 做准备。在电动机电枢电路中串入 R_1、R_2 启动同时，接在 R_1 电阻两端的 KT_2 线圈通电，其常闭触点断开，使 KM_3 线圈电路处于断电状态，确保 R_2 串入电枢电路。

经一段时间延时后，KT_1 断电延时常闭触点闭合，KM_2 线圈通电吸合，其主触点短接电阻 R_1，电动机转速升高，电枢电流减小。为保持一定的加速转矩，启动中应逐级切除电枢制动电阻。就在 R_1 被 KM_2 主触点短接的同时，KT_2 线圈断电释放，再经一定时间的延时，KT_2 断电延时常闭触点闭合，KM_3 线圈通电吸合，KM_3 主触点闭合，短接第二段电枢启动电阻 R_2。电动机在额定电枢电压下运转，启动过程结束。

电路保护环节：该电路由过电流继电器 KA_1 实现电动机过载和短路保护；欠电流继电器 KA_2 实现电动机欠磁场保护；电阻 R_3 与二极管 VD 构成电动机励磁绕组，断开电源时产生感应电动势的放电回路，以免产生过电压。

能耗制动控制电路的安装接线

1. 任务描述

将图 9-19 所示的能耗制动控制电路进行安装接线。
（1）首先列出电动机能耗制动电气控制线路所需的材料清单。
（2）对图 9-19 进行线路编号。
（3）依据自己编号后的电气原理图进行安装接线。

2. 任务提示

（1）注意：可以先安装控制线路，然后安装主电路。
（2）安装时也尽量按照上进下出、左进右出的原则进行安装，避免混乱。
（3）安装完后要先用仪表进行检查，确保正确后经过教师检查后方可通电试车。

电动机控制线路常见故障

在常用电动机控制线路中，一般安装有刀开关、控制保险、交流接触器、控制按钮、组合开关、万能转换开关、热继电器、自动空气开关、中间继电器等多种低压电器元件，它们主要用于电机或电器的接通、分断或转换电路连接状态，并可实现远距离控制闭合及断开电路。因此，一旦控制线路出现问题，上述低压电器元件都有可能有故障出现。常见的故障有以下几种。

1. 按正反按钮电机均不能启动

可能原因：①主回路无电；②控制线路熔丝断；③控制按钮内触点接触不良；④接触器线圈均损坏；⑤电动机损坏。

处理方法：①检查主回路熔丝是否熔断；②更换熔丝；③修复触点；④更换接触器线圈；⑤更换电机。

2. 按钮点动失灵

可能原因：①按钮常开触点接触不良；②按钮的常闭触点接触不良，使之不能有效地切断原自锁线路。

处理方法：修复按钮常开触点和常闭触点。

3. 正、反按钮中有一只按钮控制电动机启动，另一只不能控制

可能原因：①按钮触点接触不良；②控制按钮中有一只启动按钮与停止按钮间的连线断；③控制按钮中有一只互锁常开触点接触不良；④控制按钮中有一只互锁常闭触点接触不良；⑤控制按钮中有一只接触器线圈已损坏。

处理方法：①修复触点；②接好连线；③更换接触器线圈。

无论是哪一种接线方式,在按下启动按钮时,电动机应做出相应的动作。如果电机不动作(确定电机没有损坏,主电源接通),说明接触器没有动作,然后检查接触器线圈两端是否有电压。如果有电压,则是接触器线圈损坏;如果无电压,说明进入接触器线圈回路的接点可能不通;如果接点、连线没有问题,则检查控制保险是否熔断。如此以电动机动作为前提,提出上级元件动作的条件,检查条件是否满足,对照接线图逐个元件、逐级进行分析后即可找出故障点。

本 章 小 结

本章以电动机及其电力拖动为重点,以继电接触器控制电路基本环节为主线,阐明电动机基本控制电路及常用生产机械的电气控制。

1. 常用的低压电器有刀开关、熔断器、断路器、按钮、接触器、热继电器、电磁式继电器、时间继电器、速度继电器。

2. 常用的电动机电气控制电路有直接启动控制电路、三相异步电动机降压启动控制电路、三相异步电动机电气制动控制电路、三相异步电动机调速控制电路、直流电动机控制电路。

(1) 直接启动控制电路介绍了接触器控制单方向运转电路和三相异步电动机正、反转控制电路,以及它们控制电路图的安装接线。

(2) 三相异步电动机降压启动控制电路介绍了Y/△降压启动控制电路及其控制电路图的安装接线。

(3) 三相异步电动机电气制动控制电路介绍了反接制动控制电路和能耗制动控制电路及其控制电路图的安装接线。

(4) 三相异步电动机调速控制电路介绍了接触器控制双速电动机控制电路及其控制电路图的安装接线。

(5) 直流电动机控制电路介绍了直流电动机单向旋转启动电路及其控制电路图的安装接线。

思考与练习

一、填空题

9-1 触点系统的结构形式有_____、指形触点。

9-2 工作在交流电压_____V,或直流电压 1 500 V 及以下的电路中起通断、保护、控制或调节作用的电器产品叫低压电器。

9-3 交流接触器的触点系统分为_____和辅助触点,用来直接接通和分断交流主电路和控制电路。

9-4 热继电器有多种结构形式,最常用的是_____结构,即由两种不同膨胀系数的金属片用机械碾压而成,一端固定,另一端为自由端。

9-5 熔断器主要作为电路的_____保护元件。

9-6 三相笼型异步电动机的制动方法一般采用机械制动和电气制动，其中电气制动方法有_____、能耗制动、再生制动等。

9-7 电气控制系统中常用的保护环节有_____保护、过电流保护、过载保护、失电压保护、欠电压保护、过电压保护及弱磁保护等。

二、判断题

9-8 电机传动的目的是（　　）。
　　A. 将机械能变为电能　　B. 将电能变为机械能　　C. 将控制信号进行转换和传递

9-9 三相笼型异步电动机在运行中断了一根电源线，则电动机的转速（　　）。
　　A. 增加　　　　　　　B. 减少　　　　　　　　C. 停转

9-10 瞬时断开的动合触点是（　　）。

　　A.　　　　　　　B.　　　　　　　C.　　　　　　　D.

9-11 机床上常用的电气制动方式中，不常用的是（　　）。
　　A. 能耗制动　　B. 反馈制动　　C. 反接制动　　D. 直接制动

9-12 生产机械对调速系统要求的静态技术指标主要有（　　）。
　　A. 静差度、调速范围、调速的平滑性
　　B. 转差率、调速范围、调速的平滑性
　　C. 转差率、调速范围、放大倍数
　　D. 静差度、最大超调量、过渡过程时间

9-13 关于直流电动机调速方法正确的有（　　）。
　　A. 变极调速　　　　　　　B. 变频调速
　　C. 改变转差率调速　　　　D. 改变电枢电压调速

三、问答题

9-14 说明熔断器和热继电器的保护功能与原理以及这两种保护的区别。

9-15 什么是欠压、失压保护？哪些电器电路可以实现欠压、失压保护？

四、分析题

9-16 分析题图 9-1 所示电路，请按正常操作时出现的问题加以改进。

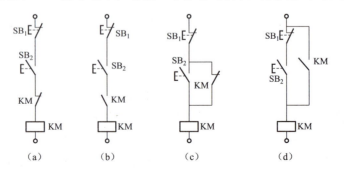

题图 9-1

9-17 设计电路，可从两处操作同一台电动机实现连续运行和点动工作。

9-18　图 9-13（b）中电动机具有几种工作状态？控制电路中的电器元件的作用是什么？

9-19　电动机在什么情况下应采用降压启动？什么样的电动机能采用 Y/△ 降压启动方法？

9-20　设计三台异步电动机顺序控制电路，要求第一台电动机启动 10 s 后第二台电动机才可自动启动，再过 10 s 后第三台电动机自动启动。停止时，第二台、第三台电动机同时先停止，5 s 后第一台停止。设计出主电路和控制电路，电路中有必要的保护措施。

9-21　在直流电动机的控制电路中，为何必须要在励磁电路中加串欠电流继电器？

第 10 章

可编程序控制器

可编程序控制器（PLC）是以微处理器为核心，将计算机技术、通信技术与自动控制技术融为一体的新型工业自动控制装置。它克服了继电器-接触器控制电路存在的触点多、组合复杂、通用性和灵活性差等缺点。它不仅具有各种逻辑控制功能，而且还具有各种运算、数据处理、联网通信等功能，同时还具有抗干扰性强、环境适应性好和可靠性高等特点。因而广泛应用于工业生产各领域中。

本章以 S7-200 系列 PLC 为例，介绍小型 PLC 系统的构成、编程用的元器件、寻址方式等基础知识。

1. 了解 PLC 的基本工作原理。
2. 掌握 S7-200 系列 PLC 指令系统和梯形图程序。

1. 能编写梯形图程序。
2. 能进行 PLC 外部接线。

含 PLC 的控制柜实物图如图 10-1 所示。

图 10-1 含 PLC 的控制柜实物图

实践活动：STEP7 – Micro/WIN32 编程软件的使用

1. 实践活动任务描述

使用西门子公司专门为 S7-200 系列 PLC 开发的编程软件 STEP7 – Micro/WIN32 完成图 10-2 所示梯形图程序的编写。

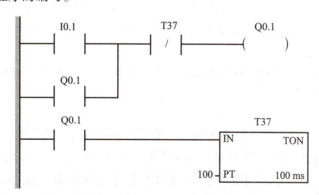

图 10-2 编程软件使用示例的梯形图

2. 实践仪器与元件

计算机、PLC 及连线、交流电源。

3. 活动提示

1）硬件连接

典型的单主机与 PLC 直接连接如图 10-3 所示，它不需要其他的硬件设备，方法是把 PC/PPI 电缆的 PC 端连接到计算机的 RS-232 通信口（一般是 COM1），把 PC/PPI 电缆的 PPI 端连接到 PLC 的 RS-485 通信口即可。

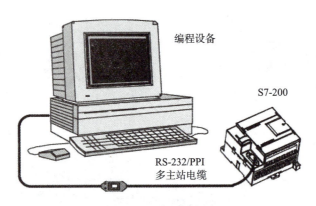

图 10-3 典型的单主机与 PLC 直接连接

2）软件的安装

STEP7 – Micro/WIN32 软件的安装很简单，将光盘插入光盘驱动器，系统自动进入安装向导（或在光盘目录里双击 Setup，进入安装向导），按照安装向导完成软件的安装。

首次运行 STEP7 – Micro/WIN32 软件时系统默认语言为英语，可根据需要修改编程语言。如将英语改为中文，其具体操作如下：运行 STEP7 – Micro/WIN32 编程软件，在主界面执行菜单中的 Tools→Options→General 命令，然后在对话框中选择 Chinese 即可将 English 改为中文。

3）STEP7 – Micro/WIN32 软件的窗口组件

STEP7 – Micro/WIN32 的基本功能是协助用户完成应用程序的开发，同时它具有设置 PLC 参数、加密和运行监视等功能。

编程软件的联机工作方式（PLC 与计算机相连）可以实现用户程序的输入、编辑、上载、下载、运行、通信测试及实时监视等功能。在离线条件下，也可以实现用户程序的输入、编辑、编译等功能。

启动 STEP7 – Micro/WIN32 编程软件，其主要界面外观如图 10-4 所示。

4）编程软件的使用

（1）编程的准备。

①创建一个项目或打开一个已有的项目。在进行控制程序编程之前，首先应创建一个项目。执行菜单中的【文件】→【新建】命令或单击工具栏中的 (新建) 按钮，可以生成一个新的项目。执行菜单中的【文件】→【打开】命令或单击工具栏中的 (打开) 按钮，可以打开已有的项目。项目以扩展名为 .mwp 的文件格式保存。

②设置与读取 PLC 的型号。在对 PLC 编程之前，应正确地设置其型号，以防止创建程序时发生编辑错误。如果指定了型号，指令树用红色标记"X"表示对当前选择的 PLC 无效的指令。设置与读取 PLC 的型号可以有以下两种方法。

方法一：执行菜单中的【PLC】→【类型】命令，在弹出的对话框中，可以选择 PLC 型号和 CPU 版本，如图 10-5 所示。

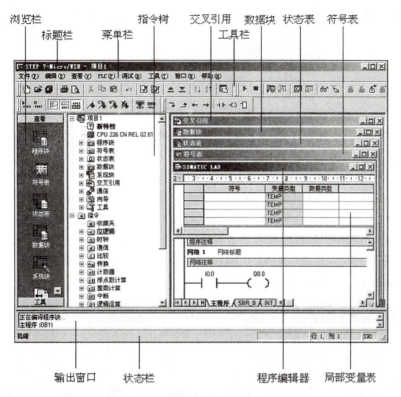

图 10-4　STEP7-Micro/WIN32 编程软件的主界面

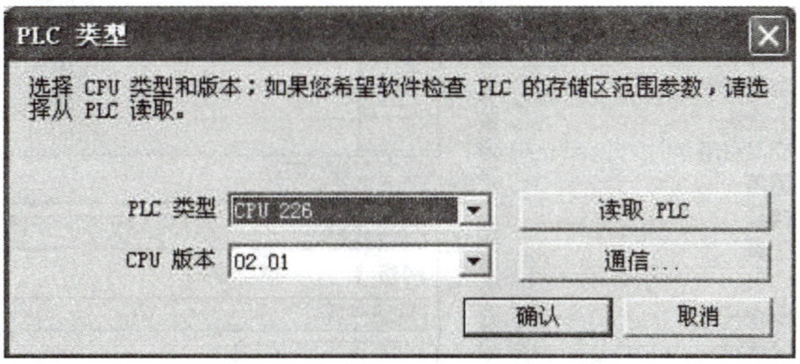

图 10-5　设置 PLC 的型号

方法二：双击指令树的【项目1】，然后双击 PLC 型号和 CPU 版本选项，在弹出的对话框中进行设置即可。如果已经成功地建立通信连接，单击对话框中的【读取 PLC】按钮，可以通过通信读出 PLC 的信号与硬件版本号。

③选择编程语言和指令集。S7-200 系列 PLC 支持的指令集有 SIMATIC 和 IEC1131-3 两种。SIMATIC 编程模式选择，可以执行菜单中的【工具】→【选项】→【常规】→【SIMATIC】命令来确定。

编程软件可实现三种编程语言（编程器）之间的任意切换，执行菜单中的【查看】→【梯形图】或【STL】或【FBD】命令便可进入相应的编程环境。

④确定程序的结构。简单的数字量控制程序一般只有主程序，系统较大、功能复杂的程序除了主程序外，可能还有子程序、中断程序。编程时可以单击编辑窗口下方的选项来实现

切换以完成不同程序结构的程序编辑。用户程序结构选择编辑窗口如图10-6所示。

图10-6 用户程序结构选择编辑窗口

主程序在每个扫描周期内均被顺序执行一次。子程序的指令放在独立的程序块中，仅在被程序调用时才执行。中断程序的指令也放在独立的程序块中，用来处理预先规定的中断事件，在中断事件发生时操作系统调用中断程序。

（2）梯形图的编辑。

在梯形图编辑窗口中，梯形图程序被划分成若干个网络，一个网络中只能有一个独立电路块。如果一个网络中有两个独立电路块，在编译时输出窗口将显示"1个错误"，待错误修正后方可继续。可以对网络中的程序或者某个编程元件进行编辑，执行删除、复制或粘贴操作。

①首先打开 STEP7 - Micro/WIN4.0 编程软件，进入主界面，STEP7 - Micro/WIN4.0 编程软件主界面如图10-7所示。

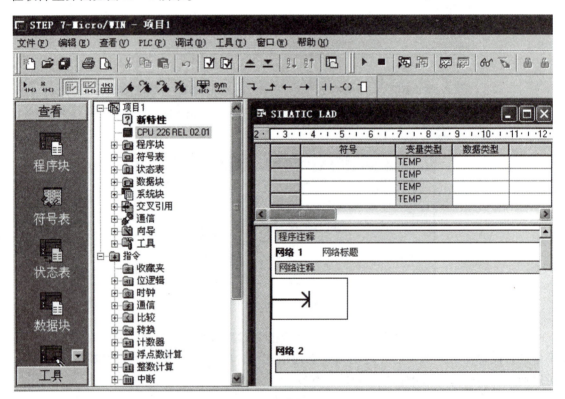

图10-7 STEP7 - Micro/WIN4.0 编程软件主界面

②单击浏览栏的【程序块】按钮，进入梯形图编辑窗口。

③在编辑窗口中，把光标定位到将要输入编程元件的地方。

④可直接在指令工具栏中单击常开触点按钮，选取触点如图10-8所示。在打开的位逻辑指令中单击 ⊣⊢ 图标，选择常开触点如图10-9所示。输入的常开触点符号会自动写入到光标所在位置。输入常开触点如图10-10所示。也可以在指令树中双击位逻辑选项，然

后双击常开触点输入。

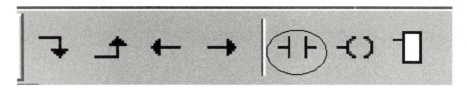

图 10 – 8 选取触点

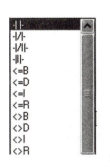

图 10 – 9 选择常开触点

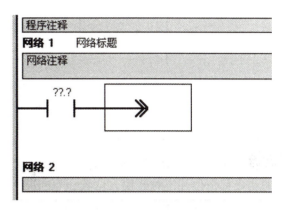

图 10 – 10 输入常开触点

⑤在??.?框中输入操作数 I0.1，光标自动移到下一列。输入操作数 I0.1，如图 10 – 11 所示。

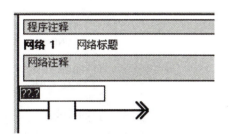

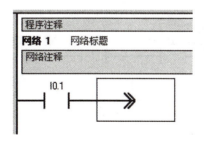

图 10 – 11 输入操作数 I0.1

⑥用同样的方法在光标位置输入 -|/|- 和 -( )-，并填写对应地址，T37 和 Q0.1 编辑结果如图 10 – 12 所示。

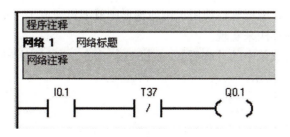

图 10 – 12 T37 和 Q0.1 编辑结果

⑦将光标定位到 I0.1 下方，按照 I0.1 的输入办法输入 Q0.1。Q0.1 编辑结果如图 10 – 13 所示。

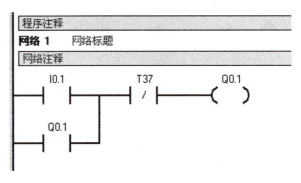

图 10 – 13　Q0.1 编辑结果

⑧将光标移到要合并的触点处，单击指令工具栏中的向上连线按钮 ，将 Q0.1 和 I0.1 并联连接，如图 10 – 14 所示。

⑨将光标定位到网络 2，按照 I0.1 的输入办法编写 Q0.1。

⑩将光标定位到定时器输入位置，双击指令树中的【定时器】选项，然后再双击接通延时定时器图标，在光标位置即可输入接通延时定时器。选择定时器图标如图 10 – 15 所示。

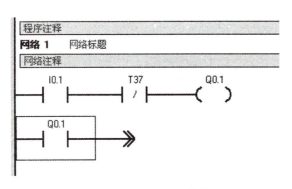

图 10 – 14　Q0.1 和 I0.1 并联连接

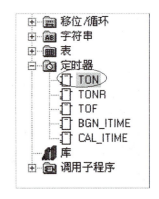

图 10 – 15　选择定时器图标

在定时器指令上面的????处输入定时器编号 T37，在左侧????处输入定时器的预置值 100，编辑结果如图 10 – 16 所示。

经过上述操作过程，编程软件使用示例的梯形图就编辑完成了。如果需要进行语句表和功能图编辑，可按下面办法来实现。

语句表的编辑执行菜单中的【查看】→【STL】命令，可以直接进行语句表的编辑。语句表的编辑如图 10 – 17 所示。

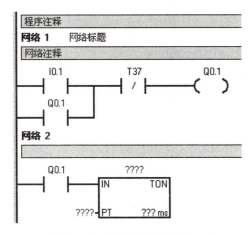

图 10-16　输入接通延时定时器　　　　　　图 10-17　语句表的编辑

（3）程序的状态监控与调试。

执行菜单中的【PLC】→【编译】或【全部编译】命令，或单击工具栏中的 ☑ 或 ☑ 按钮，可以分别编译当前打开的程序或全部程序。

用户程序编译无错误后，可以将程序下载到 PLC 中。下载操作可执行菜单中的【文件】→【下载】命令，或单击工具栏 ▼ 按钮。

上载是将 PLC 中未加密的程序向上传送到编程器中。上载操作可执行菜单中的【文件】→【上载】命令，或单击工具栏中的 ▲ 按钮。

通过执行菜单栏中的【PLC】→【运行】或【停止】命令来选择工作方式，PLC 只有处在运行工作方式下，才可以启动程序的状态监控。单击工具栏中的 ▶ 按钮，或执行菜单栏中的【PLC】→【运行】命令，在对话框中单击【确定】按钮进入运行模式，这时黄色 STOP（停止）状态指示灯灭，绿色 RUN（运行）灯点亮。程序运行后如图 10-18 所示。

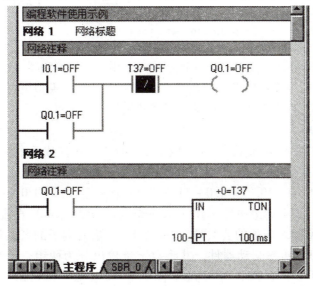

图 10-18　编程软件使用示例的程序状态

10.1 PLC 的结构

S7-200 系列 PLC 系统由基本单元（主机）、I/O 扩展单元、功能单元和外部设备等组成。S7-200 系列 PLC 基本单元（主机）的结构形式为整体式结构。下面以 S7-200 系列 CPU22X 小型 PLC 为例，介绍 S7-200 系列 PLC 的构成。

10.1.1 CPU224 型 PLC 的结构

S7-200 系列 PLC 有 CPU 21X 和 CPU 22X 两代产品，其中 CPU 22X 型 PLC 有 CPU 221、CPU 222、CPU 224 和 CPU 226 四种基本型号。本节以 CPU 224 型 PLC 为重点，分析小型 PLC 的结构特点。小型 PLC 系统由主机箱、I/O 扩展单元、文本和图形显示器、编程器等组成，结构如图 10-19 所示。

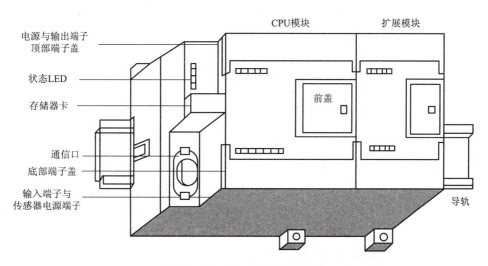

图 10-19　S7-200 CPU 结构

CPU 224 主机箱体外部设有 RS-485 通信接口，用以连接编程器（手持式或 PC）、文本和图形编程器、PLC 网络等外部设备；还设有工作方式开关、模拟电位器、I/O 扩展接口、工作状态指示灯和用户程序存储卡 I/O 接线端子排及发光指示灯等。

1. 基本单元 I/O

CPU 224 集成 14 输入/10 输出共 24 个数字量 I/O 点，可连成 7 个扩展模块，最大扩展至 168 路数字量 I/O 或 35 路模拟量 I/O 点，13 KB 程序和数据存储空间。

CPU224 主机有 I0.0~I0.7、I1.0~I1.5 共 14 个输入点和 Q0.0~Q0.7、Q1.0~Q1.1 共 10 个输出点。CPU 224 输出电路采用了双向光电耦合器，24 V 直流极性可任意选择，系统设置 1M 为 I0.X 输入端子的公共端，2M 为 I1.X 输入端子的公共端。在晶体管输出电路中采用了 MOSFET 功率驱动器件，并将数字量输出分为两组，每组有一个独立公共端，共有 1L、2L 两个公共端，可接入不同的负载电源。CPU 224 外部电路原理如图 10-20 所示。

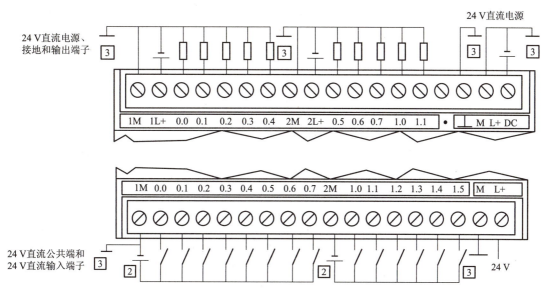

图 10-20 CPU 224 交流/直流/继电器连接端子图

2. 高速反应性

CPU 224 的 PLC 有六个高速计数脉冲输入端（I0.0～I0.5），最快的响应速度为 30 kHz，用于捕捉比 CPU 扫描周期更快的脉冲信号。有两个高速脉冲输出端（Q0.0、Q0.1），输出脉冲频率可达 20 kHz，用于 PTO（高速脉冲束）和 PWM（宽度可变脉冲输出）高速脉冲输出。

3. 存储系统

S7-200CPU 存储器系统由 RAM 和 EEPROM 两种存储器构成，用以存储用户程序、CPU 配置、程序数据等。当执行程序下载操作时，用户程序、CPU 配置、程序数据等由编程器送入 RAM 存储器区，并自动复制到 EEPROM 区，永久保存。

4. 存储卡

该存储卡可以选择安装扩展卡。扩展卡有 EEPROM 存储卡、电池和时钟卡等模块。EEPROM 存储模块用于用户程序的复制。电池模块用于长时间保存数据。

10.1.2 S7-200 系列 PLC 输入输出映像寄存器

1. 输入映像寄存器（又称输入继电器）

在输入映像寄存器的示意图 10-21 中，输入继电器线圈只能由外部信号驱动，不能用程序指令驱动，常开触点和常闭触点供用户编程使用。外部信号传感器（如按钮、行程开关、现场设备、热电偶等）用来检测外部信号的变化。它们与 PLC 或输入模块的输入端相连。

2. 输出映像寄存器 Q（又称输出继电器）

在输出映像寄存器等效电路示意图 10-22 中，输出继电器是用来将 PLC 的输出信号传递给负载，只能用程序指令驱动。负载又称执行器（如接触器、电磁阀、LED 显示器等），连接到 PLC 输出模块的输出接线端子，由 PLC 控制执行器的启动和关闭。

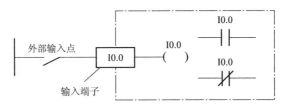

图 10-21　输入映像寄存器的电路示意图

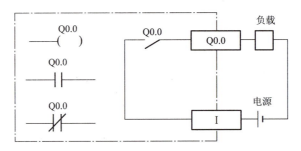

图 10-22　输出映像寄存器等效电路示意图

10.2　S7-200 系列 PLC 的常用指令

S7-200 系列 PLC 的 SIMATIC 指令有梯形图（LAD）、语句表（STL）和功能图（FBD）三种编程语言。本节以梯形图 LAD 指令为例，主要讲述常用的操作指令。其他指令请读者翻阅其他参考书目。

10.2.1　基本位操作指令

梯形图的触点代表 CPU 对存储器的读操作，由于计算机系统读操作的次数不受限制，所以用户程序中，常开、常闭触点使用的次数不受限制。梯形图的线圈符号代表 CPU 对存储器的写操作，由于 PLC 采用自上而下的扫描方式工作，在用户程序中，每个线圈只能使用一次，所以当使用次数（存储器写入次数）多于一次时，其状态以最后一次为准。基本位操作指令格式见表 10-1。

表 10-1　基本位操作指令格式

LAD	STL	功能
─┤├─ bit　─┤/├─ bit　─( )─ bit	LD BIT　LDN BIT A BIT　AN BIT O BIT　ON BIT = BIT	用于网络段起始的常开/常闭触点 常开/常闭触点串联，逻辑与/与非指令 常开/常闭触点并联，逻辑或/或非指令 线圈输出，逻辑置位指令

位操作指令程序的应用如图 10-23 所示。

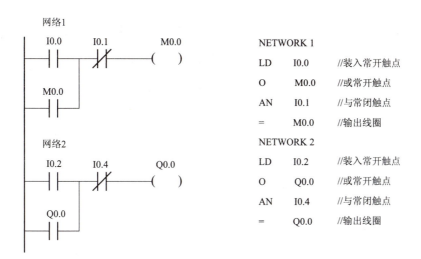

图 10-23 位操作指令程序的应用

梯形图分析如下。

网络 1　当输入点 I0.0 的状态为"1"时,线圈 M0.0 通电,其常开触点闭合自锁,即使 I0.0 状态为"0"时,M0.0 线圈仍保持通电;当 I0.1 触点断开时,M0.0 线圈断电,电路停止工作。

网络 2　其工作原理与网络 1 相似,请读者自行分析。

10.2.2　定时器指令

定时器分辨率和编号见表 10-2。

表 10-2　定时器分辨率和编号

工作方式	用毫秒(ms)表示的分辨率	用秒(s)表示的最大当前值	定时器号
TONR	1	32.767	T0,T64
	10	327.67	T1~T4,T65~T68
	100	3 276.7	T5~T31,T69~T95
TON/TOF	1	32.767	T32,T96
	10	327.67	T33~T36,T97~T100
	100	3 276.7	T37~T63,T101~T255

定时器指令格式见表 10-3。

表 10-3　定时器指令格式

LAD	STL	功能、注释
???? IN　TON ????—PT	TON	通电延时型

231

续表

LAD	STL	功能、注释
???? — IN TONR ???? — PT	TONR	有记忆通电延时型
???? — IN TOF ???? — PT	TOF	断电延时型

IN 是使能输入端，编程范围为 T0~T255；PT 是设定值输入端，最大预置值为 32 767；PT 数据类型为 INT。

下面从原理、应用等方面分别叙述通电延时型（TON）定时器的使用方法，其他类型可翻阅其他参考书目。

当使能端（IN）输入有效时，定时器开始计时，当前值从"0"开始递增，不小于设定值（PT）时，定时器输出状态位置为"1"（输出触点有效），当前值的最大值为32 767。使能端无效（断开）时，定时器复位（当前值清零，输出状态位置为"0"）。通电延时型定时器应用程序如图 10-24 所示。

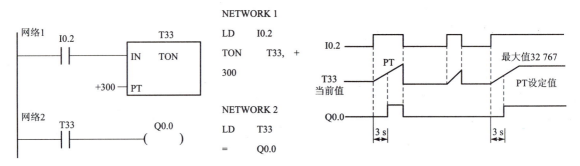

图 10-24 定时器指令的应用

10.2.3 计数器指令

S7-200 系列 PLC 有加计数器（CTU）、加/减计数器（CTUD）、减计数器（CTD）三种计数指令。计数器的使用方法和基本结构与定时器基本相同，主要由设定值寄存器、当前值寄存器、状态位等组成。计数器的梯形图指令符号为指令盒形式，指令格式见表 10-4。

表 10-4 计数器指令格式

LAD			STL	功能
???? — CU CTU — R ???? — PV	???? — CU CTD — LD ???? — PV	???? — CU CTUD — CD — R ???? — PV	CTU CTD CTUD	加计数器 减计数器 加/减计数器

梯形图指令符号中 CU 为加 1 计数脉冲输入端；CD 为减 1 计数脉冲输入端；R 为复位脉冲输入端；LD 为减计数器的复位脉冲输入端，编程范围为 C0～C255；PV 设定值的最大值为 32 767，数据类型为 INT。

下面从原理、应用等方面进行分析减计数器（CTD）的应用方法，其他类型可翻阅其他参考书目。

减计数指令（CTD）：复位输入（LD）有效时，计数器把预置值（PV）装入当前值存储器，计数器状态位复位（置"0"）。CD 端每个输入脉冲上升沿，减计数器的当前值从预置值开始递减计数，当前值等于"0"时，计数器状态为置位（置"1"），停止计数。

减计数器指令的应用程序如图 10-25 所示。

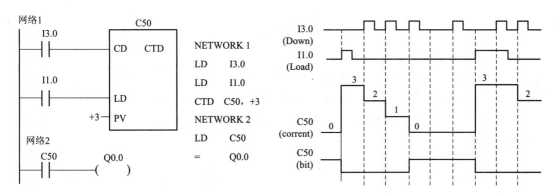

图 10-25 减计数器指令的应用程序

减计数器在计数脉冲 I3.0 的上升沿减 1 计数，当前值从预置值开始减至"0"时，定时器输出状态位置"1"，Q0.0 通电（置"1"）。在复位脉冲 I1.0 的上升沿，定时器状态位置"0"（复位），当前值等于预置值，为下次计数工作做好准备。

10.3 PLC 的编程方法

10.3.1 编程的基本原则

PLC 编程应该遵循以下基本原则。

（1）外部输入输出继电器、内部继电器、定时器、计数器等器件的触点可多次重复使用，无须用复杂的程序结构来减少触点的使用次数。

（2）梯形图每一行都是从左母线开始，线圈接在最右边，触点不能放在线圈的右边，如图 10-26 所示。

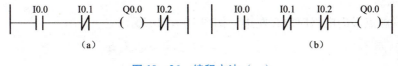

图 10-26 编程方法（一）
(a) 不正确；(b) 正确

（3）线圈不能直接与左母线相连。如果需要，可以通过一个没有使用的内部继电器的常闭触点或者特殊内部继电器的常开触点来连接，如图 10-27 所示。

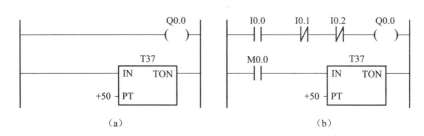

图 10-27　编程方法（二）
（a）不正确；（b）正确

（4）同一编号的线圈在一个程序中使用两次称为双线圈输出。双线圈输出容易引起误操作，应尽量避免线圈重复使用。

（5）梯形图程序必须符合顺序执行的原则，即从左到右、从上到下地执行。不符合顺序执行的电路不能直接编程，例如图 10-28 所示的桥式电路就不能直接编程。

（6）在梯形图中，对串联触点、并联触点的使用次数没有限制，可无限次地使用，如图 10-29 所示。

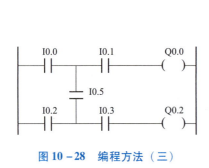

图 10-28　编程方法（三）　　　　图 10-29　编程方法（四）

（7）两个或两个以上的线圈可以并联输出，如图 10-30 所示。

10.3.2　编程技巧

在编写 PLC 梯形图程序时应该掌握以下的编程技巧。

（1）把串联触点较多的电路编在梯形图上方，如图 10-31 所示。

（2）并联触点多的电路应放在左边，如图 10-32 所示。

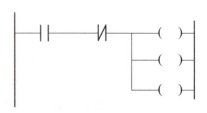

图 10-30　编程方法（五）

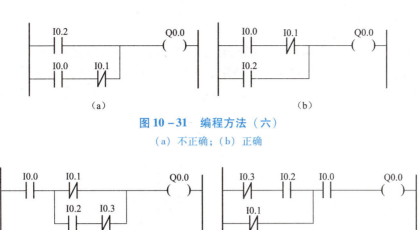

图 10-31 编程方法（六）
(a) 不正确；(b) 正确

图 10-32 编程方法（七）
(a) 不正确；(b) 正确

（3）桥式电路编程。可化解为图 10-33 所示。

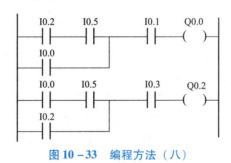

图 10-33 编程方法（八）

（4）复杂电路的处理。可重复使用一些触点画出等效电路，然后再进行编程就比较容易了，如图 10-34 所示。

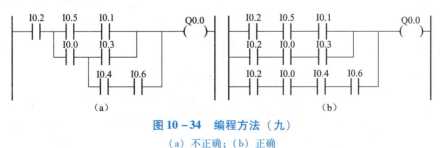

图 10-34 编程方法（九）
(a) 不正确；(b) 正确

10.4 PLC 的应用实例

10.4.1 正次品分拣机

1. 模拟控制板的控制要求

（1）用启动和停止按钮控制电动机 M 运行和停止。在电动机运行时，被检测的产品

（包括正、次品）在皮带上运送。

（2）产品（包括正、次品）在皮带上运送时，S_1 检测器检测到的次品，经过 5 s 传送，到达次品剔除位置时，启动电磁铁 Y 驱动剔除装置，剔除次品（电磁铁通电 1 s），检测器 S_2 检测到的次品，经过 3 s 传送，启动 Y，剔除次品；正品继续向前输送。正、次品分拣操作流程如图 10 - 35 所示。

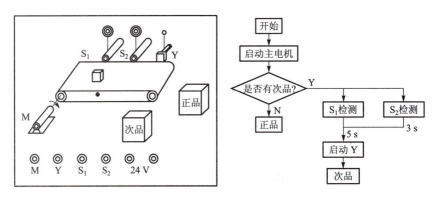

图 10 - 35　正、次品分拣机分拣流程图

2. 输入输出设备与 PLC 输入输出点对照表（表 10 - 5）

表 10 - 5　输入输出设备与 PLC 输入输出点对照表

输入			输出		
设备		输入点	设备		输出点
启动按钮	SB_1	I0.0	接触器	KM	Q0.0
停止按钮	SB_2	I0.1	电磁铁	Y	Q0.1
检测器	S_1	I0.2			
检测器	S_2	I0.3			

3. PLC 输入输出接线图（图 10 - 36）

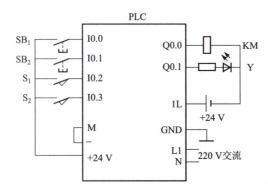

图 10 - 36　PLC 输入输出接线图

4. 梯形图（图 10－37）

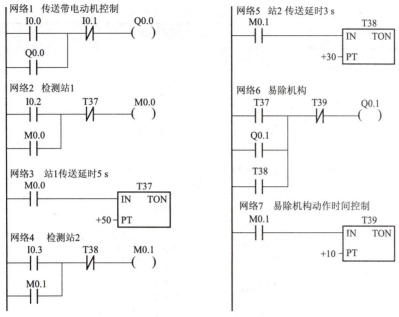

图 10－37　梯形图

10.4.2　降压启动控制

1. 控制要求

按启动按钮 SB_2，KM_1 和 KM_3 线圈得电自锁，电动机Y接法启动运行，同时时间继电器延时，在一定时间后 KT 延时断开触点断开，KM_3 线圈断电，其触点恢复状态，同时 KM_2 线圈通电，主触点闭合电动机将按△接法运行，启动完毕。采用 PLC 控制后，主电路没有改动，控制线路改为图 10－38 所示。

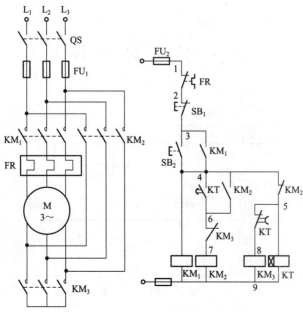

图 10－38　降压启动控制线路图

输入输出设备与 PLC 输入输出点对照表见表 10-6。

表 10-6 输入输出设备与 PLC 输入输出点对照表

输入			输出		
设备		输入点	设备		输出点
启动按钮	SB$_1$	I0.0	接触器	KM$_1$	Q0.0
停止按钮	SB$_2$	I0.1	接触器	KM$_3$	Q0.1
热继电器	FR	I0.2	接触器	KM$_2$	Q0.2

2. PLC 输入输出接线图（图 10-39）

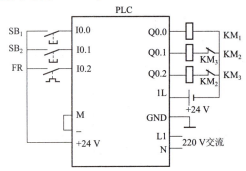

图 10-39 PLC 输入输出接线图

3. 梯形图（图 10-40）

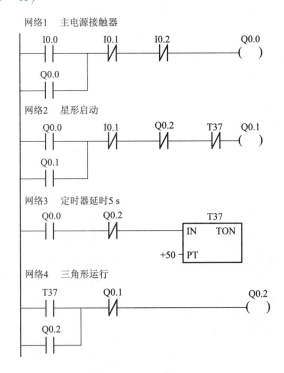

图 10-40 梯形图

PLC 系统设计步骤

1. 熟悉被控对象、制订控制方案

要了解系统的运动机构、运动形式和电气拖动要求,必要时可以画出系统的功能图、生产工艺流程图,从而将整个控制系统硬件设计形成一个初步方案。

2. 确定 I/O 点数

根据被控对象对 PLC 控制系统的技术指标和要求,确定用户所需的输入输出设备,据此确定 PLC 的 I/O 点数,一般还要附加确定数目的 30% 的备用点数。

3. 选择 PLC 机型

选择 PLC 机型时应考虑厂家、性能结构、I/O 点数、存储容量、特殊功能等方面。

4. 选择输入输出设备,分配 PLC 的 I/O 地址

根据需要,确定控制按钮、开关、接触器、阀门、信号灯等设备的型号、规格、数量;根据 PLC 型号,列出设备与 I/O 端子的对照表,方便绘制 PLC 外部接线图和编制程序。

5. 设计 PLC 应用系统电气原理图

主要包括电动机主电路、PLC 外部 I/O 接线图、系统电源供电线路、电气元件清单等。

6. 梯形图程序设计、编写程序注释

7. 系统调试

用编程工具将用户程序输入计算机,经过反复编辑、编译、下载、调试、运行,直至运行正确。

电动机正、反转的 PLC 控制系统设计

1. 任务描述

使用本章所学的 PLC 基本指令完成对一台电动机正、反转的 PLC 控制系统设计。

2. 任务提示

在图 9-14 所示电动机正、反转功能的控制线路采用 PLC 控制系统来完成时,仍然需要保留主电路部分,控制电路的功能由 PLC 执行程序取代,在 PLC 的控制系统中,还要求对 PLC 的输入输出端口进行设置即 I/O 分配,根据 I/O 分配情况完成 PLC 的硬件接线,最后系统调试直至符合控制要求为止。

1) I/O 分配 (表 10-7)

表 10-7 I/O 分配

输入		输出	
I0.0	停止按钮 SB_1	Q0.1	正转控制接触器 KM_1
I0.1	正转启动按钮 SB_2	Q0.2	反转控制接触器 KM_2
I0.2	反转启动按钮 SB_3		
I0.3	热继电器动合触点 FR		

2）PLC 硬件接线

PLC 硬件接线如图 10-41 所示。为了保证电动机正常运行，不出现电源短路情况，在 PLC 的输出端口线圈电路中要连接上接触器的动断互锁触点。

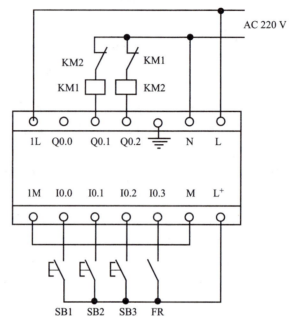

图 10-41　PLC 硬件接线图

3）控制程序

使用一般逻辑指令设计的控制程序梯形图如图 10-42 所示。

图 10-42　控制程序梯形图

续流二极管消除浪涌电流保护 PLC

PLC 使用时，与继电器线圈连接的输出点要进行保护，线圈要并联续流二极管消除浪涌电流。

继电器线圈断电时，残余能量须以合适途径释放。如果没有二极管（图 10-43），则能量以火花形式释放，对 PLC 中的电子器件会造成损害，日久对机械触点也会有明显损坏。继电器线圈并联二极管后，二极管负极接直流电源正极（图 10-44），继电器线圈断电时，二极管因势利导，为线圈电流继续流动提供途径，残余能量在线圈与二极管组成的回路中较为平缓地自我消耗掉，PLC 得到有效保护。

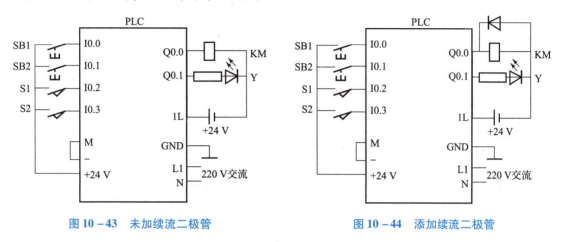

图 10-43　未加续流二极管　　　　　　图 10-44　添加续流二极管

本 章 小 结

本章介绍了 S7-200 系列 PLC 的基本原理和常用指令、梯形图程序的编写和 PLC 控制系统的设计。

1. 小型 PLC 系统由主机箱、I/O 扩展单元、文本和图形显示器、编程器等组成。
2. 西门子 S7-200 系列 PLC 的常用指令使用梯形图最为广泛，直观易学。
3. 编写梯形图程序时要按照一定的规则进行。
4. 设计 PLC 控制系统时，首先分析控制要求，然后分配好 I/O 表，接下来才进行梯形图程序设计，最后进行系统接线和调试运行。

思考与练习

一、填空题

10-1　PLC 的基本组成可分为两大部分，即硬件系统和_____，其中硬件系统主要有中央处理器 CPU、存储器、_____、_____、编程器和电源等。

10-2　PLC 梯形图和继电器控制电路的符号基本类似，但有多处不同点，如组成器件不同、触点情况不同、工作电流不同和_____、_____。

10-3　PLC 一次扫描包括公共处理、_____、扫描周期计算处理、_____和外设端口服务共五个阶段，其所需时间称为_____。

10-4　在 PLC 的直流输入模块中，光耦合器的主要功能是_____和_____。

10-5　S-200型224PLC共有_____个I/O点，其中输入点有_____个。

10-6　PLC常用的编程方式有_____编程和_____编程等。

10-7　PLC常见的I/O单元按信号的形式可分为_____和_____。在输出单元接线时，若输出端接有直流电感性负载，应在负载两端并联_____。

二、问答题

10-8　S7-200型PLC有哪些输出方式？各适合于什么类型的负载？

10-9　S7-200型PLC有哪些内部元器件？

10-10　梯形图程序能否转换为语句表程序？所有语句表程序是否都能转换为梯形图程序？

10-11　定时器指令和计数器指令使用中有什么区别？

三、分析题

10-12　使用置位、复位指令编写控制程序，启动时，电动机 M_1 先启动才能启动 M_2，停止时同停止。

10-13　编写程序，使用一个按钮实现一台电动机的启动和停止。即按下按钮电动机启动运行，再按下一次则电动机停止。

10-14　设计周期为 5 s，占空比为 20% 的方波输出信号程序。

第 11 章

电 工 测 量

电工测量的主要任务是应用适当的电工仪器、仪表对电流、电压、功率和电阻等各种电量和电路参数进行测量,各种电工、电子产品的生产、调试、鉴定和各种电气设备的使用、检测、维修都离不开电工测量。

本章将介绍电工仪表的基本知识、一些常用电工量的测量方法及电气工程中经常用到的电工仪表的使用方法。

1. 了解电工仪表的基本知识。
2. 掌握电路中常用参数的测量。
3. 掌握常用电工仪表的使用方法。

能熟练掌握万用表、功率表、电度表等常用电工仪表的使用方法。

万用表实物图如图 11-1 所示。

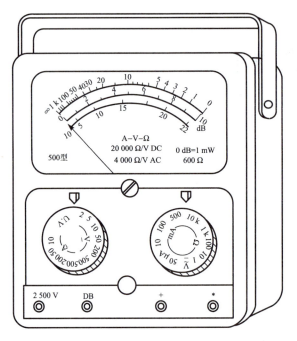

图 11-1 万用表实物图

实践活动：万用表的使用

1. 实践活动任务描述

如图 11-2 所示，$R_1 = 300\ \Omega$，$R_2 = 200\ \Omega$，$R_3 = 100\ \Omega$，$U_{S1} = 12\ V$，$U_{S2} = 9\ V$；用指针式万用表测量 I_1、I_2、I_3；U_{AB}、U_{BC}、U_{BD}；U_A、U_B、U_C。

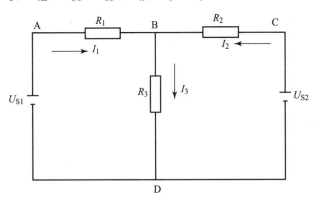

图 11-2 测量电压、电流电路图

2. 实践仪器与元件

磁电式指针万用表、电阻箱、直流稳压电源等。

3. 活动提示

注意磁电式指针式万用表在使用时应注意的事项。

11.1 电工仪表的基本知识

电工仪表是实现电磁测量过程所需技术工具的总称。电工专业领域中，经常接触的是电工指示仪表，这也是本书介绍的重点。

11.1.1 电工仪表的基本原理及组成

电工仪表的基本原理是把被测电量或非电量变换成仪表指针的偏转角。因此，它也称为机电式仪表，即用仪表指针（可动部分）的机械运动来反映被测电量的大小。电工仪表通常由测量线路和测量机构两部分组成，如图 11-3 所示。测量机构是实现电量转换为指针偏转角，并使两者保持一定关系的机构，它是电工仪表的核心部分。测量线路将被测电量或非电量转换为测量机构能直接测量的电量，测量线路必须根据测量机构能够直接测量的电量与被测量的关系来确定，一般由电阻、电容、电感或其他电子元件构成。

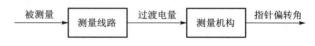

图 11-3 电工指示仪表的组成

各种测量机构都包含固定部分和可动部分。从基本原理上看，测量机构都有产生转动力矩、反作用力矩和阻尼力矩的部件，这三种力矩共同作用在测量机构的可动部分上，使可动部分发生偏转并稳定在某一位置上保持平衡。因此，尽管电工指示仪表的种类很多，但只要弄清楚产生这三个力矩的原理及其关系，也就懂得了仪表的基本工作原理。

11.1.2 电工仪表的分类

电工仪表可以根据原理、结构、测量对象、使用条件等进行分类。

（1）根据测量机构的工作原理，可以把电工仪表分为磁电系、电磁系、电动系、感应系、静电系、整流系等。

（2）根据电工指示仪表的测量对象，可以分为电流表、电压表、功率表、电度表、电阻表、相位表等。

（3）根据电工仪表工作电流的性质，可以分为直流仪表、交流仪表和交/直流两用仪表。

（4）按电工仪表的使用方式，可以分为安装式仪表和便携式仪表等。

（5）按电工仪表使用条件，可以分为 A、A_1、B、B_1 和 C 五组。有关各组仪表使用条件的规定可查阅有关的国家标准。

（6）按电工仪表的准确度，可分为 0.1、0.2、0.5、1.0、1.5、2.5 和 5.0 七个准确度等级。

11.1.3 电工仪表的表面标记

为了便于正确选择和使用仪表，通常对仪表类型、测量对象、电流性质、准确度等级、放置方法、对外磁防御能力等，均以符号形式标注在仪表的表盘上，使用时可参阅表 11-1。

表 11-1 常见指示仪表的表面标记

分类	符号	名称	分类	符号	名称
电流种类	—	直流	外界条件	⌐⌐	Ⅰ级防外磁场（如磁电系）
	～	交流		⊤	Ⅰ级防外电场（如静电系）
	≂	直流和交流			
测量单位	A	安		Ⅱ Ⅱ	Ⅱ级防外磁场及电场
	V	伏			
	W	瓦		Ⅲ Ⅲ	Ⅲ级防外磁场及电场
	var	乏			
	Hz	赫		Ⅳ Ⅳ	Ⅳ级防外磁场及电场
工作原理	⌐⌐	磁电系仪表		△A	A 组仪表
	⌇	电磁系仪表		△B	B 组仪表
	▭	电动系仪表		△C	C 组仪表
	⊠	磁电系比率表	绝缘强度	☆	不进行绝缘强度试验
	⌾	铁磁电动系		☆2 或 ⚡2kV	绝缘强度试验电压为 2 kV
准确度等级	1.5	以标尺量程的百分数表示	端钮与调零器	+	正端钮
	①1.5	以指示值的百分数表示		-	负端钮
工作位置	⊥	标尺位置垂直		*	公共端钮
	⊓	标尺位置水平		○	与屏蔽相连接的端钮
	∠60°	标尺位置与水平面夹角60°		⌒	调零器

11.1.4 电工仪表的型号

1. 安装式指示仪表

安装式指示仪表型号如图 11-4 所示。

用途号　A——测电流；
　　　　V——测电压。

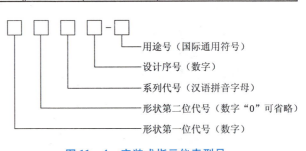

图 11-4 安装式指示仪表型号

系列代号　C——磁电系；
　　　　　T——电磁系；
　　　　　D——电动系；
　　　　　G——感应系。

例如，42C3-A 表示磁电系电流表。

2. 携带式指示仪表

携带式指示仪表型号如图 11-5 所示。
用途号和系列代号的意义同安装式仪表。
例如，T19-V 表示电磁系电压表。

图 11-5　携带式指示仪表型号

11.1.5　电工仪表使用注意事项

（1）仔细阅读说明书，按照说明书要求使用仪表。
（2）正确选用仪表的量程，应使被测量的大小尽量在仪表量程的 2/3 以上。
（3）仪表使用前应将指针调到零位，测量时要正确读数。
（4）测量电路连接要正确，测量进行中不得带电变换仪表的开关位置和变换测量电路。
（5）仪表用完后，应正确复位，并妥善保管。

11.2　电流与电压测量

电流与电压的测量是电工测量中最基本的部分，测量电流的仪表称为电流表，测量电压的仪表称为电压表。图 11-6 所示为一种电压表的外形。

根据被测电流的大小，电流表可分为微安表、毫安表、安培表和千安表。根据被测电压的大小，电压表也可以分为毫伏表、伏特表和千伏表。

11.2.1　电流的测量

测量某一电路中的电流，通常是将电流表串联在被测电路中，由于电流表存在一定的内阻，会对被测电路产生影响，引起测量误差，所以选用电流表时必须选用内阻远小于电路负载电阻的电流表。

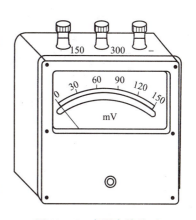

图 11-6　电压表的外形

1. 直流电流的测量

测量直流电流须用直流电流表或交/直流两用表，电流表与被测电路串联如图 11-7（a）所示。直流电流表具有极性，在两个接线端钮处标有"＋""－"号（或者只标"－"，正端标注电流表的量程）。接线时，应使被测电流方向从电流表"＋"端流进，"－"端流出，不能接反；否则将损坏测量仪表。

仪表指针满刻度偏转时的数值称为量程，被测量值必须小于量程；否则仪表将可能损坏。有些仪表往往有好几挡量程可供使用时选择，在测量时应根据被测量值大小选择合适的量程，以提高测量的准确度。在无法估计被测量值大小时，一般先选用大量程挡（或大量程仪表）进行测量，得到大致数值后再选用合适的量程。如果需要测量超过电流表量程的电流，可在电流表上并联一个分流电阻进行分流，将电流表的量程扩大，简称扩程，电路如图 11-7（b）所示。

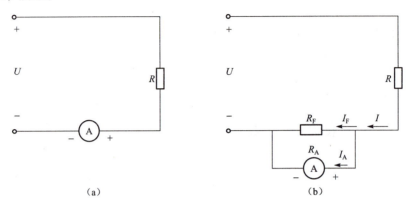

图 11-7　直流电流测量电路
（a）电流表直接接入电路；（b）具有分流器扩程的测量电路

分流电阻 R_F 也称为分流器，分流器的电阻值为

$$R_F = \frac{R_A}{n-1}$$

式中，R_F 为分流器电阻值；R_A 为电流表内阻；n 为需要扩大电流量程的倍数，$n = I/I_A$。

图 11-7 中 I_A 为电流表的量程（A）；I 为需要电流表扩大到的量程（A）。

2. 交流电流的测量

测量交流电流一般采用交流电流表或交直流两用表。同直流电流测量电路一样，只要被测电流在电流量程范围内就可以将电流表直接串联在被测电路中，如图 11-8（a）所示。交流电流表不分极性，两个接线端钮可以随意变换方向。

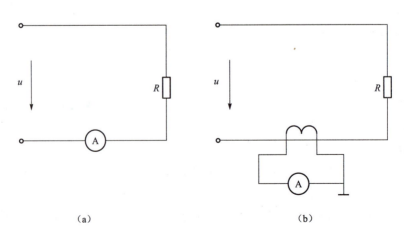

图 11-8　交流电流测量电路
（a）电流表直接接入电路；（b）具有电流互感器扩程的测量电路

如果被测电流大于电流表量程，一般采用电流互感器来扩大电流表的量程，如图11-8（b）所示。在实际工程中，配电流互感器的电流表通常量程为5 A，电流互感器二次侧额定电流一般也为5 A，与电流表相接，这样只要改变电流互感器的电流比（即改变一次额定电流），就可以将5 A的电流表扩大到不同的量程。例如，量程为5 A的电流表配上电流比为100/5的互感器后，就可以作为量程为100 A的电流表使用。与电流互感器配套使用的电流表，其表盘上的标度尺在实际测量时就已经按照所配套的电流互感器一次侧额定电流进行分度，这样在测量电流时就可以直接读出被测电流的数值，无须换算。安装电流互感器时一定要注意二次绕组必须与电流表连接好，不允许开路。另外，二次绕组的一端与铁芯均须接地。

3. 钳形电流表

钳形电流表简称钳形表，是一种便携式仪表。它是一种特殊的交流电流表，不需要断开被测电路就可以进行交流电流的测量，这给测量工作带来了很大的方便。

钳形电流表的主要部分是一个铁芯可以张开的电流互感器和一只交流表，如图11-9所示。

钳形电流表上都有量程选择开关，测量时必须注意选择合适的量程。当不知被测电流大小时，应先将量程开关置于最大位置，然后打开铁芯把被测量导线置于铁芯内，根据指针偏转程度，再将量程开关置于适当位置。为了测量准确，被测导线应放在铁芯的中央。

第一次张合铁芯时钳形电流表可能会发出响声，这是交流振动声，遇到这种情况，可再次张合铁芯，直至响声消失为止。钳形电流表在测量前应先进行机械调零，使指针指向零位。需要特别注意的是，被测电路电压不能超过钳形电流表的额定电压，以免绝缘击穿或人身触电。测量结束后应将量程开关扳到最大量程位置，以便下次安全使用。

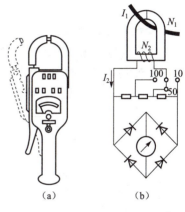

图11-9 钳形电流表
(a) 外形图；(b) 原理图

11.2.2 电压的测量

测量电路中任意两点间的电压时，须将电压表两端与被测电路两端并联，由于电压表本身存在一定的内阻，会对被测电路产生影响，引起测量误差。为了减小这种影响，选用电压表时必须选用内阻远大于被测电路电阻的电压表。

1. 直流电压的测量

测量直流电压须用直流电压表或交直流两用电压表，电压表与被测电路并联，如图11-10（a）所示。直流电压表与直流电流表一样具有极性，测量时电压表的"+"端接被测电路的高电位端（正端），"-"端接被测电路的低电位端（负端），不能接反；否则将可能损坏测量仪表。测量电压时同样也要正确选择电压表量程，如果需要测量超过电压表量程的电压，可以与电压表串联一个附加电阻进行分压，将电压表量程扩大，如图11-10（b）所示。附加电阻也称为倍压器，倍压器的电阻值为

$$R_S = (m-1)R_V$$

式中，R_S 为倍压器电阻值；R_V 为电压表内阻；m 为需要扩大电压量程的倍数；$m = U/U_V$；U_V 为电压表的量程（V）；U 为需要电压表扩大到的量程（V）。

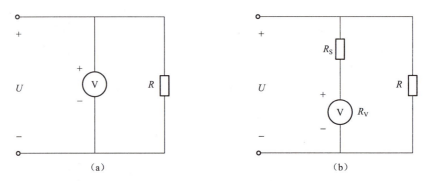

图 11-10　直流电压测量电路

(a) 电压表直接接入电路；(b) 具有倍压器扩程的测量电路

2. 交流电压的测量

测量交流电压采用交流电压表，只要被测电压在电压表量程范围内，就可以将电压表直接并联在被测电路的两端，如图 11-11（a）所示。与直流电压测量不同的是，交流电压表的两个接线端子没有极性，可以任意调换。

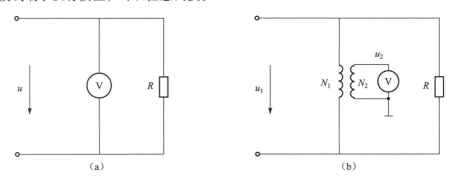

图 11-11　交流电压测量电路

(a) 电压表直接接入电路；(b) 用电压互感器扩程的测量电路

在实际工程中，若要测量高电压电路，一般采用电压互感器来扩大交流电压表的量程，如图 11-11（b）所示。配有电压互感器的电压表一般采用量程为 100 V 的交流电压表，电压互感器的二次侧额定电压也为 100 V，与电压表相接；一次侧额定电压决定了电压表扩程后的量程，接于被测电路的两端。例如，量程为 100 V 的电压表配上电压比为 1 000/100 的电压互感器就组成了一个量程为 1 000 V 的交流电压表。与电压互感器配套使用的电压表表盘标度尺就是按照电压互感器一次侧额定电压进行分度的，所以测量时可以通过指针所在的位置直接读出被测电压值。在使用中，电压互感器二次绕组不允许短路。另外，二次绕组的一端与铁芯均须接地。

11.3 电阻的测量

电气工程中经常需要对电气设备、电气元器件以及电气线路中的电阻进行测量,而不同测量对象的电阻值往往差异很大,为了减小测量误差,对不同范围阻值的电阻应选择不同的仪表和测量方法。通常将阻值在 1 Ω 以下的电阻称为小电阻,阻值在 1 Ω ~ 0.1 MΩ 之间的电阻称为中电阻,阻值在 0.1 MΩ 以上的电阻称为大电阻。

11.3.1 伏安法

如果测量出被测电阻 R_X 两端的电压 U 和流过 R_X 的电流 I,根据欧姆定律($R_X = U/I$)就可以求出被测电阻的阻值,这种测量方法就称为伏安法。这是一种间接测量法,一般适合测中电阻。

伏安法测电阻有两种测量电路,一种为电流表内接电路,另一种为电流表外接电路,如图 11 - 12 所示。

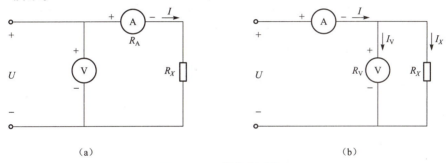

图 11 - 12 伏安法测电阻
(a) 电流表内接测量电路;(b) 电流表外接测量电路

1. 电流表内接测量电路

由图 11 - 11 (a) 所示的测量电路可知,电流表测量出的电流 I 是流经被测电阻 R_X 的电流,但是电压表测出的电压 U 却是被测电阻 R_X 两端的电压与电流表两端的电压之和,因此有

$$U = IR_A + IR_X = I(R_A + R_X)$$

因此

$$\frac{U}{I} = R_A + R_X$$

只有当 $R_A \ll R_X$ 时,忽略 R_A,才有

$$R_X \approx \frac{U}{I}$$

可见该测量电路只适用 $R_A \ll R_X$ 的情况,即适用于测量大阻值(阻值远大于电流表内阻)的电阻;否则将产生较大的误差。

2. 电流表外接测量电路

由图 11 - 12 (b) 所示测量电路可知,电压表测量出的电压是被测电阻 R_X 两端的电压,但是电流表测出的电流却是流经被测电阻 R_X 的电流 I_X 与流经电压表的电流 I_V 之和,因此有

$$I = I_X + I_V = \frac{U}{R_X} + \frac{U}{R_V} = U\left(\frac{1}{R_X} + \frac{1}{R_V}\right)$$

于是

$$\frac{U}{I} = \frac{1}{\frac{1}{R_X} + \frac{1}{R_V}} = \frac{R_X R_V}{R_V + R_X} = \frac{R_X}{1 + \frac{R_X}{R_V}}$$

只有当 $R_X \ll R_V$，即当 R_X/R_V 很小，甚至可以忽略时，才有

$$R_X \approx \frac{U}{I}$$

可见该测量电路只适用 $R_X \ll R_V$ 的情况，即适用于测量小阻值（阻值远小于电压表内阻）的电阻；否则也会产生很大的误差。

11.3.2 电桥法

当要求对电阻进行较精确的测量时，通常采用直流电桥，用直流电桥测量电阻的方法称为电桥法。

电桥是一种比较式仪表，它的准确度和灵敏度都很高，电桥分直流电桥和交流电桥。直流电桥用来精确测量电阻，而交流电桥一般用来精确测量电容、电感等。根据结构的不同，直流电桥又分为单臂电桥和双臂电桥。

1. 直流单臂电桥

直流单臂电桥又称为惠斯登电桥，通常用于 $1\ \Omega \sim 0.1\ M\Omega$ 电阻的测量。常用单臂电桥的面板如图 11-13 所示。

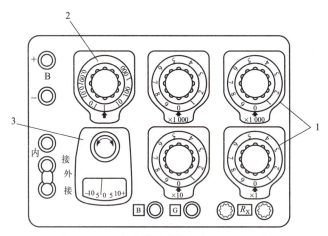

图 11-13 直流单臂电桥面板（QJ23 型）
1—比较臂旋钮；2—比例臂旋钮；3—检流计

1）直流单臂电桥的工作原理

直流单臂电桥原理电路如图 11-14 所示，电阻 R_X、R_2、R_3、R_4 构成了电桥的四个桥臂，R_X 为被测电阻，其余三个臂由电桥内部的标准可调电阻组成。a、c 两点接直流电源 E，b、d 两点接检流计（相当于高灵敏度的小电流表）。测量时，通过调节桥臂可调电阻使得检流计的电流为零，即 $U_{bd}=0$，这时电桥平衡，有

$$R_X I_X = R_4 I_4 \qquad R_2 I_2 = R_3 I_3$$

由于检流计中的电流为零,可得,$I_X = I_2$、$I_4 = I_3$,将其代入以上两式可得被测电阻为

$$R_X = \frac{R_2}{R_3} R_4$$

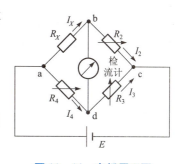

图 11-14 电桥原理图

2) 直流单臂电桥的使用方法(以 QJ23 型电桥为例)

(1) 使用前先检查电池,若电压偏低应及时更换。使用外接电源时注意极性,电压不能超过规定值。

(2) 打开检流计的机械锁扣。

(3) 调整好检流计的机械零位。

(4) 接入被测电阻 R_X。

(5) 估计被测电阻的阻值大小,选好适当的倍率,使电桥比较臂的四挡都用上,这样可使设备得到充分利用,可以获得四位有效数字的读数。若其读数为几千、几百或几十欧姆时,倍率应选为 1;若读数中小数点后有两位,倍率应选 0.01;若读数中小数点后有三位,倍率就该选 0.001。

(6) 先按下电源按钮,再按下检流计按钮。

(7) 若检流计指针向"+"或向"-"偏转,须将比较臂的数值调小或调大,使指针指在零位。这时可以读出比较臂的示数几千几百几十几,再乘上倍率的大小,即为被测电阻的阻值。

(8) 测完后,先断开检流计按钮,然后断开电源按钮。

(9) 拆下被测电阻。

(10) 锁上检流计的机械锁扣。

2. 直流双臂电桥

直流双臂电桥也称凯尔文电桥,是用于 1 Ω 以下的小电阻测量,其外形和面板如图 11-15 所示。

对于 1 Ω 以下的小电阻测量,接触电阻和测量用的导线电阻都不容忽略,因为它们都将对测量的准确度产生很大影响,直流双臂电桥正是能消除这种影响(电路原理略)。

直流双臂电桥的使用方法基本上与直流单臂电桥类似。使用中还应注意以下两个问题。

(1) 被测电阻的接入,应采用"四端接法"。一般的电阻元件(如线圈等)只有两个端头,可按图 11-16 所示引出四根接线,再接入电桥。

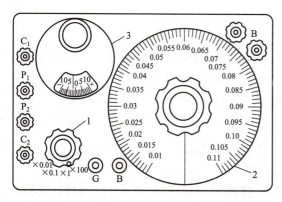

图 11-15 直流双臂电桥面板

1—比例臂旋钮;2—比较臂旋钮;3—检流计

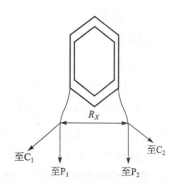

图 11-16 双臂电桥与被测电阻的接法

(2) 直流双臂电桥的工作电流很大,应该注意电源电池的消耗情况,消耗严重的应及时换新电池。测量操作时动作要迅速,测量结束后应及时将电路断开。

11.3.3 兆欧表法

兆欧表法就是用兆欧表测量电阻的方法,兆欧表又称绝缘电阻表(或摇表),是专门用来测量大电阻的仪表。

在电气工程中为了保证电气设备的正常运行和操作人员的安全,需要经常检查电气设备的绝缘性能。由于这些设备使用的电压一般比较高,要求绝缘电阻又比较大,如果用上述的几种方法进行测量显然无法满足要求,也无法获得准确的结果,因此在工程中测量绝缘电阻必须采用兆欧表法。

1. 兆欧表的结构和规格

兆欧表的内部由一个手摇发电机和测量机构组成,外部有测量接线柱、手摇发电机手柄以及表盘和指针,表盘标度尺以 MΩ 为单位,其外形和标度尺如图 11-17 所示。

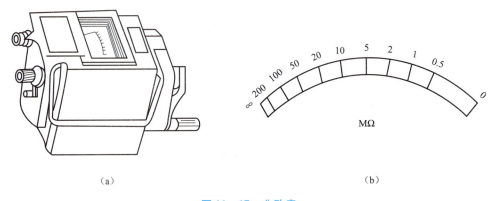

图 11-17 兆欧表
(a) 外形;(b) 标度尺

兆欧表不同于其他仪表,它的指针在仪表不用时可以停留在任何位置。兆欧表的规格取决于手摇发电机的输出电压,常用的规格有 250 V、500 V、1 000 V、2 500 V 和 5 000 V 等多种。

2. 兆欧表的选用

选用兆欧表主要应考虑它的输出电压要与被测设备的额定电压相对应,通常测量额定电压在 500 V 以下的设备或线路的绝缘电阻时,可选用 500 V 或 1 000 V 的兆欧表;测量额定电压在 500 V 以上的设备或线路的绝缘电阻时,应选用 1 000 ~ 2 500 V 的兆欧表。

3. 兆欧表的接线和测量方法

兆欧表有三个接线柱,其中两个较大的接线柱上分别标有"接地"E 和"线路"L,另一个较小的接线柱上标有"保护环"或"屏蔽 G"。

(1) 测量照明或电力线路对地的绝缘电阻。按图 11-18(a)所示把线接好,沿顺时针方向转动摇把,转速由慢变快,约 1 min 后,发电机转速稳定时(120 r/min),表针也稳定下来,这时表针指示的数值就是所测绝缘电阻的阻值。

（2）测量电机的绝缘电阻。将兆欧表的接线柱 E 接机壳，L 接电机的绕组，如图 11-18（b）所示，然后进行摇测。

（3）测量电缆的绝缘电阻。测量电缆的线芯和外壳的绝缘电阻时，除将外壳接 E、线芯接 L 外，中间的绝缘层还需和 G 相接，如图 11-18（c）所示。

4. 使用兆欧表的注意事项

（1）测量电气设备绝缘电阻时，必须先断电，经放电后才能测量。

（2）测量时，兆欧表应放在水平位置上，未接线前先转动兆欧表做开路试验，确定指针是否指在"∞"处，再把 L 和 E 短接，轻摇发电机，看指针是否指在"0"。若开路指"∞"、短路指"0"，则说明兆欧表是好的。短路试验时，时间不能过长；否则会损坏仪表。

（3）兆欧表接线柱的引线应采用绝缘良好的多股软线，同时各软线不能绞在一起。

（4）兆欧表测完后立即使被测物放电，在兆欧表摇把未停止转动和被测物未放电前，不可用手去接触被测物的测量部分或拆除导线，以防触电。

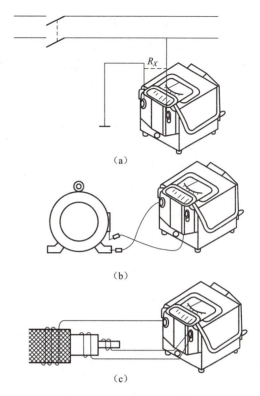

图 11-18　兆欧表测量电路
(a) 测量线路的绝缘电阻；(b) 测量电机的绝缘电阻；
(c) 测量电缆的绝缘电阻

11.4　万　用　表

万用表是一种多电工量、多量程的便携式电测仪表。它的基本用途是测量直流电流、直流电压、交流电压、直流电阻等量。

11.4.1　万用表的组成

万用表由测量机构（表头）、测量电路、功能量程转换开关三个基本部分组成。表头用来指示被测量的数值；测量电路用来把各种被测量转换为适合表头测量的直流微小电流；转换开关用来实现对不同测量电路的选择，以适合各种被测量的要求。

1. 表头及面板

万用表的表头，通常选用高灵敏度的磁电系测量机构，其满偏电流为几微安至几百微安。表头本身的准确度较高，一般都在 0.5 级以上，构成万用表整体的准确度一般都在 5.0 级以上。万用表的面板上有带有多条标度尺的标度盘，每一条标度尺都对应某一被测量。准确度较高的万用表均采用带反射镜的标度盘,以减小读数时的视差。万用表的外壳上装着转换开关旋钮、零位调节旋钮、欧姆调零位旋钮、供接线用的插孔或接线柱等。各种万用表的面板布置基本相同。图 11-19 所示为国产 MF30 型万用表的外形图。

2. 测量电路

万用表的测量电路由多量限直流电流表、多量限直流电压表、多量限整流式交流电流表、交流电压表以及多量限欧姆表等几种测量电路组合而成,如图 11-20 所示。有的万用表还有用于测量小功率晶体管直流放大倍数的测量电路。

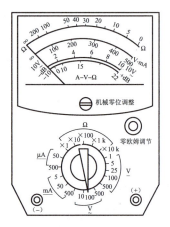

图 11-19 国产 MF30 型万用表外形图

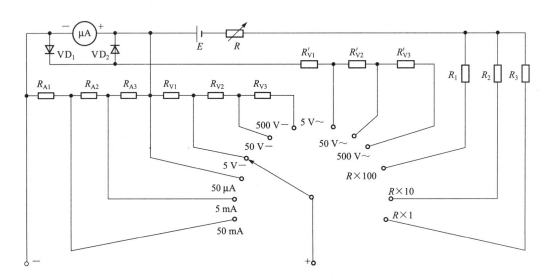

图 11-20 磁电式万用表结构图

3. 转换开关

转换开关用来切换不同测量电路,实现测量种类和量限的选择。它大多采用由许多固定触点和可动触点组成的机械接触式结构,一般称可动触点为"刀"、固定触点为"掷"。万用表内通常有多刀和几十掷,且各刀之间同步联动,随转换开关的旋转,各刀在相应位置上与掷闭合,连通相应测量电路与表头,完成各种测量种类和量程的转换。

11.4.2 万用表的使用维护方法

1. 插孔(或接线柱)的选择

在进行测量之前,首先应准确无误地将测试棒插入相应的位置。红色测试棒的表笔端应插到标有"+"符号的插孔里,黑色测试棒应插到标有"-"或"*"符号的插孔内。

2. 测量挡位的选择

使用万用表时,应根据测试的对象,将转换开关旋至相应的位置上,不可搞错;否则将引起不良后果,轻者损伤仪器,重者烧坏表头。

3. 量限的选择

用万用表测交/直流电流、电压时,其量限的选择和电流表、电压表的相同,使指针工作在满刻度值 2/3 处为最佳。测量电阻时,则尽量使指针在中心刻度值的 1/10~10 倍值。若测量前无法估计被测量值的大致范围,则应先用大量程粗测,然后再选择适当量程细测。

4. 正确读数

应从万用表的表盘上找到相应被测量类型的标尺,并根据被测量及量限正确读出测量值。

5. 欧姆挡的使用

使用欧姆挡测量时,应注意以下几点。

(1) 调零。每次测量,特别是改变欧姆倍率挡位,必须重新进行调零。

(2) 断电测量。测量电阻时,被测量电路不允许带电。

(3) 用欧姆挡测量晶体管参数时,考虑到晶体管所能承受的电压较小和允许通过的电流较小,一般应选择 $R \times 100$ 或 $R \times 1 \text{ k}$ 的倍率挡。

(4) 万用表欧姆挡不能直接测量微安表头、检流计、标准电池等仪器仪表。

(5) 不使用时,不应让两根试棒短接,以免浪费电池电量。

(6) 归位。万用表使用完毕,应将转换开关旋至交流电压最大挡位(一般位于交流 500 V 处)。

11.5 电功率及电能的测量

11.5.1 电功率的测量

电功率的测量也是一种基本的电工测量。电功率通常采用功率表进行直接测量,功率表有两个线圈,即电压线圈(动圈)和电流线圈(定圈)。电压线圈串联倍压器后与被测负载电路并联,反映负载电压;电流线圈与被测负载电路串联,反映负载电流。在测量中,功率表的读数直接反映了被测电路的功率。其原理、符号、接线图如图 11-21 所示。

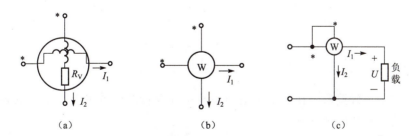

图 11-21 功率表的原理、符号、接线图
(a) 原理图;(b) 符号;(c) 接线图

1. 功率表的量程

功率表通常做成多量程的,一般电流量程有两个,电压量程有多个,选用功率表中不同的电流和电压量程,可以获得不同的功率量程。

例如,某功率表的电流量程为 5 A 和 10 A,电压量程为 150 V 和 300 V,其功率量程可计算如下:

选用 5 A 150 V 量程时,功率量程为 5 A×150 V = 750 W。

选用 5 A 300 V 或 10 A 150 V 时,功率量程为 5 A×300 V = 1 500 W 或 10 A×150 V = 1 500 W。

选用 10 A 300 V 时,功率量程为 10 A×300 V = 3 000 W。

2. 功率表的选择及正确使用

(1) 功率表量程的正确选择。选择功率表量程时,不仅要求被测功率在功率表功率额定量程之内,更重要的是被测电路的电压、电流均不能超过功率表的电压、电流的额定值(量程)。只要功率表的电压、电流量程满足电路要求,功率量程等于电压量程与电流量程的乘积,自然就能满足要求;反之如果选择功率表量程时只注意功率的量程,而忽略了电压、电流额定值的选择,使用时将有可能使功率表损坏。

(2) 功率表的正确接线。功率表接线时应区别线圈绕组的"始端"与"终端",通常功率表绕组的"始端"用"∗"引出,称为"∗"号端。功率表接线时,有电压线圈前接和电压线圈后接两种连接形式。电压线圈前接时,应把动圈和定圈的"∗"连在一起,并使电流线圈(定圈)串联在负载支路中,流过电流线圈的电流等于负载电流,如图 11-22 (a) 所示,它适用于负载为高阻抗的情况。电压线圈后接时,如图 11-22 (b) 所示,此时,电流线圈的电流等于负载电流与动圈支路的电流之和,它适用于负载为低阻抗的情况。

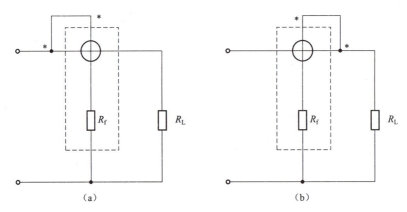

图 11-22 功率表的两种连接方式
(a) 电压线圈前接;(b) 电压线圈后接

(3) 功率表的正确读数。在测量时用功率表指针偏转的格数乘上功率表的相应分格常数,就可以得到被测电路的功率,即

$$P = Cd$$

式中,C 为仪表的分格常数;d 为仪表指针偏转格数。

$$C = \frac{U_N I_N}{a_m}$$

式中,U_N 为功率表的电压量程;I_N 为功率表的电流量程;a_m 为功率表表盘满刻度格数。

11.5.2 电能的测量

电度表是用于测量电能的仪表，以 kW·h 即"度"为单位。常见的电度表为单相电度表、三相四线制有功电度表、三相三线制有功电度表。目前民用电度表多采用直接接入形式，每个电度表的下部都有一个接线盒，盖板背面有接线图，安装时应按图接线。

1. 电度表的正确接线

电度表的接线如图 11-23 至图 11-25 所示。

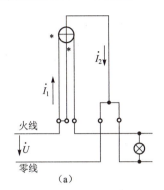 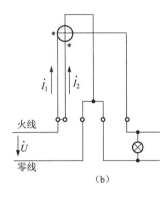

图 11-23 单相电度表接线图

（a）单进单出；（b）双进双出

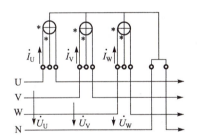

图 11-24 三相四线制有功电度表接线图

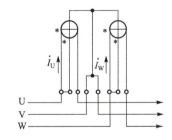

图 11-25 三相三线制有功电度表接线图

2. 电度表的读数

对于运行的电度表，其示数乘以实用倍率后才能得到所测量的电量。实用倍率可按下式计算，即

$$B_L = \frac{K_A K_V b}{K_L K_Y}$$

式中，K_A、K_V 为与电度表联用的电流、电压互感器使用的额定变比；K_L、K_Y 为电度表铭牌上标注的电流、电压互感器变比，未标者为 1；b 为计度器倍率，未标者为 1。

在了解实用倍率之后，就可以抄读电度表测得的电量，即

$$W = (W_2 - W_1) B_L$$

式中，W_1 为前次抄读数；W_2 为本次抄读数；B_L 为实用倍率。

在抄读电度表测得的电量时，应注意以下两点。

（1）电度表测得的电量是以 kW·h 为单位。

（2）抄读电量时，要读到最小数值位的最小分格。

用单相功率表测量三相电路的功率

1. 任务描述

根据三相电路的不同接法和三相负载是否对称的情况，有以下三种测量方法。

（1）三相对称负载的功率测量（一表法）。

在三相四线制电路中，当电源和负载都对称时，由于各相电路的功率都相等，所以可以采用一只功率表测量其中一相电路的功率 P_1，如图 11-26 所示，然后乘以 3 就可以得到三相电路的功率 P，即 $P=3P_1$。

（2）三相三线制电路的功率测量（二表法）。

三相三线制电路不论负载是否对称，不论负载是何种接法，都可以用两只功率表来测量电路的功率，测量电路如图 11-27 所示。这种方法称为二表法，两只功率表读数的代数和为三相总功率，即 $P=P_1+P_2$，由图可以看出

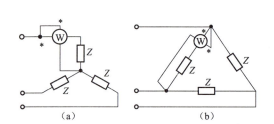

图 11-26　一表法测量三相功率
(a) 星形连接；(b) 三角形连接

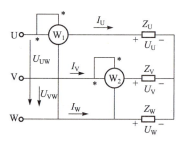

图 11-27　二表法测量三相功率

$$P_1 = U_{UW}I_U\cos\alpha, \quad P_2 = U_{VW}I_V\cos\beta$$

式中，α 为线电压 U_{UW} 与线电流 I_U 的相位差；β 为线电压 U_{VW} 与线电流 I_V 的相位差。

采用两表法进行测量时，两只功率表的电流线圈分别串联于任意两相之中，两电压线圈分别并联在自身电流线圈所在相与第三相之间。应该注意的是，功率表电压线圈与电流线圈的进线端"*"仍然应该接在电源同一侧；否则将损坏仪表。当负载的功率因数很低时，线电压与线电流的相位差可能大于 90°，功率表所测功率为负值，指针反向偏转，这时必须将功率表的电流线圈反接，使指针正向偏转才能测出结果。计算三相功率时，必须将此项计为负值。

（3）三相四线制不对称负载的功率测量（三表法）。

图 11-28　三表法测量三相功率

三相四线制电路，三相负载不对称时，须用三只功率表分别测出各相的功率，如图 11-28 所示。三只功率表读数的代数和为三相总功率，即 $P=P_1+P_2+P_3$。

2. 任务提示

功率表中有两个线圈，一个是电压线圈，另一个是电流线圈。测量时，电压线圈与被测电路并联，电流线圈与被测电路串联。电压线圈与电流线圈的两端都分进线端和出线端，电流线圈的进线端一般接电源边，另一端接负载边，电压线圈进线端接于电流线圈进线端或出线端。

使用万用表的不良习惯

1. 测量前不看挡位

使用者测量前没有注意万用表挡位位置，从而造成烧毁。

2. 测量前不看表笔插的位置

使用万用表之前，必须熟悉每个转换开关、旋钮、插孔和接线柱的作用，了解表盘上每条刻度线所对应的被测电量。测量前，必须明确要测什么和怎样测，然后拨到相应的测量种类和量程挡上。

3. 测量中换挡

在测量某一电量时，不能在测量的同时换挡，尤其是在测量高电压或大电流时，更应注意；否则，会使万用表毁坏。如需换挡，应先断开表笔，换挡后再去测量。

4. 电阻不调零

在使用万用表之前，应先进行"机械调零"，即在没有被测电量时，使万用表指针指在零电压或零电流的位置上。

5. 长期不用不取电池

如果长期不使用，还应将万用表内部的电池取出来，以免电池腐蚀表内其他器件。

6. 使用后不关机

万用表使用完毕，应将转换开关置于交流电压的最大挡。

本 章 小 结

本章介绍了电工测量仪表的基础知识，一般电工测量的方法和常用电工仪表的使用，主要内容如下。

1. 常用的电工测量方法有直接测量、间接测量和比较测量三种。

（1）直接测量法是指通过电工仪表直接读出被测量数值的一种方法，如用电压表测电压、用电流表测电流、用功率表测功率等。

（2）间接测量法是指先测量与被测量有关的几个量，然后通过对这几个量的计算，求出被测量数值的方法，如用伏安法测电阻。

（3）比较测量法是指先测量与标准量有关的几个量，从而测量得被测量数值的一种方法，如用电桥测量电阻。

2. 常用电工仪表有电流表、电压表、欧姆表、兆欧表、功率表、电度表、频率表、功率因数表等。电工仪表一般分为直读式和比较式两大类。其中直读式仪表按被测对象可以分为电流表、电压表、欧姆表、兆欧表、功率表、电度表、频率表、功率因数表等；按照被测电流种类可分为直流表、交流表、交/直流两用表；按工作原理可分为磁电系仪表、电磁系仪表、电动系仪表、感应系仪表。电工仪表的准确度等级分为 0.1、0.2、0.5、1、1.5、2.5、5.0，共七级。

3. 电流与电压的测量

（1）测量电流用电流表，并将电流表串联在被测电路中，测量电压用电压表，并将电压表并联在被测电压两端。

（2）测量直流电用直流表（或交/直流两用表），直流表有极性，使用时应注意，不能接反；测量交流电用交流表（或交/直流两用表），交流表不分极性。

4. 电阻的测量

（1）1Ω 以下的电阻称为小电阻，1 Ω ~ 0.1 MΩ 的电阻称为中电阻，0.1 MΩ 以上的电阻称为大电阻。

（2）电阻的一般测量可用欧姆表（或万用表的欧姆挡）进行测量，测量方法简单，但误差较大。采用伏安法进行测量准确性高，但比较麻烦。

（3）电桥分直流电桥和交流电桥。直流电桥能够精确地测量电阻，直流电桥又有单臂电桥和双臂电桥之分，单臂电桥能够精确地测量中电阻，双臂电桥能够精确地测量小电阻。

（4）兆欧表又称绝缘电阻表，是一种可携式仪表，它是专门测量大电阻的，通常用来测量电气设备、电气线路的绝缘电阻。使用时应选择合适电压等级的兆欧表，测量电路的连接应注意"屏"（G）、"线"（L）、"地"（E）三个接线端的接法，兆欧表输出电压较高，要注意使用安全。

5. 万用表

（1）万用表是一种能够测量电流、电压、电阻等多种电量的多量程仪表，用途广泛，使用方便，特别适用于电气线路的检查和电气设备的调试和维修。

（2）万用表分模拟式和数字式两种。

（3）万用表内部装有电池，使用完毕后，模拟万用表应把转换开关旋到交流电压的最大量程挡或旋至"OFF"挡。数字式万用表应关闭电源开关，以免耗电且保证下次使用安全。长期不用应取出电池，以免因电池变质损坏仪表。

6. 电功率的测量

（1）电路电功率的测量一般采用功率表。

（2）对于三相四线制完全对称电路可以采用一表法，测量一相功率即 P_1，三相功率即 $P = 3P_1$。

（3）对于三相三线制电路，无论对称与否，可以采用二表法，两只功率表读数的代数和为三相总功率，即 $P = P_1 + P_2$。

（4）对于三相四线制不对称电路可以采用三表法，两只功率表读数的代数和为三相总功率，即 $P = P_1 + P_2 + P_3$。

7. 电能的测量

（1）电能的测量需用电度表进行，电度表又称千瓦时表。电能的计量单位为度，1 度 = 1 kW·h。

（2）电度表测量电能的方法，原则上与功率表测量功率相同。

（3）电度表显示窗口提示的读数是目前的电能指示值，电能的计量应通过先后两次抄表，记录下电度表读数，两次读数之差，即为两次抄表时间间隔内的所用电能数。

思考与练习

一、填空题

11-1 按国家标准，仪表的准确度分成_____个级，分别是_____、_____、_____、_____、_____、_____。

11-2 根据测量机构的工作原理，可以将电工仪表分为_____、_____、_____、_____、_____、_____等。

11-3 根据电工仪表工作电流的性质，可以将电工仪表分为_____、_____、_____等。

11-4 有一个电流表，量程为 5 mA，内阻 20 Ω。现将量程扩大为 1 A，需要_____联的电阻为_____Ω。

11-5 有一电压表，量程为 50 V，内阻 2 kΩ。现将量程扩大为 300 V，需要_____联的电阻为_____Ω。

11-6 指针式万用表主要由_____、_____、_____部分组成，各部分的作用分别是_____，_____，_____。

11-7 用万用表测量直流电压时，两表笔应_____接在被测电路两端，且_____表笔接高电位端，_____表笔接低电位端；用它测量直流电流时，两表笔应_____接在被测电路中，且红表笔接_____端，黑表笔接_____端。

11-8 一般把电阻分为三类，即小电阻，其阻值为_____；中电阻，其阻值为_____；大电阻，其阻值为_____。

11-9 电桥分_____、_____两种，它们的区别是_____。

11-10 兆欧表又称_____表，用于测量_____。

11-11 兆欧表表面上的 L 表示_____，E 表示_____，G 表示_____。

11-12 功率表的电流线圈_____接入被测电路，而电压线圈与附加电阻串联后_____接入被测电路，且注意将有"*"号的电流端接在_____的一端，将有"*"号的电压端接在_____的任意一端。

11-13 使用功率表时有两种接线方式，电压线圈前接适用于_____；电压线圈后接适用于_____。

二、选择题（不定项）

11-14 直流电流表可以（   ）。
    A. 直接测量直流电流　　　　　　　　B. 一般都要用分流器
    C. 直接测量交流电流　　　　　　　　D. 可以直接测量直流电压

11-15 在使用电流表和电压表时都应该（   ）。
    A. 选择合理的量程和准确度　　　　　B. 内阻越小越好

    C. 确定附加电阻的额定值   D. 测量直流电压

11-16 某电压表盘上标有"20 kΩ/V"字样，其意义为（   ）。
    A. 内阻为 20 kΩ   B. 每伏电压对应了 20 kΩ 电阻
    C. 电压表各量程的内阻与相应量程值的比值   D. 无法确定

11-17 甲电压表标有"2 kΩ/V"，乙电压表标有"100 kΩ/V"，则（   ）。
    A. 甲表的灵敏度高   B. 乙表的灵敏度高
    C. 与灵敏度没有关系   D. 说明乙表量程更大

11-18 万用表欧姆中心值为"15 kΩ"，则（   ）。
    A. 其有效测量范围为 1.5～150 Ω   B. 其有效测量范围为 0～30 Ω
    C. 其有效测量范围为 0.15～1 500 Ω   D. 无法确定

11-19 测量电阻时，若用手同时触及被测电阻两端，读数将（   ）。
    A. 增大   B. 减小   C. 不变   D. 为零

11-20 若误用电流挡或欧姆挡去测量直流电压，则会（   ）。
    A. 读数产生较大误差   B. 弄弯指针
    C. 烧坏表头   D. 指针不动

11-21 万用表每使用完毕，应将转换开关位置于（   ）。
    A. 交流电压最高挡   B. 直流电压最高挡
    C. 电阻最高挡   D. 空挡或任意位置

11-22 使用电流互感器注意（   ）。
    A. 正确选择量程   B. 准确度比仪表的高两级
    C. 二次线圈不允许短路   D. 可靠接地

11-23 使用电压互感器注意（   ）。
    A. 合理选择容量和准确度   B. 接线标志
    C. 二次线圈不允许短路   D. 二次线圈、外壳等可靠接地

11-24 互感器式钳型电流表可以用来直接测量（   ）。
    A. 直流电流   B. 交流电流   C. 电阻   D. 电压

11-25 用电压表-电流表法测量较小电阻 R 的阻值时应（   ）。
    A. 用电压表前接法   B. 用电压表后接法
    C. 用此方法无法测量   D. 以上说法都不对

11-26 兆欧表在工作时，其摇速（r/min）应为（   ）。
    A. 50   B. 120   C. 200   D. 300

11-27 在使用万用表时注意（   ）。
    A. 正确选择测量的功能和挡位   B. 合理的量程
    C. 找准相应的标度尺   D. 测量前调零
    E. 仪表放置方式   F. 表笔的连接位置
    G. 不带电测量   H. 严禁带电测电阻等元件

11-28 在使用万用表的电阻挡时（   ）。
    A. 不可以用于测量带电电阻
    B. 若同时测量几只电阻，且阻值差异很大，只需要第一次调零

C. 测量停止时，两表笔不能短路，否则烧坏表头

D. 测量停止，表笔短路，主要是空耗表内电池

E. 测量时，尽量选择使指针偏转在满偏时的 1/3～2/3 的量程

11-29 使用互感器具有的优点是（　　）。

A. 测量简单　　　　　　　　　　B. 降低仪表功耗

C. 实现一表多用　　　　　　　　D. 便于仪表制造

E. 节约设备费用　　　　　　　　F. 提高测量准确度

G. 保障人身安全及设备安全　　　H. 扩大量程

三、判断题

11-30 用电压表测量电压，用电桥测量电阻都属于直接测量。（　）

11-31 用伏安法测量电阻是一种间接测量法。（　）

11-32 任何测量的结果与被测量的真实值之间总是有差异的。（　）

11-33 万用表表面的文字 ACV 表示直流电压挡。（　）

11-34 用万用表欧姆挡测量被测电阻时，被测电路允许带电。（　）

11-35 定圈又称为电流线圈，动圈又称为电压线圈。（　）

11-36 兆欧表必须在被测电气设备不带电的情况下进行测量。（　）

11-37 兆欧表的选择应根据测量要求选择额定电压值和测量范围。（　）

11-38 用钳形表测量小电流时，可将被测电流的导线在钳形铁芯上绕上几圈，从钳形表上读得数值后除以所绕圈数，便得到被测电流。（　）

11-39 测量单相电动机的电流时，钳形表的钳口要夹进两根导线。（　）

四、问答题

11-40 正确使用电工仪表应注意哪些问题？

11-41 简述钳形电流表的主要结构和工作原理。它与一般电流表相比，在测量线路电流时有什么方便之处？

11-42 电流表与电压表有何区别？在电路中如何连接？使用时应注意什么？

11-43 如何测量大、中、小电阻？

11-44 简述万用表的功能及使用中的注意事项。

11-45 怎样从电度表上看出一段时间内负载所消耗的电能？

五、计算题

11-46 有一个磁电系表头，内阻为 $150\ \Omega$，额定电压为 $45\ mV$。(1) 将它改为量程为 $150\ mA$ 的电流表，分流器的电阻值是多少？(2) 将它改为量程 $15\ V$ 电压表，附加电阻值是多少？

11-47 有一个电度表，月初读数为 $397\ kW·h$，月底读数为 $442\ kW·h$，电度表常数为 $1\ 250\ r/(kW·h)$，每千瓦时电费为 0.45 元。(1) 计算该月的电费；(2) 该月电度表铝盘的转数。

11-48 在某交流电路中，用变比为 $6\ 000/100$ 的电压互感器与量程为 $10\ V$ 的交流电压表，和变比为 $100/5$ 的电流互感器与量程为 $6\ A$ 的交流电流表，去测量电压和电流，若电压表和电流表的指针示数分别为 7.5 和 3.5，则 (1) 被测的电压和电流各是多少？(2) 试画出测量的接线图。

第 12 章

供电与用电

 导　读

本章简要地介绍了电力系统的组成，着重介绍常用照明电路、触电的原因、防止触电的方法及触电救护方法等。

 知识目标

1. 掌握安全用电的要求。
2. 了解触电的种类和方式，并能分析触电的常见原因。

 技能目标

1. 学会安全用电和节约用电的方法。
2. 学会预防触电的措施。
3. 能处理触电现场。
4. 学会快速实施人工急救。

触电急救演示如图 12-1 所示。

图 12-1　触电急救演示

实践活动：复合照明线路的安装

1. 实践活动任务描述

如图 12-2 所示，按电气原理图接线并调试成功。

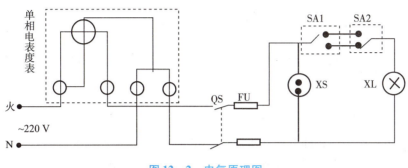

图 12-2 电气原理图

2. 实践仪器与元件

单相电表、单相刀开关、瓷插式熔断器、双联拉线开关、螺口灯头、日光灯、三孔插座等。

3. 活动提示

注意室内照明线路的安装工艺和技术要求。

12.1 发电、输电与配电

电能的生产与其他商品生产不同，即产、供、用三者必须同时进行并保持相互平衡，因此供电与用电是两个紧密结合、不可分割的环节。图 12-3 是电力系统组成框图，由图可知电力系统大体上包括发电设备、电力输送设备和用电设备三大部分。

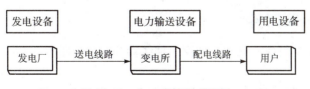

图 12-3 电力系统组成框图

12.1.1 电能的生产

1. 火力发电

火力发电主要是利用煤、石油或天然气燃烧后产生的热量来加热水，使水变成高温高压蒸汽推动汽轮机旋转，最终带动三相发电机。有些发电厂除产生电能外，还能供应蒸汽和热水，故称为热电厂。火力发电厂的优点是建厂投资少、速度快。缺点是消耗大量的燃料（如火电厂发 1 度电大约需要 0.6 kg 原煤），发电成本高，环境污染较严重。

2. 水力发电

水力发电站是以水流的落差来推动水轮机旋转并带动发电机发电。虽然水电厂的投资较大，建设时间长，但因节约能源和环保，故成本较火力发电低。此外，水力发电还可以和水利枢纽工程结合，收到综合利用的效果。

3. 原子能发电

原子能发电站基本与火力发电厂相同，只是以原子反应堆代替燃煤锅炉，以少量的"原子燃料"代替大量的燃煤。

除上述三种发电方式外，还可利用风力、潮汐、太阳能、地热能等来发电。它们都是环保能源，有着很好的开发前景。

12.1.2 电能的输送与分配

电能由发电厂产生后，经升压变压器进入超高压（220～500 kV）电力网或高压（35～110 kV）电力网，再经输电线送至各地区变电站，由地方电网的中高压（6～10 kV）输电网络供给用户。图 12-4 所示为发电、输电和配电系统简图。

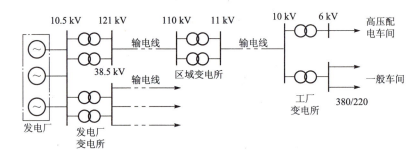

图 12-4　发电、输电和配电系统简图

12.2　常用照明电路

12.2.1　常用照明附件

常用照明附件包括灯座、开关、插座、挂线盒及木台等器件。

1. 灯座

灯座的种类大致分为插口式和螺旋式两种。灯座外壳分瓷、胶木和金属材料三种。根据不同的应用场合，分为平灯座、吊灯座、防水灯座、荧光灯座等。常用灯座如图 12-5 所示。

2. 开关

开关的作用是在照明电路中接通或断开照明灯具的器件。按其安装形式分为明装式和暗装式；按其结构分为单联开关、双联开关、旋转开关等。常用开关如图 12-6 所示。

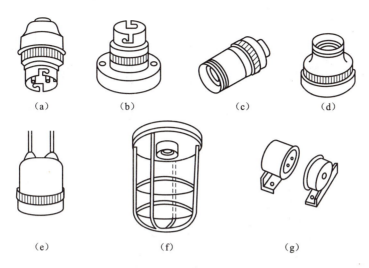

图 12-5 常用灯座

（a）插口吊灯座；（b）插口平灯座；（c）螺口吊灯座；（d）螺口平灯座；
（e）防水螺口吊灯座；（f）防水螺口平灯座；（g）安全荧光灯座

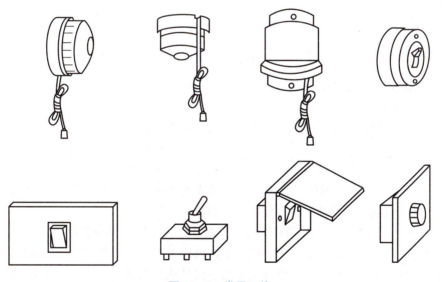

图 12-6 常用开关

3. 插座

插座是为各种可移动用电器提供电源的器件。按其安装形式可分为明装式和暗装式，按其结构可分为单相双极插座、单相带接地线的三极插座及带接地线的三相四极插座等，如图 12-7 所示。

4. 挂线盒和木台

挂线盒俗称"先令"，用于悬挂吊灯并起接线盒的作用，制作材料有瓷质和塑料。木台用来固定挂线盒、开关、插座等，形状有圆形和方形，制作材料有木质和塑料。

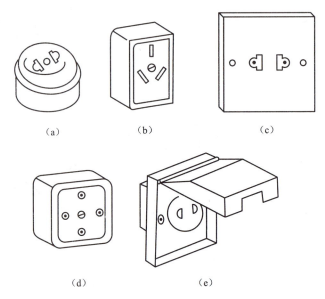

图 12-7 常用插座

(a) 圆扁通用双极插座；(b) 扁式单相三极插座；(c) 暗式圆扁通用双极插座；
(d) 圆式三相四极插座；(e) 防水暗式圆扁通用双极插座

12.2.2 白炽灯照明线路的安装

1. 白炽灯的构造和种类

白炽灯具有结构简单、安装简便、使用可靠、成本低、光色柔和等特点。一般灯泡为无色透明灯泡，也可根据需要制成磨砂灯泡、乳白灯泡及彩色灯泡。

(1) 白炽灯的构造。白炽灯由灯丝、玻璃壳、玻璃支架、引线、灯头等组成。灯丝一般用钨丝制成，当电流通过灯丝时，由于电流的热效应使灯丝温度上升至白炽程度而发光。功率在 40 W 以下的灯泡，制作时将玻璃壳内抽成真空；功率在 40 W 及以上的灯泡，则在玻璃壳内充氩气或氮气等惰性气体，使钨丝在高温时不易挥发。

(2) 白炽灯的种类。白炽灯的种类很多，按其灯头结构，可分为插口式和螺口式两种；按其额定电压，可分为 6 V、12 V、24 V、36 V、110 V 和 220 V 等六种；按其用途可分为普通照明用白炽灯、投光型白炽灯、低压安全灯、红外线灯及各类信号指示灯等。各种不同额定电压的灯泡外形很相似，所以在安装使用灯泡时应注意灯泡的额定电压必须与线路电压一致。

2. 白炽灯照明线路

(1) 用单联开关控制白炽灯。一只单联开关控制一盏白炽灯的接线原理图如图 12-8(a) 所示。

(2) 用双联开关控制白炽灯。两只双联开关控制一盏白炽灯的接线原理图如图 12-8(b) 所示。

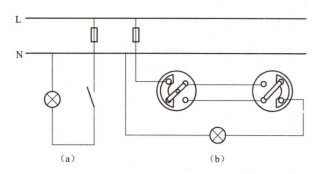

图 12-8 白炽灯照明线路
（a）单联开关控制白炽灯接线原理图；（b）双联开关控制白炽灯接线原理图

12.2.3 荧光灯照明线路

1. 荧光灯及其附件的结构

荧光灯照明线路主要由灯管、启辉器、启辉器座、镇流器、灯座、灯架等组成。

（1）灯管。由玻璃管、灯丝、灯头、灯脚等组成，其外形结构如图 12-9（a）所示。玻璃管内抽成真空后充入少量汞（水银）和氩等惰性气体，管壁涂有荧光粉，在灯丝上涂有电子粉。

灯管常用规格有 6 W、8 W、12 W、15 W、20 W、30 W 及 40 W 等。灯管外形除直线形外，也有制成环形或 U 形等。

（2）启辉器。由氖泡、纸介质电容器、出线脚、外壳等组成，氖泡内有 ∩ 形动触片和静触片，如图 12-9（b）所示。常用规格有 4～8 W、15～20 W、30～40 W，还有通用型 4～40 W 等。

（3）启辉器座。常用塑料或胶木制成，用于放置启辉器。

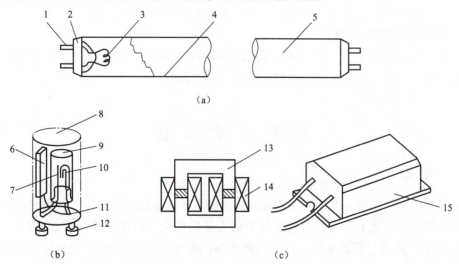

图 12-9 荧光灯照明装置的主要部件结构
（a）灯管；（b）启辉器；（c）镇流器

1—灯脚；2—灯头；3—灯丝；4—荧光粉；5—玻璃管；6—电容器；7—静触片；8—外壳；
9—氖泡；10—动触片；11—绝缘底座；12—出线脚；13—铁芯；14—线圈；15—金属外壳

（4）镇流器。主要由铁芯和线圈等组成，如图 12-9（c）所示。使用时镇流器的功率必须与灯管的功率及启辉器的规格相符。

（5）灯座。有开启式和弹簧式两种。灯座规格有大型的，适用 15 W 及以上的灯管；有小型的，适用 6~12 W 灯管。

（6）灯架。有木制和铁制两种，规格应与灯管相配。

2. 荧光灯的工作原理

荧光灯工作原理如图 12-10 所示。闭合开关接通电源后，电源电压经镇流器、灯管两端的灯丝，加在启辉器的∩形动触片和静触片之间，引起启辉光放电。放电时产生的热量使得用双金属片制成的∩形动触片膨胀并向外伸展，与静触片接触，使灯丝预热并发射电子。在∩形动触片与静触片接触时，二者间电压为零而停止辉光放电，∩形动触片冷却收缩并复原而与静触片分离。在动、静触片断开瞬间，镇流器两端产生一个比电源电压高得多的感应电动势，该感应电动势与电源电压串联后加在灯管两端，使灯管内惰性气体被电离而引起弧光放电。随着灯管内温度升高，

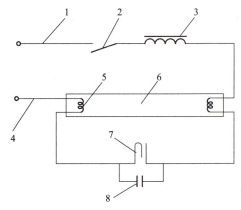

图 12-10 荧光灯的工作原理

1—相线；2—开关；3—整流器；4—中性线；
5—灯丝；6—灯管；7—∩形双金属片；8—电容器

液态汞汽化游离，引起汞蒸气弧光放电而发出肉眼看不见的紫外线，紫外线激发灯管内壁的荧光粉后，发出近似日光的可见光。

3. 镇流器的作用

镇流器在电路中除上述作用外，还有两个作用：一是在灯丝预热时限制灯丝所需的预热电流，防止预热电流过大而烧断灯丝，保证灯丝电子的发射能力；二是在灯管启辉后，维持灯管的工作电压和限制灯管的工作电流为额定值，以保证灯管稳定工作。

4. 启辉器内电容器的作用

该电容器有两个作用：一是与镇流器线圈形成 LC 振荡电路，延长灯丝的预热时间和维持感应电动势；二是吸收干扰收音机和电视机的交流杂声。

12.3　安　全　用　电

12.3.1　触电

触电是指由于人体与带电体的意外接触，而使人体承受过高的电压，以致引起死亡或局部受伤的现象。从本质上看，触电是指电流对人体的伤害。触电依伤害程度不同分为"电伤"和"电击"两种。所谓电伤，是指人体外部因电弧或熔丝熔断时飞溅的金属末等而造成局部烧伤的现象。而电击是指电流通过人体，造成人体内部器官的损伤，电击是最危险的触电事故。

触电事故的发生原因各种各样，触电方式主要有单相触电、两相触电和跨步电压触电等，如图 12-11 所示。但对于广大用户来说，中性点接地系统中的单相触电最为常见。

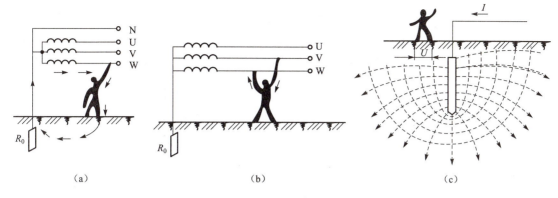

图 12-11 触电方式

(a) 单相触电；(b) 两相触电；(c) 跨步电压触电

我国规定，特别危险环境中使用的手持电动工具应采用 42 V 安全电压；有电击危险的环境中使用的手持照明灯和局部照明灯采用 36 V 或 24 V 安全电压；金属容器内、特别潮湿处等特别环境中使用的手持照明灯应采用 12 V 安全电压；水下作业应采用 6 V 安全电压。

12.3.2 用电设备的接地与接零

1. 保护接地

在变压器中性点不直接接地的电网中，一切电气设备（如电动机、变压器、照明灯具等）的金属外壳通过很小的电阻与大地可靠连接起来，这种接地方法称为保护接地。保护接地电路如图 12-12 所示。由图可见，当电动机采用保护接地后，若因电机 U 相绕组绝缘损坏而碰壳，此时人虽触及金属外壳，但由于人体电阻 R_m（几百至几千欧）远大于接地电阻 R_0

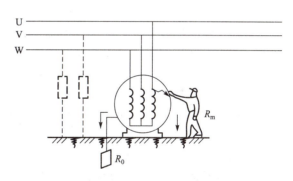

图 12-12 保护接地电路

（约 4 Ω），所以大部分电流由接地体流过，人体几乎没有电流流过，从而保证了人身安全。反之，若外壳不接地，则电流只能经过人体，再经供电系统和大地间的复阻抗形成回路，引发触电事故。

2. 保护接零

在 1 kV 以下变压器中性点直接接地的电力网中，一切电气设备的金属外壳应与电网零干线可靠连接，这种连接方法称为保护接零。

在图 12-13 中，假设 W 相出现事故碰壳时，形成相线和零线的单相短路，从而使 W 相保护装置（如熔断器）迅速动作，切断电源，防止人身触电的可能。

必须指出，在变压器中性点接地系统中，只允许采用保护接零，不允许采用保护接地。因为保护接零是利用短路电流启动保护装置，接地时设备接地电阻和变压器接地电阻几乎平分相电压，此时 R_0 的电流一般不会使短路保护装置动作，设备长期与大地间有漏电电压。此时若有人触及设备，就可能引起触电。

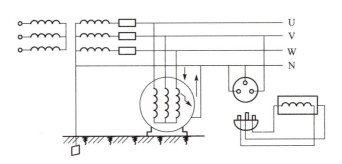

图 12-13 保护接零原理

另外，在同一电力网中，绝不允许一部分电气设备保护接零，另一部分电气设备保护接地。

12.3.3 家庭安全用电常识

随着生活水平的不断提高，家用电器不断普及，在家庭生活用电上也要注意安全。主要应重视以下几点。

（1）在任何情况下，均不能用手鉴定接线端裸导线是否有电。如需了解线路是否有电，应使用完好的验电设备。

（2）家用电器的保险丝禁用铜丝代替，禁止用一般胶布或药用胶布代替电工胶布。

（3）常用电器的控制开关应接在火线上，这样开关断电后，电器不会有电压。

（4）家用电器的外壳应良好地接零，因此单相家用电器应使用三孔插座和三脚插头，其外形如图 12-14 所示。

正确的接法是将用电器的外壳通过导线接在中间插脚上，再通过插座与电源的零线相连，如图 12-15 所示。必须指出，绝不允许把保护零线与设备电源的接零线共用；否则可能引起触电事故。

（5）当发生电气火灾时，首先应切断电源，然后灭火。在切断电源前严禁用水或一般酸性泡沫灭火器灭火，只能用二氧化碳、二氟一氯、一溴甲烷、二氟二溴式干粉灭火器。在灭火器材不足的情况下，可借助细砂子、细土灭火。

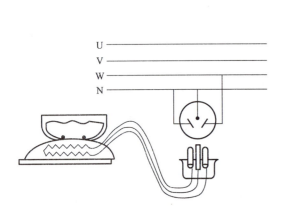

图 12-14 三孔插座与三脚插头

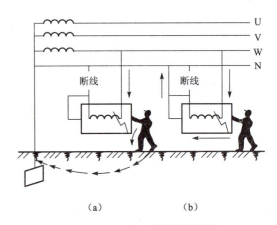

图 12-15 家用电器外壳接零
(a) 不正确；(b) 正确

12.3.4 触电急救

当发生触电事故时，迅速、准确地进行现场抢救是使触电者起死回生的关键。人触电以后会出现神经麻痹、呼吸中断、心脏停跳等症状，外表上呈现昏迷的状态。使触电者迅速脱离电源，是救治触电者的第一步，然后依据触电者具体情况，采取相应的急救措施。

（1）尽快脱离电源。遇到有人触电时，可通过拉闸断电或用绝缘材料将电源切断或挑去电源等方法。救护者一定要做好自身防护，在切除电源前不得与触电者裸露接触。另外，在触电者脱离电源的同时，要防止触电者出现摔伤等二次事故。

（2）现场急救。当触电者脱离电源后，应视触电者身体状况，确定护理和抢救方法，即对症救护。

（3）触电者神志清醒，但有些心慌、四肢发麻、全身无力，或触电者一度昏迷且已清醒过来，应使触电者安静休息，不要走动，严密观察，必要时送医院诊治。

（4）触电者已失去知觉，但心脏仍在跳动，还有呼吸，应使触电者在空气清新和舒适、安静的地方平躺，保持呼吸通畅，并迅速请医生到现场诊治。

（5）如果触电者失去知觉，呼吸停止，但心脏仍在跳动，应立即进行人工呼吸，并迅速请医生到现场诊治。

（6）触电者呼吸和心脏跳动完全停止，应立即进行人工呼吸和心胸外挤压急救等，并迅速请医生到现场诊治。

人工呼吸和胸外挤压法，应该就地开始，即使在送往医院的途中也应继续进行。

人工呼吸和心胸挤压的操作方法包括口对口人工吹气法、俯卧压背法、仰卧牵臂法、胸外心脏挤压法。下面只介绍简单易行、效果较好的"口对口吹气法"和"胸外挤压心脏法"两种方法。

1. 口对口吹气法

（1）迅速解开触电者衣扣，松开紧身的内衣、裤带，使触电者的胸部和腹部自由扩张。将触电者仰卧，使其颈部伸直。如果舌头后缩，要将其拉直，使呼吸道畅通。当触电者牙关紧闭，可用小木棒从嘴角伸入牙缝慢慢撬开，将触电者头部后仰，舌根就不会阻塞气流，如图12-16（a）所示。

（2）救护者在触电者头部的旁边，一只手握紧触电者的头部，另一只手扶起触电者的下颌，使嘴张开，如图12-16（b）所示。

（3）救护人做深吸气后，口对口吹气，同时观察触电者胸部的膨胀情况，以胸部略有起伏为宜。起伏过大，表示吹气太多，易把肺泡吹破；若不见起伏，表示吹气不足。所以，吹气要适度，如图12-16（c）所示。

（4）当吹气完毕准备换气时，口要立即分开，并放开捏紧的鼻子，让触电者自动向外呼气，如图12-16（d）所示。

按以上吹气方法反复进行，大约每5 s吹一次，吹气约2 s，呼气约3 s。

2. 胸外心脏挤压法

（1）将触电者仰卧，同样要保持呼吸道畅通，背部着地处应平整、稳固。

（2）选好正确的压触部位（心脏的位置约在胸骨下半段和脊椎骨之间），如图12-17

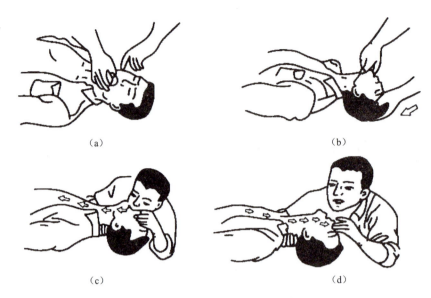

图 12-16 口对口人工呼吸法

(a) 清理口腔阻塞；(b) 鼻孔朝天头后仰；(c) 贴嘴吹气胸扩张；(d) 放开喉鼻好换气

(a) 所示。救护者在触电者一边，两手交叉相叠，把下面那只手的掌根放在触电者的胸骨上（注意不能压胸骨下端的尖角骨）。

(3) 开始挤压时，救护者的肘关节要伸直，用力要适当，要略带冲击性地挤压，挤压深度为 3~5 cm，如图 12-17 (b) 所示。

(4) 一次挤压后，掌根应迅速放松，但不要离开胸部，使触电者胸骨复位，如图 12-17 (c) 所示。

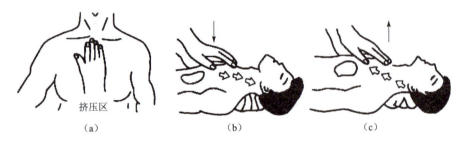

图 12-17 胸外挤压法

(a) 中指对凹腔当胸一手掌；(b) 向下挤压 3~5 cm，迫使血液出心房；
(c) 突然松手复原使血液返流到心脏

挤压次数：成年人约 60 次/min，儿童 90~100 次/min，挤压过程中，应随时注意脉搏是否跳动。触电者心脏停止跳动时，现场若仅一个人抢救，应将上述两法交替进行，即每吹气 1~2 次，再挤压 10~15 次，如此循环往复进行。当触电者面色好转，嘴唇逐渐红润，瞳孔明显缩小，心跳、呼吸微起，即已将触电者从死亡的边缘拉回。

节 约 用 电

节约用电是一个系统工程,内容很丰富,在此介绍几种主要途径。

1. 施行经济运行方式,全面降低能耗

所谓经济运行,主要是尽量提高供电、用电设备的利用率,减少不必要的空载、轻载运行。

1) 合理选用变压器

将长期负载偏低的变压器换成小容量的,或在条件许可时改用两台变压器并联运行,负荷小时切除一台,这叫"以小换大""以双换单"。此外,应采用低损耗变压器,如S9系列变压器。

2) 合理选用电动机

正确选用电动机的容量,防止"大马拉小车"的现象。因为电动机在空载或轻载状态下运行时,功率因数和效率都很低、损耗大,因此一般选用节能型的电动机。电动机的额定功率比实际负载大10%~15%为宜。

2. 提高功率因数

工矿企业用户,在合理选择和使用变压器、电动机等设备的基础上,采用人工补偿电容法,在负载侧装设补偿电容器或同步补偿电容等,减小电网中的无功功率,降低线路的压降和损耗。目前,供电部门要求高压系统工业用户的功率因数应达到0.95,一般工矿企业、小区用户应达到0.9,农业用户应达到0.8。

3. 推广应用新技术、新工艺,降低产品功率损耗

例如,对一些调速性能要求不高的风机、泵类负载进行变频调速改造,其节电率可达到20%~60%,对一些低速运行的负载如传送带等,采用变频调速后,节能效果也很明显。

又如,用远红外加热技术可使被加热物质所吸收的能量大大增加,物体升温快,加热效率高,节电效果好。

此外,采用节能型照明灯,如以电子节能灯取代电感镇流器日光灯。以40 W电子节能灯为例,其工作频率高达20~50 kHz,高频镇流器耗电在1 W左右,而常用的电感镇流器耗电高达8 W左右,仅镇流器一项即可节电20%,若再配上稀土三基色高效荧光灯代替日光灯,可节电60%~80%。

触电急救

1. 任务描述

练习"口对口人工呼吸法"和"胸外挤压法"急救方法。

2. 任务提示

注意急救方法的动作必须规范和到位。

乱接电线的典型案例

人们在很多地方特别是老旧的街区，可以看到乱拉电线或电线交织凌乱的例子，如图 12-18 所示。这是用电的大忌，经常会引起火灾或触电事故。

图 12-18 乱接电线示例

本 章 小 结

1. 供电与配电

把各类发电厂（站）的发电机组、变电所、配电和用电设备所组成的整体，称为电力系统。它既可使发电厂高效、经济运行，又可提高供电的安全性和可靠性。

2. 安全用电

（1）介绍了安全用电的基本知识，建立了接地和接零的概念。

（2）工作接地：将三相系统的中性点与埋入地下的金属接地体连接。

（3）保护接地：将电气设备的金属外壳接地，适用于中性点不接地的低压系统。

（4）保护接零：将电气设备的金属外壳接零线，适用于中性点接地的低压系统。

3. 节约用电

介绍了节约用电对国民经济的意义及措施。

思考与练习

一、填空题

12-1 电能的产生主要有_____、_____、_____三种方式。

12-2 荧光灯照明线路由_____、_____、_____等部分组成。

12-3 启辉器内电容器的作用是_____。

12-4 人体触电按伤害的程度不同，常有_____和_____，触电的方式有_____、_____和_____。

12-5 常用的触电急救方法有_____和_____两种。

12-6 保护接地是指_____。

12-7 保护接零是指_____。

二、问答题

12-8 安装单相三极插座能用电源中性线作为其接地线吗？为什么？

12-9 荧光灯照明线路由哪几个部分组成？画出荧光灯工作原理图。

12-10 启辉器内电容器的作用有哪些？如果该电容器被击穿短路，则对荧光灯工作有何影响？

12-11 人体触电有哪几种方式？试比较其危害程度。

12-12 常见鸟类落在裸露的高压线上，为什么不会产生触电后果？人体接触380 V/220 V系统中的单根导线是否会造成触电事故？

12-13 接地和接零各有什么不同？分别在什么情况下使用？

12-14 触电者脱离电源后，应采取哪些应急措施？

三、分析题

12-15 工业企业节约用电的主要措施有哪些？结合生活实际，谈谈家庭用电如何注意安全用电与节约用电。

12-16 了解学院的变、配电情况。

参 考 文 献

[1] 秦曾煌. 电工学 [M]. 第7版. 北京：高等教育出版社，2009.
[2] 储克森. 电工电子技术 [M]. 第2版. 北京：机械工业出版社，2012.
[3] 凌艺春. 电子基本知识及技能 [M]. 北京：中国电力出版社，2006.
[4] 许翏，赵建光. 电气控制与PLC应用 [M]. 第3版. 北京：机械工业出版社，2019.
[5] 刘志平. 电工基础 [M]. 北京：高等教育出版社，2001.
[6] 孙平. 可编程控制器原理及应用 [M]. 北京：高等教育出版社，2003.
[7] 常斗南. 可编程序控制器原理·应用·实验 [M]. 第3版. 北京：机械工业出版社，2011.
[8] 廖常初. PLC编程及应用 [M]. 第4版. 北京：机械工业出版社，2014.
[9] 赵承荻. 电工技术 [M]. 北京：高等教育出版社，2006.
[10] 王新新，包中婷，刘春华. 电工基础 [M]. 北京：电子工业出版社，2005.
[11] 张明金，于静. 电工与电子技术 [M]. 北京：北京师范大学出版社，2005.
[12] 童诗白. 模拟电子技术基础 [M]. 第5版. 北京：高等教育出版社，2015.
[13] Timothy J. Maloney. 现代工业电子学 [M]. 北京：科学出版社，2002.
[14] Thomas L. Floyd. 数字基础 [M]. 北京：科学出版社，2002.
[15] 吕国泰，白明友. 电子技术 [M]. 第2版. 北京：高等教育出版社，2019.
[16] 黄继昌. 电子元器件应用手册 [M]. 北京：人民邮电出版社，2007.
[17] 沈长生. 常用电子元器件使用一读通 [M]. 北京：人民邮电出版社，2004.
[18] 刘午平. 用万用表检测电子元器件与电路 [M]. 北京：国防工业出版社，2003.
[19] 杨志忠，卫桦林. 数字电子技术 [M]. 第5版. 北京：高等教育出版社，2018.
[20] 王成安. 现代电子技术基础 [M]. 北京：机械工业出版社，2004.
[21] 刘守义，钟苏. 数字电子技术 [M]. 第3版. 西安：西安电子科技大学出版社，2012.
[22] 汪红. 电子技术 [M]. 第4版. 北京：电子工业出版社，2018.
[23] 廖先芸. 电子技术实践与训练 [M]. 第3版. 北京：高等教育出版社，2011.
[24] 周元一. 电工电子技术 [M]. 北京：机械工业出版社，2006.
[25] 杨利军. 电工技能训练 [M]. 第3版. 北京：机械工业出版社，2016.
[26] 文春帆，金受非. 电工仪表与测量 [M]. 第3版. 北京：高等教育出版社，2011.
[27] 张仁醒. 电工技能实训基础 [M]. 第4版. 西安：西安电子科技大学出版社，2018.